建筑电工
速查常备手册

孙克军　主编　　　杨　征　　刘　浩　副主编

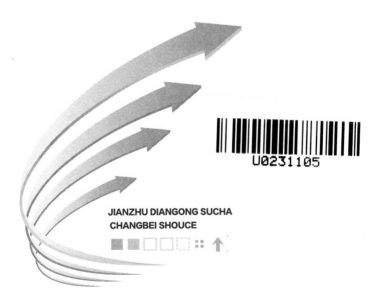

U0231105

JIANZHU DIANGONG SUCHA
CHANGBEI SHOUCE

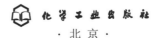

化学工业出版社

·北京·

图书在版编目（CIP）数据

建筑电工速查常备手册/孙克军主编．—北京：化学
工业出版社，2017.7
ISBN 978-7-122-29590-3

Ⅰ.①建… Ⅱ.①孙… Ⅲ.①建筑工程-电工技术-
技术手册 Ⅳ.①TU85-62

中国版本图书馆 CIP 数据核字（2017）第 094374 号

责任编辑：卢小林 文字编辑：孙凤英
责任校对：宋　玮 装帧设计：王晓宇

出版发行：化学工业出版社（北京市东城区青年湖南街 13 号　邮政编码 100011）
印　　装：北京云浩印刷有限责任公司
850mm×1168mm　1/32　印张 13¼　字数 380 千字
2017 年 8 月北京第 1 版第 1 次印刷

购书咨询：010-64518888（传真：010-64519686）　售后服务：010-64518899
网　　址：http://www.cip.com.cn
凡购买本书，如有缺损质量问题，本社销售中心负责调换。

定　　价：49.00 元

前 言

FOREWORD

　　建筑电工技术是一门知识性、实践性和专业性都比较强的实用技术。为此本书在编写过程中，面向建筑电工日常生产实际，以基础知识和操作技能为重点，将建筑电工的必备知识和技能进行了归类、整理和提炼。

　　本书既包含了低压架空线路、电缆线路、室内配电线路、电气照明装置、电风扇、变配电设备、低压电器、电动机、建筑弱电系统、电梯等的安装与调试的内容，又包含了建筑电工在工作中必备的建筑电气工程基本知识和主要技术数据。有利于广大建筑电工合理地选择、正确地安装常用电气设备。本书力求使建筑电工技术人员能够进一步提高操作技能，正确地安装各种低压配电线路，合理地选择、安装各种电气设备，正确地安装与调试建筑弱电系统和电梯，还可以满足建筑电工方便地查找到常用数据的需求。本书的特点是介绍各种配电线路和电气设备的安装方法时，力求简单明了；介绍电气弱电系统的安装、维护时，力求突出实用性、实践性和针对性。

　　本书文字通俗易懂、内容新颖实用、重点突出，适合广大建筑电工和广大建筑电气相关技术人员阅读，也可作为高等和中等职业院校电类专业师生学习参考用书。

　　本书由孙克军主编，杨征、刘浩为副主编。第1章和第7章由孙克军编写，第2章由杨征编写，第3章由刘浩编写，第4章由王忠杰编写，第5章由闫彩红编写，第6章由王慧编写，第8章由于静编写，第9章由方松平编写，第10章由严晓斌编写。编者对关心本书出版、热心提出建议和提供资料的单位和个人在此表示衷心地感谢。

　　由于水平所限，书中难免有不妥之处，希望广大读者批评指正。

编者

目　录
CONTENTS

第3章　室内配线工程

第5章　变配电设备的安装

第6章　低压电器的安装

第7章　电动机的安装与使用

第8章　建筑弱电系统的安装

第9章 电梯的安装与调试

第10章 防雷与接地装置的安装

参考文献

第①章
建筑电气工程
基本知识

1.1 建筑电气工程概述

1.1.1 建筑电气工程的发展

建筑电气工程是建筑安装工程的重要组成部分。电气安装是把各类电气装置安装在设计图纸要求的位置上，构成一个符合生产工艺或建筑设施要求的安全、可靠、灵活、经济的电气系统。

建筑电气安装工程必须严格按规程规范施工，其安装质量必须符合设计要求，符合国家施工标准及验收规范。

随着现代科学技术的发展和电网容量的不断增长，用电设备进一步向大容量和更先进技术的方向发展。这就使建筑电气安装工程面临许多新课题，建筑电气安装已不再是"装灯接线"的简单施工过程了，其施工项目和施工技术已经发生了极大的变化。一座现代化的高层建筑、大型空调机组、建筑物自动化系统、闭路电视系统、自动报警系统和消防系统、内部通信系统等，每一个系统都需要许多专业施工技术。还有许多日新月异的用电设备，如自动调光装置、自动扶梯、各种新型家用电器等，对施工也提出了新的要求。因此，从事电气安装工程、运行和维护的技术管理人员以及技术工人等，需要有更为广博的知识和多种技术。

电气安装工程施工程序可分为三个阶段：

（1）施工准备阶段，包括组织安装工程及其他与安装有关的开工前的准备。

（2）全面施工阶段，包括配合土建预埋、线路的敷设、电气设备安装和调试。

（3）竣工验收阶段，包括试运行、质量评定、工程验收和移交。

1.1.2 建筑电气工程的分类

建筑电气工程就是以电能、电气设备和电气技术为手段来创造、维持与改善限定空间和环境的一门科学，它是介于土建和电气两大类学科之间的一门综合学科。经过多年的发展，它已经建立了完整的理论和技术体系，发展成为一门独立的学科。

建筑电气工程专业培养目标：培养从事建筑供配电系统、电气照明系统及建筑电气控制系统的施工安装、调试和运行管理、工程监理及中小型工程设计等工作的高级技术应用型人才。

建筑电气工程主要包括：建筑供配电技术，建筑设备电气控制技术，电气照明技术，防雷、接地与电气安全技术，现代建筑电气自动化技术，现代建筑信息及传输技术等。

根据建筑电气工程的功能，人们比较习惯把建筑电气工程分为强电工程和弱电工程。通常情况下，把电力、照明等用的电能称为强电，而把用于传播信号、进行信息交换的电能称为弱电。强电系统可以把电能引入建筑物，经过用电设备转换成机械能、热能和光能等，如变配电系统、动力系统、照明系统、防雷系统等。而弱电系统则是完成建筑内部以及内部与外部之间的信息传递与交换，如火灾自动报警与灭火控制系统、通信系统、电视接收系统、安全防范系统、建筑物自动化系统等。

建筑电工主要是从事电气设备的安装。建筑电工在主体结构时期主要工作是预埋；在二次结构时期主要工作是二次配管和疏通；在安装阶段主要工作是穿线，以及配电箱、电气设备、电灯、开关和插座等的安装。

1.2 建筑电气安装施工

1.2.1 建筑电气安装施工中应注意的问题

1.2.1.1 施工程序及安全用电

在电气设备安装施工中，应根据电气装置的特点，根据规范要求制定合理的施工程序及安全措施。严格遵守操作规程是保证工程进度和质量、严防发生事故、避免造成损失的前提条件。施工人员必须高度重视，严格遵守安全技术规范，保证安全。

（1）严格按操作规程进行施工，不准违章。

（2）施工现场临时供电线路的架设和电气设备的安装，要符合临时供电的要求，所用导线应绝缘良好，电气设备的金属外壳应接地。户外临时配电盘（板）及开关装置应有防雨措施。凡容易被人碰到的电气设备，周围应设置围栏，悬挂警示牌。

（3）在带有高电压的地方，要有明显标志，并设警告牌。处理高压设备故障时，必须使用绝缘手套、绝缘棒、绝缘靴等安全用具。

（4）在电气施工方案中，对于高空作业必须提出详细的安全措施。对参加高空作业的人员应进行体检。不宜从事高空作业的人员，不许参加高空作业。高空作业时必须拴好安全带，戴好安全帽，遇 6 级以上大风、暴雨及有雾时应停止室外高空作业。

（5）一般情况下不带电作业。使用仪表或试电笔检查确认无电后方可进行工作，并应在开关上挂上告示牌。若必须带电作业时，则必须做好安全措施并按操作顺序进行操作。

（6）在坑井、隧道和孔洞中工作，除应采用 36V 以下的安全电压照明外，还应有通风换气设备，必要时在上方留专人看护。

（7）施工现场用火，以及进行气焊、使用喷灯、电炉等，要有防火及防护措施。

（8）进入现场的施工人员应精力集中，养成文明施工的良好习惯。工程完工和下班时，都要对施工现场进行清扫整理。

1.2.1.2　做好工程施工记录

电气安装施工工程中应扼要记录每日完成的工程项目和工作量，施工中遇到的问题和采取的措施以及参加工作的人员和负责人等。这些施工资料的积累对提高施工质量、加强施工管理和日后进行工程分析都是十分必要的。施工过程中经常会出现用户工艺要求变更、材料供应短缺或发现原设计方案不尽合理等情况，这时必须更改设计和施工方案，进行工程变更。需要注意的是，每项更改必须经过设计单位、建筑单位、施工单位三方一致同意后，并由设计单位出具更改图纸，施工人员做好更改记录，由电气专业技术队长或工长办理存档。

1.2.2　电气安装工程与土建工程的配合

电气安装工程是建筑安装工程的组成部分，做好与土建的配合施工，是省工省料、加快进度、确保安装质量的重要途径。电气工程与主体工程的配合包括预埋和坼埋。

预埋是指在土建施工过程中，在建筑构件中，预先埋入电气工程的固定件及电线管等。做好预埋工作，不仅可以保持建筑物的美观清洁，避免以后钻、凿、挖、补，破坏建筑物结构，而且可增强电气装置的安装机械强度。混凝土墙、柱、梁等承重构件，一般不允许钻凿破坏，有的混凝土结构和屋顶还涉及防渗防漏问题，更不允许钻凿。可见，配合土建进行预埋，不是可做可不做的事情，而是必须认真做好的工作。预埋可分为由建筑工人预埋和由安装电工预埋两种，具体分工由施工图纸决定。

所谓坼埋，是指砖墙砌好后，把需要埋设的角钢支架或开脚螺栓埋入墙内。采用这种施工方法的砖墙一般应是双砖墙或254mm（10in）以上的砖墙。

电气安装工程除了和土建有着密切的关系，需要协调配合以外，还要和其他安装工程，如给水排水工程，采暖、通风工程等有着密切的关系。施工前应做好图纸会审工作，避免发生安装位置的冲突。互相平行或交叉安装时，必须保证安全距离的要求，不能满足时应采取相应的保护措施。

1.3　建筑电气工程监理

1.3.1　建筑电气工程质量监理的主要任务

建筑电气工程质量监理的主要任务如下。

1.3.1.1　防止火灾、雷击、人体触电三大主要伤亡事故

由于建筑电气工程大都通过大电流（以安培计量）、高电压（通常工作电压交流220V、380V；配电电压10kV、35kV），如果工程质量不能保证、安全防范措施不到位，就会危及人体与建筑物的安全，因此防止三大伤亡事故的发生是监理工作的首要任务。为

了保证人身安全，监理人员应认真学习，坚决贯彻、执行《建筑电气工程施工质量验收规范》。

据一些城市火灾发生调查与事故分析资料表明，由于电气事故引发的火灾所占比例约为总数的三分之一。其中布线系统、照明灯具、配电箱等部分出现问题较多，发生场所以装潢吊顶或木结构场所为多。据此监理应对上述部分的材料、设备及施工质量严加控制。投运前加强各个部分的电气绝缘测试与现场巡视工作；投运后注意各部位的发热情况，对发热较高部位应作温度测试，发现问题必须整改，杜绝火灾发生。

由于雷击产生极高电压与巨大电流，对建筑物造成巨大破坏与损伤，因此必须采取有效措施。国家在设计与验收规范中作了许多防雷击的要求与规定，监理在具体工作中应严格执行，绝不能因为工程中雷击事故极少，就麻痹大意，否则一旦出现问题，将造成建筑物损毁与人身伤亡重大事故。

1.3.1.2　确保电气工程施工质量

对电气工程施工质量的严格把关，确保布线系统、变配电系统、照明系统、防雷接地系统的材料、设备质量与施工质量符合规范和设计要求，使整个电气系统运行正常可靠，以满足建筑物的预期使用功能和安全要求。

1.3.2　建筑电气工程质量控制的主要手段

1.3.2.1　施工前的质量控制

（1）认真参加图纸会审，查出施工图中出现的差错、遗漏等问题。把不能施工或难以施工的问题提出，要求设计部门修改图纸，便于保证施工质量。

（2）认真审查承包商提交的施工方案，重点审查有无可靠的组织与技术措施，有无完整的质保体系，施工程序、施工方法是否切实可行，重要岗位的技术工人有无上岗证明。对重要的分项工程、重要的施工工序，技术关键部分应编制详细的施工方案。

（3）设备、器具和材料质量把关

① 凡进场的主要设备、器具和材料必须在进场报验时，向监理提交符合要求的质量保证书、合格证、生产许可证，同时提交设

备、器具和材料报验单。进口电气设备、器具和材料应提供商检证明和中文质量合格证明文件以及安装、使用、维修和试验要求等技术文件。

② 设备、器具和材料报验时，监理应根据现场条件进行外观及初步抽样检查，如导管壁厚、线缆芯径、阻燃情况等。若有异议可送有资质的检验单位进行抽样检查，合格后方能在施工中应用。

③ 施工前监理人员应根据本工程的监理实施细则向承包商的施工员、班组长进行技术交底，介绍监理对质量的要求与工作程序，对质量通病预先提出，要求采取措施加以克服。

1.3.2.2　施工中的质量控制

（1）根据施工进度，加强现场巡视检查，巡视的重点应为施工质量通病与规范中强制性执行条文。

（2）对于特别重要部位、特别重要工序应进行旁站监理，如高压电缆的耐压试验，低压电缆、电线、母线的绝缘电阻测试，防火电缆敷设（初始阶段）等等。

（3）认真根据图纸、规范进行每一道工序的验收。发现问题及时更改补救。

1.3.2.3　施工后的质量控制

（1）电气线路、设备、器具试运行后，应加强观察与测试。注意电气参数（电压、电流等）是否稳定，其最大值与最小值及变化情况。对容易引起火灾的部位应特别注意温度情况，发现问题应立即整改。

（2）监理撤离现场后，应按规定在责任期内定期向业主回访，发现问题及时通知承包商到工地处理。

1.3.2.4　利用常备工具、仪器、仪表在巡视与验收中进行测量、测试

（1）建筑电气工程质量监理人员必备的常规工具有卷尺、直尺、塞尺、千分卡尺等。利用这些工具在巡视中测量开关、插座等标高以及电缆、电线的直径、绝缘层厚度等。

（2）必备仪器、仪表有电压表、电流表、绝缘电阻测试仪、接地电阻测试仪、红外线测温仪等。在巡视与验收时可对承包商提供的测试数据进行复核，也可作抽样试验使用。

第②章 低压架空线路与电缆线路

2.1 低压架空线路

2.1.1 低压架空线路应满足的基本要求

（1）低压架空线路路径应尽量沿道路平行敷设，避免通过起重机械频繁活动地区和各种露天堆场，还应尽量减少与其他设备的交叉和跨越建筑物。

（2）向重要负荷供电的双电源线路，不应同杆架设；架设低压线路不同回路导线时，应使动力线在上、照明线在下，路灯照明回路应架设在最下层。为了维修方便，直线横担数不宜超过四层，各层横担间要满足最小距离的要求。

（3）低压线路的导线，一般采用水平排列，其次序为：面向负荷从左侧起，导线排列相序为 L1、N、L2、L3。其线间距离不应小于规定数值。

（4）为保证架空线路的安全运行，架空线路在不同地区通过时，导线对地面、水面、道路、建筑物以及其他设施应保持一定的距离。

（5）两相邻电杆之间的距离（俗称档距）应根据所用导线规格和具体环境条件等因素来确定。

2.1.2 低压架空导线的选择

2.1.2.1 常用架空导线的种类

导线是架空线路的主体，负责传输电能。由于导线架设在电杆的上面，要经常承受自重、风、雨、冰、雪、有害气体的侵蚀以及空气温度变化的影响等作用，因此，要求导线不仅具有良好的导电性能，还要有足够的机械强度和良好的抗腐蚀性能。

低压架空线路所用的导线分为裸导线和绝缘导线两种。按导线的结构可分为单股导线、多股导线和空心导线；按导线的材料又分为铜导线、铝导线、钢芯铝导线和钢导线等。

2.1.2.2 架空导线的选择

（1）低压架空线路一般都采用裸绞线。只有接近民用建筑的接户线和街道狭窄、建筑物稠密、架空高度较低等场合才选用绝缘导线。架空线路不应使用单股导线或已断股的绞线。

（2）应保证有足够的机械强度。由于架空导线本身有一定的重量，在运行中还要受到风雨、冰雪等外力的作用，因此必须具有一定的机械强度。为了避免发生断线事故，用于低压架空线路的铝绞线和钢芯铝绞线的截面积一般不应小于 $16mm^2$，铜线的截面积也应在 $10mm^2$ 以上。

（3）导线允许的载流量应能满足负载的要求。导线的实际负载电流应小于导线的允许载流量。铝绞线和钢芯铝绞线的允许载流量和温度校正系数见表 2-1 和表 2-2。

表 2-1　铝绞线和钢芯铝绞线的允许载流量（环境温度为 25℃）

铝绞线		钢芯铝绞线	
型号	导线温度为 70℃时的户外载流量/A	型号	导线温度为 70℃时的户外载流量/A
LJ-16	105	LGJ-16	105
LJ-25	135	LGJ-25	135
LJ-35	170	LGJ-35	170
LJ-50	215	LGJ-50	220
LJ-70	265	LGJ-70	275
LJ-95	325	LGJ-95	335

表 2-2　铝导线允许载流量的校正系数

实际环境温度/℃	−5	0	+5	+10	+15	+20	+25	+30	+35	+40	+45	+50
校正系数	1.29	1.24	1.20	1.15	1.11	1.05	1.00	0.94	0.88	0.81	0.74	0.67

（4）线路的电压损失不宜过大。由于导线具有一定的电阻，因此电流通过导线时会产生电压损失。导线越细、越长，负载电流越大，电压损失就越大，线路末端的电压就越低，甚至不能满足用电设备的电压要求。因此，一般应保证线路的电压损失不超过 5%。

（5）380V 三相架空线路裸铝导线截面积选择可参考表 2-3。

表 2-3　380V 三相架空线路裸铝导线截面积选择参考

送电距离/km	0.2	0.3	0.4	0.5	0.6	0.7	0.8	0.9	1.0
输送容量/kW	裸铝导线截面积/mm²								
6	16	16	16	16	25	25	35	35	35
8	16	16	16	25	35	35	50	50	50
10	16	16	25	35	50	50	50	70	70
15	16	25	35	50	70	70	95		
20	25	35	50	70	95				
25	35	50	70	95					
30	50	70	95						
40	50	95							
50	70								
60	95								

注：本表按 2A/kW、功率因数为 0.80、线间距离为 0.6m 计算，电压降不超过额定值的 5%。

2.1.3　施工前对器材的检查

在架空线路施工前，应对运到现场的材料及器具进行全面检查。所有材料、器具的生产厂家必须是国家承认的厂家。所有的材料及器具必须有生产厂家提供的材质、性能出厂质量合格证书，设备应有铭牌。

（1）线材：不应有松股、交叉、折叠、断裂及破损等缺陷；不应有严重的腐蚀现象；钢绞线、镀锌铁线的镀锌层应良好、无锈蚀；绝缘线表面应平整、光滑、色泽均匀，绝缘层挤包紧密，易剥离，端部应有密封措施。

（2）绝缘子及瓷横担绝缘子：瓷件无裂纹、斑点、缺釉及气泡，瓷釉应光滑；弹簧零件的弹力应适宜；瓷件与铁件的组合不歪斜，结合紧密，铁件镀锌良好。

（3）金具：表面光洁，无裂纹、毛刺、砂眼；线夹应转动良好；镀锌层无锌皮剥落和锈蚀等。

（4）附件与紧固件：由黑色金属制造的附件和紧固件，除地脚螺栓外，应采用热浸镀锌制品；各种连接螺栓要有防松装置；金属附件及螺栓表面不应有裂纹、砂眼、锌皮剥落及锈蚀；螺杆与螺母的配合应良好。

（5）混凝土电杆与预制构件：混凝土电杆与预制构件的表面应光洁、壁厚均匀、无露筋等现象；纵、横向应无裂缝；杆身弯曲不应超过杆长的1/1000。

2.1.4 电杆的定位

2.1.4.1 确定架空线路路径时应遵循的原则

（1）应综合考虑运行、施工、交通条件和路径长度等因素。尽可能不占或少占农田，要求路径最短，尽量走近路、走直路，避免曲折迂回，减少交叉跨越，以降低基建成本。

（2）应尽量沿道路平行架设，以便于施工维护；应尽量避免通过铁路起重机或汽车起重机频繁活动的地区和各种露天堆放场。

（3）应尽量减少与其他设施的交叉和跨越建筑物；不能避免时，应符合规程规定的各种交叉跨越的要求。

（4）尽可能避开易被车辆碰撞的场所；可能发生洪水冲刷的地方；易受腐蚀污染的地方；地下有电缆线路、水管、暗沟、煤气管等处所；禁止从易燃、易爆的危险品堆放点上方通过。

2.1.4.2 杆位和杆型的确定

路径确定后，应当测定杆位。常用的测量工具有测杆和测绳及测量仪。测量时，首先要确定首端电杆和终端电杆的位置，并且打好标桩作为挖坑和立杆的依据。必须有转角时，需确定转角杆的位置，这样首端杆、转角杆、终端杆就把整条线路划分成几个直线段。然后测量直线段距离，根据规程规定来确定档距，集镇和村庄为40~50m，田间为50~70m。当直线段距离达到1km时，应设置耐张段。遇到跨越物时，如果线路从跨越物上方通过，电杆应靠近被跨越物。新架线路在被跨越物下方时，交叉点应尽量放在新架线路的档距中间，以便得到较大的跨越距离。

电杆位置确定后，杆型也就随之确定。跨越铁路、公路、通航河流、重要通信线时，跨越杆应是耐张杆或打拉线的加强直线杆。

2.1.4.3　电杆的定位方法

低压架空线路电杆的定位，首先应根据设计图查看地形、道路、河流、树木、管理和建筑物等的分布情况，确定线路如何跨越障碍物，拟定大致的方位；然后确定线路的起点、转角点和终点的电杆位置，再确定中间杆的位置。常用定位方法有交点定位法、目测定位法和测量定位法。

（1）交点定位法：电杆的位置可按路边的距离和线路的走向及总长度，确定电杆档距和杆位。

为便于高、低压线路及路灯共杆架设及建筑物进线，高、低压线路宜沿道路平行架设，电杆距路边为 0.5～1m。电杆的档距（即两根相邻电杆之间的距离）要适当选择，电杆档距选择得越大，电杆的数量就越少。但是档距如果太大，电杆就越高，以使导线与地面保持足够的距离，保证安全。如果不加高电杆，那就需要把电线拉得紧一些，而当电线被拉得过紧时，由于风吹等作用，又容易断线，因此线路的档距不能太大。

（2）目测定位法：目测定位是根据三点一线的原理进行的。目测定位法一般需要 2～3 人，定位时先在线路段两端插上花杆，然后其中 1 人观察和指挥，另 1 人在线路段中间补插花杆。也可采用拉线的方法确定中间杆位置。这种方法只适用于 2～3 档的杆位确定。

（3）测量定位法：一般在地面不平整、地下设施较多的大型企业实施。在施工后做竣工图，用仪器测量，采用绝对标高测定杆的埋设深度及坐标位置。此种方法精度较高、效果好，有条件的单位可以使用。

2.1.5　基础施工

2.1.5.1　电杆基坑的形式

架空电杆的基坑主要有两种形式，即圆形坑（又称圆杆坑）和

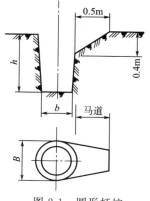

图 2-1 圆形杆坑

梯形坑。其中，梯形坑又可分为三阶杆坑和二阶杆坑。圆形坑一般用于不带卡盘和底盘的电杆；梯形坑一般用于杆身较高、较重及带有卡盘的电杆。

（1）圆形杆坑　圆形杆坑的截面形式如图 2-1 所示，其具体尺寸应符合下列规定：

$$b = 基础底面 + (0.2 \sim 0.4)（m）$$

$$B = b + 0.4h + 0.6（m）$$

式中　h——电杆的埋入深度。

（2）三阶杆坑　三阶杆坑的截面形式如图 2-2（a）所示，其具体尺寸应符合下列规定：

$$B = 1.2h \qquad b = 基础底面 + (0.2 \sim 0.4)（m）$$

$$c = 0.35h \qquad d = 0.2h$$

$$e = 0.3h \qquad f = 0.3h \qquad g = 0.4h$$

（3）二阶杆坑　二阶杆坑的截面形式如图 2-2（b）所示，其具体尺寸应符合下列规定：

$$B = 1.2h \qquad b = 基础底面 + (0.2 \sim 0.4)（m）$$

$$c = 0.07h \qquad d = 0.2h$$

$$e = 0.3h \qquad g = 0.7h$$

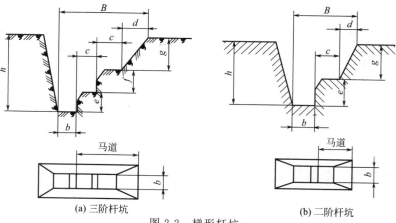

（a）三阶杆坑　　　　　　　　　（b）二阶杆坑

图 2-2　梯形杆坑

2.1.5.2　挖坑时的安全注意事项

目前，人工挖坑仍是比较普遍的施工方法，使用的工具一般为铁锹、稿等。当坑深小于 1.8m 时，可一次挖成；当深度大于 1.8m 时，可采用阶梯形，上部先挖成较大的圆形或长方形，以便于立足，再继续挖下部的坑。在地下水位较高或容易塌土的场合施工时，最好当天挖坑，当天立杆。

挖坑时的安全注意事项如下：

（1）挖坑前，应与地下管道、电缆等主管单位联系，注意坑位有无地下设施，并采取必要的防护措施。

（2）所用工具应坚固，并经常注意检查，以免发生事故。

（3）当坑深超过 1.5m 时，坑内工作人员必须戴安全帽；当坑底面积超过 1.5m² 时，允许两人同时工作，但不得面对面或挨得太近。

（4）严禁在坑内休息。

（5）挖坑时，坑边不得堆放重物，以防坑壁垮塌。工、器具禁止放在坑壁，以免掉落伤人。

（6）在道路及居民区等行人通过地区施工时，应设置围栏或坑盖，夜间应装设红色信号灯，以防行人跌入坑内。

2.1.5.3　杆坑位置的检查

杆坑挖完后，勘察设计时标志电杆位置的标桩已不复存在，这时为了检查杆坑的位置是否准确，采用的方法一般是在杆坑的中心立一根长标杆，使其与前后辅助标桩上的标杆成一直线，同时与两侧辅助标桩上的标杆成一直线，即被检查杆坑中心所立长标杆只要在两条直线的交点上，杆坑的位置就是准确的。

2.1.5.4　杆坑深度的检查

不论是圆形坑还是方形坑，坑底均应基本保持平整，以便能准确地检查坑深；对带坡度的拉线坑的检查，应以坑中心为准。

杆坑深度检查一般以坑四周平均高度为基准，可用直尺直接测得杆坑深度，杆坑深度允许误差一般为 ±50mm。当杆坑超深值在 100～300mm 时，可用填土夯实方法处理；当杆坑超深值在 300mm 以上时，其超深部分应用铺石灌浆方法处理。

拉线坑超深后，如对拉线盘安装位置和方向有影响，可作填土夯实处理。若无影响，一般不作处理。

2.1.5.5 电杆的埋设深度

电杆埋设深度，应根据电杆长度、承受力的大小和土质情况来确定。一般 15m 及以下的电杆，埋设深度约为电杆长度的 1/6，但最浅不应小于 1.5m；变台杆不应小于 2m；在土质较软、流沙、地下水位较高的地带，电杆基础还应做加固处理。

一般电杆埋设深度可参考表 2-4 的数值。

表 2-4　电杆埋设深度　　　　　　　　　　　　　　　m

杆高	5.0	6.0	7.0	8.0	9.0	10.0	11.0	12.0	13.0	15.0
木杆埋深	1.0	1.1	1.2	1.4	1.5	1.7	1.8	1.9	2.0	—
混凝土杆埋深	—	—	1.2	1.4	1.5	1.7	1.8	2.0	2.2	2.5

2.1.5.6 电杆基础的加固

电杆基础是指电杆埋入地下的部分，电杆的根部作为基础的一部分，基础的主要部件和电杆是一个整体。基础的主要部件包括底盘、卡盘和拉线盘等。因为直线杆通常受到线路两侧风力的影响，但又不可能在每档电杆左右都安装拉线，所以一般采用如图 2-3 的方法来加固杆基。即先在电杆根部四周填埋一层深 300～400mm 的乱石，在石缝中填足泥土捣实，然后再覆盖一层 100～200mm 厚的泥土并夯实，直至与地面齐平。

对于装有变压器和开关等设备的承重杆、跨越杆、耐张杆、转角杆、分支杆和终端杆等，或在土质过于松软的地段，可采用在杆基安装底盘的方法来减小电杆底部对土壤的压强。底盘一般用石板或混凝土制成方形或圆形，底盘的形状和安装方法如图 2-4 所示。

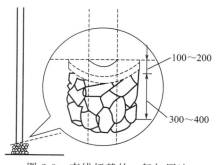

图 2-3　直线杆基的一般加固法

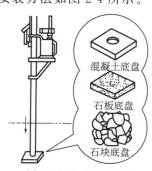

图 2-4　底盘的安装

2.1.6　电杆组装

组装电杆时，安装横担有两种方法：一种是在地面上将横担、金具全部组装在电杆上，然后整体立杆，杆立好以后，再调整横担的方向。另一种方法是先立杆，后组装横担，要求从电杆的最上端开始，由上向下组装。

2.1.6.1　单横担的安装

单横担在架空线路中应用最广，一般的直线杆、分支杆、轻型转角杆和终端杆都用单横担，单横担的安装方法如图 2-5 所示。安装时，用 U 形抱箍从电杆背部抱起杆身，穿过 M 形抱铁和横担的两孔，用螺母拧紧固定。

2.1.6.2　双横担的安装

双横担一般用于耐张杆、重型终端杆和受力较大的转角杆上。双横担的安装方法如图 2-6 所示。

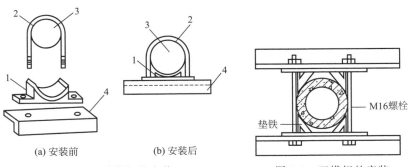

(a) 安装前　　　　　　(b) 安装后

图 2-5　单横担的安装
1—M 形抱铁；2—U 形抱箍；
3—电杆；4—角钢横担

图 2-6　双横担的安装

2.1.6.3　横担安装时的注意事项

（1）横担的上沿，一般应装在离杆顶 100mm 处，并应水平安装，其倾斜度不得大于 1%。

（2）在直线段内，每档电杆上的横担应相互平行。

（3）安装横担时，应分次交替地拧紧两侧螺母，使两个固定螺栓承力相等。

（4）各部位的连接应紧固，受力螺栓应加弹簧垫或带双螺帽，其外露长度不应小于 5 个螺距，但不得大于 30mm。

2.1.6.4 绝缘子的安装

（1）绝缘子的额定电压应符合线路电压等级要求。

（2）安装前应把绝缘子表面的灰垢、附着物及不应有的涂料擦拭干净，经过检查试验合格后，再进行安装。要求安装牢固、连接可靠、防止积水。

（3）绝缘子的表面应清洁。安装前应检查其有无损坏，并用 2500V 兆欧表测试其绝缘电阻，不应低于 300MΩ。

（4）紧固横担和绝缘子等各部分的螺栓直径应大于 16mm，绝缘子与横担之间应垫一层薄橡皮，以防紧固螺栓时压碎绝缘子。

（5）螺栓应由上向下插入绝缘子中心孔，螺母要拧在横担下方，螺栓两端均需垫垫圈。螺母要拧紧，但不能压碎绝缘子。

（6）针式绝缘子应与横担垂直，顶部的导线槽应顺线路方向。针式绝缘子不得平装或倒装。

（7）蝶式绝缘子采用两片两孔铁拉板安装在横担上。两片两孔铁拉板一端的两孔中间穿螺栓固定蝶式绝缘子；另一端用螺栓固定在横担上。蝶式绝缘子使用的穿钉、拉板必须外观无损伤、镀锌良好、机械强度符合设计要求。

（8）绝缘子裙边与带电部位的间隙不应小于 50mm。

2.1.7 立杆

2.1.7.1 立杆前的准备

首先应对参加立杆的人员进行合理分工，详细交待工作任务、操作方法及安全注意事项。每个参加施工的人员必须听从施工负责人的统一指挥。当立杆工作量特别大时，为加快施工进度，可采用流水作业的方法，将施工人员分成三个小组，即准备小组、立杆小组和整杆小组。准备小组负责立杆前的现场布置；立杆小组负责按要求将电杆立至规定的位置，将四面（或三面）临时拉绳结扎固定；整杆小组负责调整电杆垂直至符合要求，埋设卡盘，填土夯实。

施工人员按分工做好所需材料和工具的准备工作，所用的设备和工具，如抱杆、撑杆、绞磨、钢丝绳、麻绳、铁锹、木杠等，必须具有足够的强度，而且达到操作灵活、使用方便的要求。要严密进行现场布置，起吊设备安放位置要恰当，如抱杆、绞磨、地锚的位置及打入地下的深度等。经过全面检查，确认完全符合要求后，才能进行立杆工作。

2.1.7.2　常用的立杆方法

立杆的方法很多，常用的有汽车吊立杆、三脚架立杆、人字抱杆立杆和架杆立杆等。立杆的要求是一正二稳三安全。即电杆立好后不能斜，稳就是电杆立好后要稳定。

（1）汽车起重机立杆　这种立杆方法既安全，效率又高，是城镇干道旁电杆的常用立杆方法。立杆前，将电杆运到坑边，电杆重心不能距坑中心太远。立杆时，将汽车起重机开到距杆坑适当位置处加以稳固。然后从电杆的根部量起在电杆的 2/3 处，拴一根起吊钢丝绳，绳的两端先插好绳套，制作后的钢丝绳长度一般为 1.2m。将起吊钢丝绳绕电杆一周，使 A 扣从 B 扣内穿出并锁紧电杆，再把A 扣端挂在汽车起重机的吊钩上。如图 2-7(a) 所示。再用一条直径为 13mm，长度适当的麻绳穿过 B 扣，结成栓中扣作为带绳。

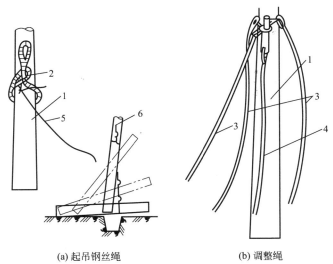

(a) 起吊钢丝绳　　　　　　　　(b) 调整绳

图 2-7　电杆起吊用绳索

1—电杆；2—起吊钢丝绳；3—调整绳；4—带绳；5—脱落绳；6—吊钩

准备工作做好后，可由负责人指挥将电杆吊起，当电杆顶部离开地面 0.5m 时，应停止起吊，对各处绑扎的绳扣等进行一次安全检查，确认无问题后，拴好调整绳，再继续起吊。

调整绳是拴在电杆顶部 500mm 处，作调整电杆垂直度用。另外，再系一根脱落绳，以方便解除调整绳，如图 2-7(b) 所示。

继续起吊时，坑边站两人负责电杆根部进坑。另外，由三人各拉一根调整绳，站成以杆基坑为中心的三角形，如图 2-8 所示。当吊车将电杆吊离地面约 200mm 时，坑边人员慢慢地把电杆移至基础坑，并使电杆根部放在底盘中心处。然后，利用吊车的扒杆和调整绳对电杆进行调整。电杆调整好后，可填土夯实。

图 2-8　汽车起重机立杆

（2）固定式人字抱杆立杆　固定式人字抱杆立杆，是一种简易的立杆方法，主要是依靠绞磨和抱杆上的滑轮和钢丝绳等工具进行起吊作业，如图 2-9 所示。

如果起吊工具没有绞磨，在有电力供应的地方，也可采用电力卷扬机。

立杆前先把电杆放在电杆基础上，使电杆的中部，对正电杆基坑中心，并且将电杆根部位于基坑马道一侧。把抱杆两脚张开到抱杆长度的 2/3，顺着电杆放置于地面上，沿放置电杆方向距杆坑前

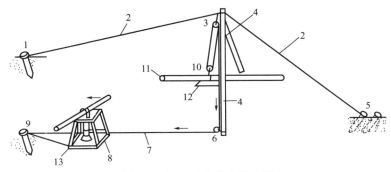

图 2-9　固定式人字抱杆立杆

1,5,9—地锚；2—晃绳；3,6,10—滑轮；4—抱杆；7—钢丝绳；
8—绞磨；11—电杆；12—杆坑；13—拉绳

后 15～20m 处，分别打入地锚，作绑扎晃绳用。

固定好绞磨，用起吊钢丝绳在绞磨盘上缠绕 4～5 圈，将起吊钢丝绳一端拉起，穿过三个滑轮，并把下端滑轮吊钩挂在由电杆根部量起 1/2～1/3 杆长处的起吊钢丝绳的绳套上。

先由人工立起抱杆，拉紧两条抱杆的晃绳（钢丝绳），使抱杆立直，特别注意应将抱杆左右方向立直，不应倾斜。在抱杆根部地面上可挖两个浅坑，并可各放一块 3～5mm 厚的钢板，用于防止杆根下陷和抱杆根部发生滑移。

准备工作做好后，即可推动绞磨，起吊电杆。要由一人拉紧钢丝绳的一端，随着绞磨的旋转用力拉绳，不可放松，以免发生事故。当电杆距地面 0.5m 时，检查绳扣及各部位是否牢固，确认无问题后，在杆顶部 500mm 处拴好调整绳和脱落绳，再继续起吊。当起吊到一定高度时，把电杆根部对准电杆基坑，反向转动绞磨，直至电杆根部落入底盘的中心，再填土夯实。

2.1.8　拉线的制作与安装

拉线施工包括做拉线鼻子、埋设底把、连接等工作。

2.1.8.1　拉线鼻子的制作

拉线和抱箍或拉线各段之间常常需要用拉线鼻子连接。做拉线鼻子以前，应先把镀锌铁线拉直，按需要的股数和长度剪断，然后排齐，各股受力均匀，不要有死弯，并且用细线绑扎、防止松股，做拉线鼻子的步骤如图 2-10 所示。

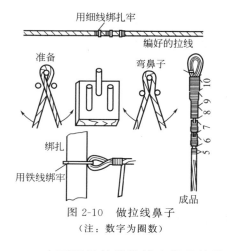

图 2-10　做拉线鼻子
（注：数字为圈数）

做拉线鼻子时一般用拉线本身各股，一次一次地缠绕。在折回散开的拉线中先抽出一股，在合并部位用手钳用力紧密缠绕 10 圈后，再抽出第二股，将第一股压在下面留出 15mm 左右将多余部分剪断并把它弯回压在第二股的缠绕圈下，用第二股按同一方向用力紧绕 9 圈。以此类推，将缠绕圈数逐渐减少，一直降到缠绕 5 圈为止。如果拉线股数较少，则降不到 5 圈也可以终止。

也可用另外的铁线去绑扎拉线鼻子。将拉线弯成鼻子后，用直径 3.2mm 的铁线绑扎 200～400mm 长（把绑线本身也缠进去，以便拧小辫），然后把绑线端部两根线拧成小辫，防止绑线松开。

2.1.8.2　拉线把制作

（1）上把制作　上把的结构形式如图 2-11(a) 所示，其中用于卡紧钢丝的钢线卡子必须用三副以上，每两幅卡子之间应相隔 150mm。上把的安装顺序如图 2-11(b) 所示。

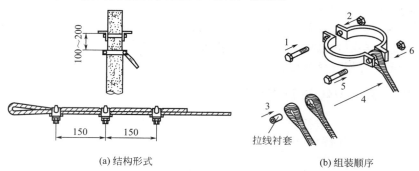

(a) 结构形式　　　　　　　　　(b) 组装顺序

图 2-11　上把制作

（2）中把制作 中把的做法与上把相同。中把与上把之间用拉线绝缘子隔离，如图 2-12 所示。

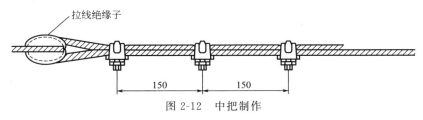

图 2-12 中把制作

（3）底把（下把）制作 底把可以选择花篮螺栓的结构形式，也可以使用 U 形、T 形及楔形线夹制作底把，如图 2-13 所示。由于花篮螺栓离地面较近，因此为防止人为弄松，制作完成后应用直径为 4mm 镀锌铁丝绑扎定位。

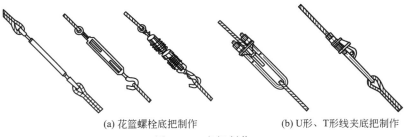

(a) 花篮螺栓底把制作　　　　　　　(b) U形、T形线夹底把制作

图 2-13 底把制作

2.1.8.3 拉线盘制作

拉线盘的材质多为钢筋混凝土，其拉线环已预埋。拉线盘的引出拉线可选用圆钢制作，其直径要求大于 12mm，拉线盘连接制作如图 2-14 所示。

紧拉线时，应把上把的末端穿入下把鼻子内，用紧线器夹住上把，将上把的 1～2 股铁线穿在紧线器轴内，然后转动紧线器手柄，把拉线逐渐拉紧，直到紧好为止。

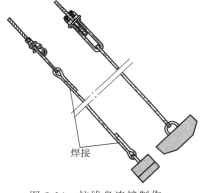

焊接

图 2-14 拉线盘连接制作

2.1.8.4　安装拉线的注意事项

（1）拉线与电杆的夹角不宜小于 45°，当受到地形限制时也不应小于 30°。

（2）终端杆的拉线及耐张杆的承力拉线应与线路方向对正，防风拉线应与线路方向垂直。

（3）拉线穿过公路时，对路面中心的垂直距离应不小于 6m。

（4）采用 U 形、T 形及楔形线夹固定拉线时，应在线扣上涂润滑剂，线夹舌板与拉线接触应紧密，受力后无滑动现象，线夹的凸肚应在线尾侧，安装时不得损伤导线；拉线弯曲部分不应有明显松股，拉线断头处与拉线主线应有可靠固定，尾线回头后与本线应绑扎牢固。线夹处露出的拉线尾线长度为 300～500mm，线夹螺杆应露扣，并应有不小于 1/2 螺杆丝扣长度可供调紧，调紧后其双螺母应并紧。若用花篮螺栓，则应封固。

（5）当一根电线杆装设多条拉线时，拉线不应有过松、过紧及受力不均匀等现象。

（6）拉线底把应采用拉线棒，其直径应不小于 16mm，拉线棒与拉线盘的连接应可靠。

2.1.9　放线、挂线与紧线

2.1.9.1　放线

放线就是把导线沿电杆两侧放好准备把导线挂在横担上。放线的方法有两种，一种是以一个耐张段为一个单元，把线路所需导线全部放出，置于电杆根部的地面，然后按档把全耐张段导线同时吊上电杆；另一种方法是一边放出导线，一边逐档吊线上杆。在放线过程中，若导线需要对接，一般应在地面先用压接钳进行压接，再架线上杆。放线时应注意以下事项：

（1）放线时，要一条一条地放，速度要均匀，不要使导线出现磨损、断股和死弯。当出现磨损和断股时，应及时作出标志，以便处理。

（2）最好在电杆或横担上挂铝或木制的开口滑轮，把导线放在槽内，这样既省力又不磨损导线。用手放线时，应正放几圈反放几圈，不要使导线出现死弯。

（3）放线需跨越带电导线时，应将带电导线停电后再施工；若停电困难，可在跨越处搭设跨越架。

（4）放线通过公路时，要有专人观看车辆，以免发生危险。

2.1.9.2　挂线

导线放完后，就可以挂线。对于细导线可由两人拿着挑线杆（在普通竹竿上装一个钩子）把导线挑起递给杆上人员，放在横担上或针式绝缘子顶部线沟中。如果导线较粗（截面在 25mm^2 及以上），杆上人员可用绳子把导线吊上去，放在放线滑轮里。不要把导线放在横担上，以免紧线时擦伤。

2.1.9.3　紧线

紧线一般在每个耐张段上进行。紧线时，先在线路一端的耐张杆上把导线牢固地绑在蝴蝶式绝缘子上，然后在线路另一端的耐张杆上用人力进行紧线，如图 2-15 所示。也可先用人力把导线收紧到一定程度，再用紧线器紧线。为防止横担扭转，可同时收紧两侧的线。导线的收紧程度，应根据现场的气温、电杆的档距、导线的型号来确定。导线的弧垂可用如图 2-16 所示的方法测得：在观测档距两头的电杆上，按要求的弧垂，从导线在横担或绝缘子上的位置向下量出从弧垂表中查得的弧垂数值，并按这个数值在两头电杆上各绑一块横板。在杆上的人员沿横板观察对面电杆上的横板，并指挥人员进行紧线。当导线收紧到最低点与两块横板成一条直线时，停止紧线。当导线为新铝线时，应比弧垂表中规定的弧垂数值多紧 15%～20%，因新线受到拉力时会伸长。

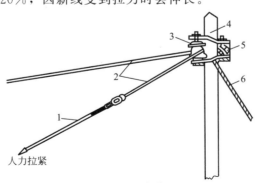

图 2-15　紧线

1—大绳；2—导线；3—蝶式绝缘子；4—电杆；5—横担；6—拉线

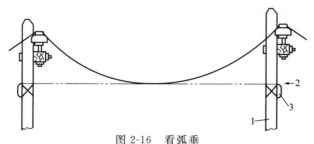

图 2-16　看弧垂

1—电杆；2—眼睛的位置；3—水平绑在电杆上的木板

2.1.10　导线的连接

2.1.10.1　钳压连接法

钳压连接法是将两根导线穿入连接管内加压，借管与线股间的握着力，使两根导线牢固地连接在一起。这种方法适用于铝绞线、钢芯铝绞线和铜绞线。钳压连接法需要的工具和材料有压接钳、连接管、钢丝刷、棉纱、汽油、中性凡士林等。

钳压连接方法与操作中的注意事项如下。

（1）压接前应先检查压接钳是否完好、可靠、灵活，以及连接管型号与导线的规格是否配套，钢模是否与导线同一规格。

（2）将导线的末端，用直径为 0.9～1.6mm 的金属线绑扎（以防松股），然后用钢锯将导线垂直锯齐。

（3）清洗导线与连接管内壁，去除油垢与氧化膜，导线的清洗长度，应取连接部分的 1.25 倍。用汽油清洗过的导线表面和连接管内壁，应涂上一层凡士林锌粉膏。

（4）将欲连接的导线，分别从连接管两端插入，并使线端露出管外 25～30mm。若是钢芯铝绞线，应在插入一根导线后，在中间插入一个铝垫片，然后插入另一根导线，以使其接触良好。

（5）在压接钳上安装好压模，将连接管放入压接钳的压模中，并使两侧导线平直，按图 2-17 的顺序（铜绞线和铝绞线从一端开始，依次向另一端交错压接；钢芯铝绞线从中间开始，先向一端上下交错压接，压完一端再压另一端）进行压接。压口的深度和压口数见表 2-5。

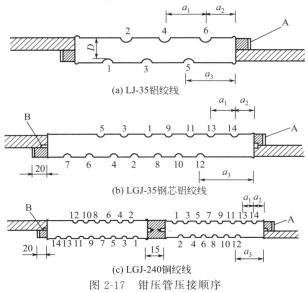

(a) LJ-35铝绞线

(b) LGJ-35钢芯铝绞线

(c) LGJ-240铜绞线

图 2-17 钳压管压接顺序

A—绑线；B—垫片

1、2、3、…表示压接操作顺序

表 2-5 导线钳压连接法技术数据

导线型号		钳接部位尺寸/mm			压后尺寸 D/mm	压口数
		a_1	a_2	a_3		
钢芯铝绞线	LGJ-16	28	14	28	12.5	12
	LGJ-25	32	15	31	14.5	14
	LGJ-35	34	42.5	93.5	17.5	14
	LGJ-50	38	48.5	105.5	20.5	16
	LGJ-70	46	54.5	123.5	25.0	16
	LGJ-95	54	61.5	142.5	29.0	20
	LGJ-120	62	67.5	160.5	33.0	24
	LGJ-150	64	70	166	36.0	24
	LGJ-185	66	74.5	173.5	39.0	26
	LGJ-240	62	68.5	161.5	43.0	2×14

导线型号		钳接部位尺寸/mm			压后尺寸 D/mm	压口数
		a_1	a_2	a_3		
铝绞线	LJ-16	28	20	34	10.5	6
	LJ-25	32	20	36	12.5	6
	LJ-35	36	25	43	14.0	6
	LJ-50	40	25	45	16.5	8
	LJ-70	44	28	50	19.5	8
	LJ-95	48	32	56	23.0	10
	LJ-120	52	33	59	26.0	10
	LJ-150	56	34	62	30.0	10
	LJ-185	60	35	65	33.5	10
铜绞线	TJ-16	78	14	28	10.5	6
	TJ-25	32	16	32	12.0	6
	TJ-35	36	18	36	14.5	6
	TJ-50	40	20	40	17.5	8
	TJ-70	44	22	44	20.5	8
	TJ-95	48	24	48	24.0	10
	TJ-120	52	26	52	27.5	10
	TJ-150	56	28	56	31.5	10

（6）压完后，取出压好的接头，用砂纸磨光，再用浸蘸汽油的抹布擦净。

（7）压接后导线端头露出长度不应小于 20mm，导线端头绑线应保留。

（8）连接管的弯曲度不应大于管长的 2%。有明显弯曲时应先校直。但应注意连接管不应有裂纹。

（9）压后尺寸的允许误差：铝绞线钳接管为 ±1.0mm；钢芯铝绞线钳接管为 ±0.5mm。

（10）连接管两端附近的导线不得有鼓包。若鼓包大于原直径的 50%，则必须切断重压。

（11）接头的抗拉强度应不小于被连接导线本身抗拉强度的90％。接头处的电阻值不应大于相同长度导线的电阻值。

2.1.10.2　多股线交叉缠绕法

多股线交叉缠绕法适用于 35mm² 以下的裸铝或铜导线。多股铜芯绞合线的交叉缠绕法（又称缠接法）如下。

（1）将连接导线的线头（线芯直径的 15 倍左右）绞合层，按股线分散开并拉直。

（2）把中间线芯剪掉一半，用砂布将每根导线外层擦干净。

（3）将两个导线头按股相互交叉对插，用手钳整理，使股线间紧密合拢，见图 2-18(a)。

（4）取导线本体的单股或双股，分别由中间向两边紧密地缠绕，每绕完一股（将余下线尾压住），再取一股继续缠绕，见图 2-18(b)，直至股线绕完为止。

（5）最后一股缠完后拧成小辫。缠绕时应缠紧并排列整齐，见图 2-18(c)。

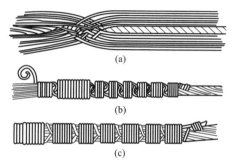

图 2-18　多股线交叉缠绕法

接头部位缠绕长度一般为 60～120mm（导线截面积≤50mm²）或不少于导线直径的 10 倍。多股线交叉缠绕的长度和绑线直径见表 2-6。

表 2-6　多股线交叉缠绕的接头长度和绑线直径

导线直径或截面积	接头长度/mm	绑线直径/mm	中间绑线长度/mm
φ2.6～3.2	80	1.6	—
φ4.0～5.0	120	2.0	—
16mm²	200	2.0	50
25mm²	250	2.0	50
35mm²	300	2.3	50
50mm²	500	2.3	50

2.1.11 导线在绝缘子上的绑扎方法

在低压架空线路上，一般都有绝缘子作为导线的支持物。直线杆上的导线与绝缘子的贴靠方向应一致；转角杆上的导线，必须贴靠在绝缘子外测，导线在绝缘子上的固定，均采用绑扎方法。裸铝绞线因质地过软，而绑扎线较硬，且绑扎时用力较大，故在绑扎前需在铝绞线上包缠一层保护层（如铝包带），包缠长度以两端各伸出绑扎处 10～30mm 为准。

（1）蝶形绝缘子上导线的绑扎 绑扎前，先在导线绑扎处包缠 150mm 长的铝带；包缠时，铝带每圈排列必须整齐、紧密和平服。

导线在蝶形绝缘子直线支持点上的绑扎方法如图 2-19 所示；导线在蝶形绝缘子始端和终端支持点上的绑扎方法如图 2-20 所示。

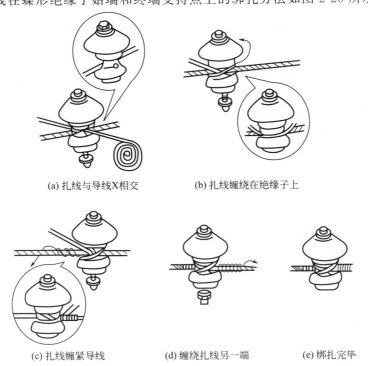

（a）扎线与导线X相交　　　　　　（b）扎线缠绕在绝缘子上

（c）扎线缠紧导线　　　　（d）缠绕扎线另一端　　　　（e）绑扎完毕

图 2-19　导线在蝶形绝缘子直线支持点上的绑扎方法

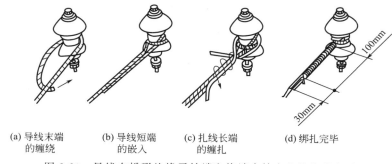

(a) 导线末端　　(b) 导线短端　　(c) 扎线长端　　(d) 绑扎完毕
　　的缠绕　　　　的嵌入　　　　的缠扎

图 2-20　导线在蝶形绝缘子始端和终端支持点上的绑扎方法

（2）针式绝缘子上导线的绑扎　绑扎前，先在导线绑扎处包缠 150mm 长的铝带。导线在针式绝缘子颈部的绑扎方法如图 2-21 所示；导线在针式绝缘子的顶部的绑扎方法如图 2-22 所示。

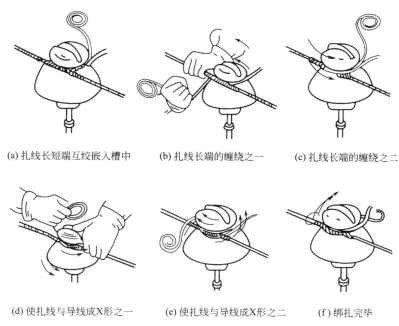

(a) 扎线长短端互绞嵌入槽中　　(b) 扎线长端的缠绕之一　　(c) 扎线长端的缠绕之二

(d) 使扎线与导线成X形之一　　(e) 使扎线与导线成X形之二　　(f) 绑扎完毕

图 2-21　导线在针式绝缘子颈部的绑扎方法

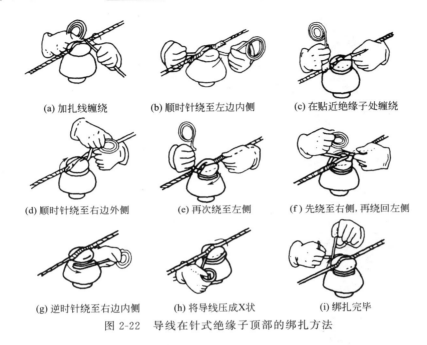

(a) 加扎线缠绕　　　(b) 顺时针绕至左边内侧　　　(c) 在贴近绝缘子处缠绕

(d) 顺时针绕至右边外侧　　　(e) 再次绕至左侧　　　(f) 先绕至右侧,再绕回左侧

(g) 逆时针绕至右边内侧　　　(h) 将导线压成X状　　　(i) 绑扎完毕

图 2-22　导线在针式绝缘子顶部的绑扎方法

2.1.12　架空线路的档距与导线弧垂的选择

（1）架空线路的档距的选择　　档距是指相邻两电杆之间的水平距离。

档距与电杆高度之间相互影响。如加大档距，则可以减少线路电杆的数量，但弧垂增加。为满足导线对地距离的要求，就必须增加电杆的高度。反之，就可减小电杆的高度。因此，档距应根据导线对地的距离、电杆的高度以及地形的特点等因素来确定。

380/220V 低压架空线路常用档距可参考表 2-7。

表 2-7　380/220V 低压架空线路常用档距

导线水平间距/mm	300			400	
档距/m	25	30	40	50	60
适用范围	①城镇闹市街道 ②城镇、农村居民点 ③乡镇企业内部		①城镇非闹市区 ②城镇工厂区 ③居民点外围	①城镇工厂区 ②居民点外围 ③田间	

（2）架空线路导线的弧垂的选择　在两根电杆之间，导线悬挂点与导线最低点之间的垂直距离称为导线的弧垂（又称弛度），如图 2-23 所示。

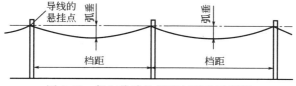

图 2-23　架空线路的档距与弧垂示意图

导线弧垂的大小不仅与导线的截面有关，而且与当地的气候条件、风速、温度以及导线架设的档距有关。

弧垂不宜太长，以防止导线在受风力而摆动时发生相间短路，或者因过分靠近旁边的树木或建筑物，而发生对地短路；弧垂也不宜太小，否则导线内张力太大，会使电杆倾斜或导线本身断裂。此外，还要考虑到导线热胀冷缩等因素，冬季施工弧垂调小些，夏季施工弧垂调大些。同一档距内，导线的材料和弧垂必须相同，以防被风吹动时发生相间短路，烧伤或烧断导线。

2.1.13　架空线对地和跨越物的最小距离的规定

在最大弧垂和最大风偏时，架空线对地和跨越物的最小距离数值见表 2-8。

表 2-8　架空线对地和跨越物的最小距离

线路经过地区或跨越项目			最小距离/m
地面	市区、厂区、城镇		6.0
	乡、村、集镇		5.0
	自然村、田野、交通困难地区		4.0
道路	公路、小铁路、拖拉机跑道		6.0
	至铁路轨顶	公用	7.5
		非公用	6.0
	电车道	至路面	9.0
		至承力索或接触线	3.0

续表

线路经过地区或跨越项目		最小距离/m
通航河流	常年洪水位	6.0
	航船桅杆	1.0
不能通航及不能浮运的河及湖	冬季至冰面	5.0
	至最高水位	3.0
管索道	在管道上面通过	1.5
	在管道下面通过	1.5
	在索道上、下面通过	1.5
房屋建筑①	垂直	2.5
	水平、最凸出部分	1.0
树木②	垂直	1.0
	水平	1.0
通信广播线	交叉跨越（电力线必须在上方）	1.0
	水平接近通信线③	倒杆距离
电力线	垂直交叉 0.5kV 以下	1.0
	6～10kV	2.0
	35～110kV	3.0
	154～220kV	4.0
	水平接近 0.5kV 以下	2.5
	6～10kV	2.5
	35～110kV	5.0
	154～220kV	7.0

①架空线严禁跨越易燃建筑的屋顶。
②导线对树木的距离，应考虑修剪周期内树木的生长高度。
③在路径受限制地区，1kV 以下最小 1m，1～10kV 最小 2m。

2.1.14　低压接户线与进户线

2.1.14.1　低压线进户方式

　　从低压架空线路的电杆上引至用户室外第一个支持点的一段架

空导线称为接户线。从用户户外第一个支持点至用户户内第一个支持点之间的导线称为进户线。常用的低压线进户方式如图 2-24所示。

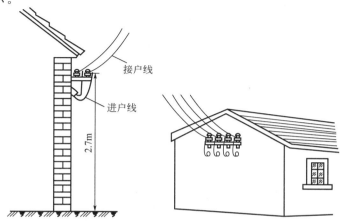

(a) 绝缘导线穿套管进户

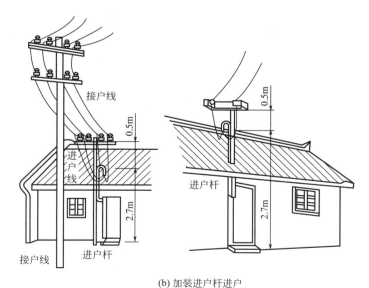

(b) 加装进户杆进户

图 2-24　低压线进户方式

2.1.14.2 低压接户线的敷设

（1）接户线的档距不宜超过 25m。超过 25m 时，应在档距中间加装辅助电杆。接户线的对地距离一般不小于 2.7m，以保证安全。

（2）接户线应从接户杆上引接，不得从档距中间悬空连接。接户杆顶的安装形式如图 2-25。

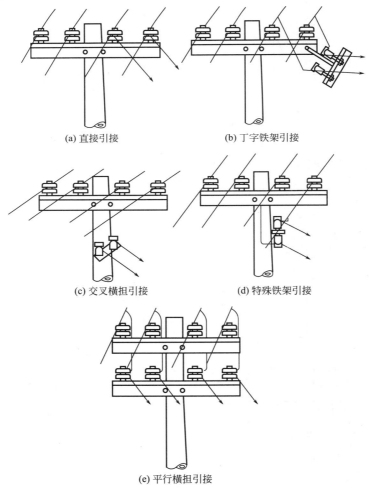

(a) 直接引接　　　　　　　　　　(b) 丁字铁架引接

(c) 交叉横担引接　　　　　　　　(d) 特殊铁架引接

(e) 平行横担引接

图 2-25　接户杆杆顶的安装形式

（3）接户线安装施工中，低压接户线的线间距离，以及接户线的最小截面，必须同时符合表 2-9 和表 2-10 中的有关规定。

表 2-9　低压接户线允许的最小线间距离

敷设方式	档距/m	最小距离/m
自由杆上引下	25 及以下	0.15
	25 以上	0.20
沿墙敷设	6 及以下	0.10
	6 以上	0.15

表 2-10　低压接户线的最小允许截面

敷设方式	档距/m	最小截面积/mm^2	
		铜线	铝线
自由杆上引下	10 及以下	2.5	6.0
	10～25	4.0	10.0
沿墙敷设	6 及以下	2.5	4.0

（4）接户线安装施工时，经常会遇到必须跨越街道、胡同（里弄）、巷及建筑物，以及与其他线路发生交叉等情况。为保证安全可靠地供电，其距离必须符合表 2-11 中所列的有关规定。

表 2-11　低压接户线跨越交叉的最小距离

序号	接户线跨越交叉的对象		最小距离/m
1	跨越通车的街道		6
2	跨越通车困难的街道、人行道		3.5
3	跨越胡同（里弄）、巷		3[1]
4	跨越阳台、平台、工业建筑屋顶		2.5
5	与弱电线路的交叉距离	接户线在上方时	0.6[2]
		接户线在下方时	0.3[2]
6	离开屋面		0.6
7	与下方窗户的垂直距离		0.3

续表

序号	接户线跨越交叉的对象	最小距离/m
8	与上方窗户或阳台的垂直距离	0.8
9	与窗户或阳台的水平距离	0.75
10	与墙壁或构架的水平距离	0.05

①住宅区跨越场地宽度在 3m 以上 8m 以下时，则高度一般应不低于 4.5m。
②如不能满足要求，应采取隔离措施。

2.1.14.3 低压进户线的敷设

（1）进户线应采用绝缘良好的铜芯或铝芯绝缘导线，并且不应有接头。铜芯线的最小截面积不宜小于 $1.5\,mm^2$，铝芯线的最小截面积不宜小于 $2.5\,mm^2$。

（2）进户线穿墙时，应套上瓷管、钢管、塑料管等保护套管，如图 2-26 所示。

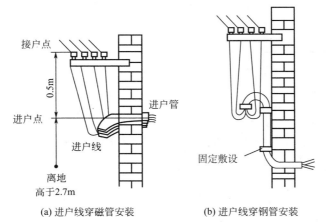

(a) 进户线穿磁管安装   (b) 进户线穿钢管安装

图 2-26　进户线穿墙安装方法

（3）进户线在安装时应有足够的长度，户内一端一般接总熔断器，如图 2-27(a) 所示。户外一端与接户线连接后一般应保持 200mm 的弧度，如图 2-27(b) 所示。户外一端进户线不应小于 800mm。

（4）进户线的长度超过 1m 时，应用绝缘子在导线中间加以固定。套管露出墙壁部分应不小于 10mm，在户外的一端应稍低，并做成方向朝下的防水弯头。

为了防止进户线在套管内绝缘破坏而造成相间短路，每根进户线外部最好套上软塑料管，并在进户线防水弯头处最低点剪一小孔，以防存水。

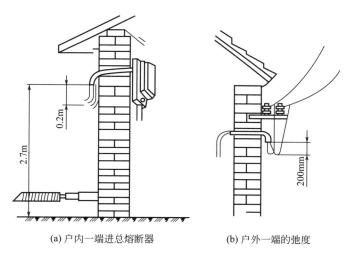

(a) 户内一端进总熔断器　　　　(b) 户外一端的弛度

图 2-27　进户线两端的接法

2.1.15　杆上电气设备的安装

杆上电气设备安装的要求是：

（1）固定电气设备的支架、紧固件为热浸镀锌制品，紧固件及防松零件齐全。

（2）电杆上电气设备安装应牢固可靠；电器连接应接触紧密；不同金属连接应有过渡措施；瓷件表面光洁，无裂缝、破损等现象。

（3）杆上变压器及变压器台的安装，其水平倾斜不大于允许值；一次、二次引线排列整齐、绑扎牢固；油枕、油位正常，无渗油现象；附件齐全、外壳干净；接地可靠，接地电阻值符合规定；套管压线螺栓等部件齐全；呼吸孔道畅通。

（4）跌落式熔断器的安装，要求各部分零件完整；转轴光滑灵活，铸件不应有裂纹、砂眼和锈蚀；瓷件良好、熔丝管不应有吸潮膨胀或弯曲现象；熔断器安装牢固、排列整齐，熔管轴线与地面的垂线夹角为 15°～30°；熔断器水平间距不小于 500mm；操作时灵活可靠，接触紧密。跌落式熔断器的上下触头应有一定的压缩行程；上、下引线应压紧。

（5）杆上断路器和负荷开关的安装，其水平倾斜不大于允许值。当错用绑扎连接时，连接处应留有防水弯，其绑扎长度应不小于 150mm。外壳应干净，不应有漏油现象，气压不低于规定值。外壳接地可靠，接地电阻值应符合规定。

（6）杆上隔离开关分、合操动机构机械锁定可靠，分合时三相同期性好；分闸后，刀片与静触头的空气间隙距离不小于 200mm；地面操作杆的接地（PE）可靠，且有标识。

（7）杆上避雷器安装要排列整齐，高低一致，其间隔距离为：1～10kV 不应小于 350mm；1kV 以下不应小于 150mm。避雷器的引下线应连接紧密，当采用绝缘线时，其截面应符合下列规定：

① 引上线：铜线不小于 16mm²，铝线不小于 25mm²。

② 引下线：铜线不小于 25mm²，铝线不小于 35mm²，引下线接地可靠，接地电阻值符合规定；与电气部分连接，不应使避雷器产生外加应力。

（8）低压熔断器和开关安装要求各部分接触应紧密，便于操作。低压熔体安装要求无弯折、压扁、伤痕等现象。

2.1.16 架空线路的检查与验收

2.1.16.1 巡视检查

（1）基坑质量的巡视 基坑挖掘时往往深度超过允许偏差，坑位偏斜超过基本要求。巡视时应利用工具仪器及时校正，并注意杆位测量时是否设立了标志杆；若未设立应通知承包商整改，以便挖坑后可测量目标。挖坑时，应把坑长的方向挖在线路的左侧或右侧，便于调整。

（2）电杆组立的巡视 水泥电杆应按设计要求在坑底放好底盘校正，施工中有时为了省钱、省力，水泥电杆不做底盘，对此监理巡视时要注意检查。当设计无要求时，可根据土壤情况与电杆性质作适当调整，如当地土壤耐压力大于 0.2MPa，直线杆可不装底盘，终端杆、转角杆等一定要装底盘。一般情况下，电杆安装时可不装卡盘，但在土壤不好或斜坡上立杆应考虑使用。卡盘应装在自地面起至电杆的埋深 1/3 处。承力杆的卡盘应埋设在承力侧，直线杆的卡盘应与线路平行。

（3）横担组装巡视　巡视检查时应注意横担安装位置是否正确，横担安装是否平直、牢固。根据规范要求，直线杆的横担应装在受电侧，受力杆的横担应装于拉线侧。为保证横担平直、牢固，应在横担与电杆之间加设 M 形垫片。

（4）导线架设与连接质量巡视　巡视时应注意整盘放线时，是否采用了放线架或其他放线工具；导线有无断股、扭结和死弯，与绝缘子固定是否可靠；线路的跳线、过引线、接户线的线间和线对地的安全距离是否符合规范要求。导线的接头如果在跳线处，可采用线夹连接；若接头在其他位置，可采用套管压接连接。

（5）杆上电气设备安装质量的巡视检查

① 检查变压器的支架是否紧固，只有紧固后才能安装变压器。

② 变压器油位是否正常，有无渗油现象，呼吸孔道是否通畅。

③ 跌落式熔断器安装的相间距离是否小于 500mm；熔管试操作能否自然打开旋下。

④ 杆上隔离开关分、合操动和锁定是否灵活可靠，地面操作杆的接地是否可靠。

⑤ 杆上避雷器相间距离、引线截面是否符合规范要求。

2.1.16.2　架空线路竣工时应检查的内容

（1）电杆有无损伤、裂纹、弯曲和变形。

（2）横担是否水平，角度是否符合要求。

（3）导线是否牢固地绑在绝缘子上，导线对地面或其他交叉跨越设施的距离是否符合要求，弧垂是否合适。

（4）转角杆、分支杆、耐张杆等的跳线是否绑好，与导线、拉线的距离是否符合要求。

（5）拉线是否符合要求。

（6）螺母是否拧紧，电杆、横担上有无遗留的工具。

（7）测量线路的绝缘电阻是否符合要求。

2.1.16.3　旁站

（1）测量杆位是保障架空线路质量的关键。施工人员测定时，监理员应在现场检查测定方法、测定仪器是否符合要求。测定完毕后，监理员可根据情况进行复查或抽查，以保证定位准确。

（2）基坑开始回填时，监理应在现场检查是否按要求进行分层夯实，以保证电杆稳定、牢固，待正常后即可改为巡视。

（3）杆上电气设备进行交接试验时，监理应在现场旁站，检查试验方法、试验仪器、试验数据是否符合要求。

2.1.16.4　验收

验收时应符合下列要求：

（1）导线及各种设备的型号、规格应符合设计要求。

（2）架线后，电杆、横担、拉线等的各项误差应符合规定。

（3）拉线的制作和安装符合规定。

（4）导线的弧垂、相间距离、对地距离及交叉跨越距离等应符合规定。

（5）电器设备外观完整无缺陷。

（6）油漆完整、相色正确、接地良好。

（7）基础埋深、导线连接和修补质量符合规定。

（8）绝缘子和线路的绝缘电阻符合要求，线路相位正确。

（9）额定电压下对空载线路冲击合闸三次，线路绝缘完好。

（10）杆塔接地电阻符合要求。

2.2　电缆线路

2.2.1　电缆的基本结构

电缆的结构主要由缆芯、绝缘层和保护层三部分组成，油浸纸绝缘电力电缆的结构如图 2-28 所示，交联聚乙烯绝缘电力电缆的结构如图 2-29 所示。

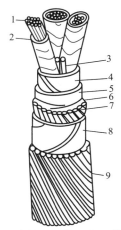

图 2-28 油浸纸绝缘电力电缆的结构
1—缆芯（铜或铝）；2—油浸纸绝缘层；
3—填料（麻筋）；4—统包油浸纸绝缘；
5—铅（或铝）包；6—涂沥青纸带
内护层；7—浸沥青麻包内护层；
8—钢铠外护层；9—麻包外护套

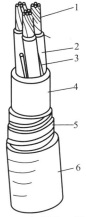

图 2-29 交联聚乙烯绝缘
电力电缆的结构
1—缆芯（铜或铝）；2—交联聚乙烯；
3—填料；4—聚氯乙烯内护层；
5—钢（或铝）铠；6—聚氯
乙烯外护层

（1）缆芯：缆芯用来传输电流。缆芯材料采用高导电能力、抗拉强度较好、易于焊接的铜、铝制成，缆芯形状有圆形、扇形和椭圆形等。

（2）绝缘层：绝缘层用来保证缆芯之间、缆芯与外界之间的绝缘，使电流沿缆芯传输。绝缘层的材料有油浸纸、橡皮、塑料、纤维、交联聚乙烯等。

（3）保护层：电缆的保护层分为内护层和外护层两部分。内护层用以直接保护绝缘层，所用材料有铅包、铝包、聚氯乙烯包套和聚乙烯套等；外护层用以保护电缆内护层免受机械损伤和化学腐蚀，所用材料有沥青麻护层、钢带铠装护层、钢丝铠装护层等。

2.2.2 电缆检验与储运

2.2.2.1 电缆的检验

电缆及其附件到达现场后应进行下列检查：

（1）产品的技术文件是否齐全。

（2）电缆规格、型号是否符合设计要求，表面有无损伤，附件是否齐全。

（3）电缆封端是否严密。

（4）充油电缆的压力油箱，其容量及油压应符合电缆油压变化的要求。

电缆敷设施工前还应进行一些检查试验：对 6kV 以上的电缆，应做交流耐压和直流泄漏试验，有时还需做潮气试验；对 6kV 及以下的电缆应用兆欧表测试其绝缘电阻值。500V 电缆用 500V 兆欧表测量，其绝缘电阻应大于 0.5MΩ；对 1000V 及以上的电缆应选用 1000V 或 2500V 兆欧表测量，其绝缘电阻值应大于 1MΩ/kV，并将测试记录保存好，以便与竣工试验时作对比。

2.2.2.2 搬运电缆的注意事项

电缆一般包装在专用电缆盘上，在运输装卸过程中，不应使电缆盘及电缆受到损伤，禁止将电缆盘直接由车上推下。电缆盘不应平放运输、平放储存。在运输和滚动电缆盘前，必须检查电缆盘的牢固性。对于充油电缆，则电缆至压力油箱间的油管应妥善固定及保护。电缆盘采用人工滚动时，应按电缆盘上所示的箭头方向滚动，即顺着电缆在盘上缠紧方向滚动。

2.2.2.3 储存电缆的方法

电缆及附件如不立即安装敷设，则应按下述要求储存：

（1）电缆应集中分类存放，盘上应标明型号、电压、规格、长度；电缆盘之间应有通道，地基应坚实，易于排水；橡塑护套电缆应有防晒措施。

（2）充油电缆头的瓷套，在室外储存时，应有防止机械损伤措施。

（3）电缆附件与绝缘材料的防潮包装应密封良好，并放于干燥的室内。

（4）电缆在保管期间，应每三个月检查一次，电缆盘应完整，标志应齐全，封端应严密，铠装应无锈蚀。如有缺陷应及时处理。

充油电缆应定期检查油压，并作记录，必要时可加装报警装置，防止油压降至最低值。如油压降至零或出现真空时，在未处理前严禁滚动。

2.2.3　展放电缆的注意事项

（1）人工滚动电缆盘时，滚动方向必须顺着电缆的缠紧方向（盘上有方向标记），电缆从盘的上端引出。

（2）注意人身安全：推盘人员不得站在电缆前方，两侧人员所站位置不得超过电缆盘的轴中心；在拐弯处敷设电缆时，操作人员必须站在电缆弯曲半径的外侧；穿管敷设电缆时，往管中送电缆的手不可离管口太近，迎电缆时，眼及身体不可直对管口。

（3）人力拖拉电缆时，可用特制的钢丝网套，套在电缆的一端进行拖拉，注意牵引强度不宜大于：铅护套 $1kgf/cm^2$（$1kgf=9.80665N$，下同），铝护套 $4kgf/cm^2$。使用机械拖拉大截面或重型电缆时，要把特制的供牵引用拉杆（或称牵引头）插在电缆线芯中间，用铜线绑扎后，再用焊料把拉杆、导体和铅（铝）包皮三者焊在一起（注意封焊严密，以防潮气入内），如图 2-30 所示。但应注意牵引强度不宜大于：铜线芯 $7kgf/cm^2$，铝线芯 $4kgf/cm^2$。

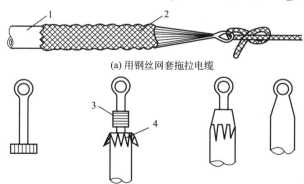

(a) 用钢丝网套拖拉电缆

(b) 拉杆　(c) 拉杆与电缆线芯绑扎在一起　(d) 封焊前　(e) 封焊后

图 2-30　拖拉电缆用钢丝网套和拉杆

1—电缆；2—16 号钢丝网套；3—绑线；4—铅包

（4）为避免电缆在拖拉时受损，应把电缆放在滚轮上，如图 2-31 所示。电缆展放速度不宜过快，用机械展放时，以 8m/min 左右的速度为宜。

图 2-31　电缆敷设放线

（5）电缆最小允许弯曲半径与电缆外径的比值为：油浸纸绝缘电力电缆 15；聚氯乙烯绝缘电力电缆 10；橡皮绝缘裸铅护套电力电缆 15；橡皮绝缘铅护套钢带铠装电力电缆 20。

（6）电缆敷设时的环境温度。敷设电缆时的环境温度低于一定数值时应采取措施，否则不宜敷设。

2.2.4　电缆敷设路径的选择

电缆线路应根据供配电的需要，保证安全运行，便于维修，并充分考虑地面环境、土壤条件以及地下各种管道设施的情况，以节约开支，便于施工。选择电缆敷设路径时，应考虑下列原则：

（1）应使电缆路径最短，尽量少拐弯。

（2）应使电缆尽量少受外界的因素，如机械、化学等作用的破坏。

（3）散热条件好。

（4）尽量避免与其他管道交叉。

（5）应避开规划中要挖土或构筑建筑物的地方。

（6）以下场所应避免作为电缆路径：

① 有沟渠、岩石、低洼存水的地方。

② 存在化学腐蚀性物质的土壤地带。

③ 地下设施复杂的地方（如有热力管、水管、煤气管等）。

④ 存放或制造易燃、易爆、化学腐蚀性物质等危险物品的场所。

2.2.5　敷设电缆应满足的要求

敷设电缆一定要严格遵守有关技术规程的规定和设计要求。竣工以后，要按规定的手续和要求进行检查和试验，确保线路的质量。部分重要的技术要求如下：

（1）在敷设条件许可下，电缆长度可考虑留有 1.5%～2% 的余量，以作检修时备用。直埋电缆应作波浪形埋设。

（2）下列各处的电缆应穿钢管保护：电缆由建筑物或构筑物引入或引出；电缆穿过楼板及主要墙壁处；电缆与道路、铁路交叉处；从电缆沟引出至电杆或设备，高度距地面 2m 以下的一段等等。所用钢管内径不得小于电缆直径的两倍。

（3）电缆不允许与煤气管、天然气管及液体燃料管路在同沟道中敷设；在热力管道的明沟或隧道内一般也不敷设电缆，个别地段可允许少数电缆敷设在热力管道的沟道内，但应于不同侧分隔敷设，或将电缆安放在热力管道的下面。

（4）直埋式敷设电缆埋地深度不得小于 0.7m，其壕沟距离建筑物基础不得小于 0.6m。

（5）电缆沟的结构应能防火和防水。

2.2.6　常用电缆的敷设方式及适用场合

电缆的敷设方式很多，常用的有直接埋地敷设、电缆沟内敷设、在电缆隧道内敷设、在电缆排管内敷设以及明敷设等。电缆的明敷设即架空敷设，这种方法是在室内外的构架上直接敷设电缆，可通过支架沿墙或天花板进行敷设，也可通过钢索挂钩将电缆吊在钢索上沿钢索敷设，还可沿电缆桥架敷设。

上述几种敷设方式各有优缺点，究竟选用哪种敷设方式一般应根据环境条件、建筑物密度、电缆长度、敷设电缆根数、建设费用以及发展规划等因素来确定。

（1）电缆直接埋地敷设适用于电缆根数较少、敷设距离较长的场所。这种敷设方式比较经济、便于散热，应用较广。

（2）在工矿企业厂区、厂房以及变电所内的电缆敷设，可将电缆敷设在地沟内，装在构架上、墙壁上或天花板上，一般不宜采用直接埋地敷设的方式。当引出的电缆很多，并列敷设的电缆在 40 根以上时，应考虑建造电缆隧道。

（3）当电缆线路需通过已敷设多条电缆或其他管道设施密集区时，为便于敷设和检修，宜建造电缆隧道或敷设在排管中。

（4）在酸碱腐蚀严重的地区，可将电缆架空或敷设在构架上。

（5）在存在爆炸危险的场所、农村及其他人烟稀少的地区，可将电缆直接埋地敷设。

2.2.7 电缆的直埋敷设

电力电缆的直埋敷设是沿已选定的线路挖掘壕沟，然后把电缆埋在里面。电缆根数较少、敷设距离较长时多采用此法。

将电缆直接埋在地下，不需要其他结构设施，施工简单、造价低、土建材料也省；同时，埋在地下，电缆散热也好。但挖掘土方量大，尤其冬季挖冻土较为困难，而且电缆还可能受土中酸碱物质的腐蚀等，这是它的缺点。

施工时应注意：

（1）挖电缆沟时，如遇垃圾或有腐蚀性的杂物，需清除换土。

（2）电缆应埋在冻土层以下。一般地区的埋设深度应不小于0.7m，穿越农田时不应小于1m，沟宽视电缆的根数而定。

（3）沟底须平整，清除石块后，铺上100mm厚的细砂土或筛过的松土，作为电缆的垫层，如图2-32所示。

（4）电缆敷设可以采用机械或人工牵引，应先在沟底放好滚轮。每隔2m左右放一只，切忌在地面上滚擦拖拉。

（5）多根电缆并排敷设时，应有一定的间距。10kV及以下电力电缆和不同回路的多条电缆直埋时，其间距应符合要求，如图2-33所示。

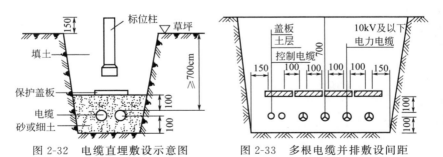

图 2-32 电缆直埋敷设示意图   图 2-33 多根电缆并排敷设间距

（6）盖板采用预制钢筋混凝土板连接覆盖，如电缆数量较少，也可用砖代替。

（7）直埋电缆在拐弯、接头、终端和进出建筑物等地段，应装设明显的方位标志，如图 2-32 所示。电缆直线段每隔 $50\sim100\mathrm{m}$ 应适当增设标位桩（又称标示桩）。

（8）电缆与其他设施交叉或平行时，其间距不应小于表 2-12 的规定值，电缆不应与其他金属类管道较长距离平行敷设。

表 2-12　直埋电力电缆与各种设施的最小净距

项　　目		最小净距/m	
		平行	交叉
电力电缆间及其与控制电缆间	10kV 及以下	0.10	0.50
	10kV 以上	0.25	0.50
控制电缆间		—	0.50
电缆与不同使用部门的电缆间		0.50	0.50
电缆与热管道（管沟）及热力设备		2.00	0.50
电缆与油管道（管沟）		1.00	0.50
电缆与可燃气体及易燃液体管道（沟）		1.00	0.50
电缆与其他管道		0.50	0.50
电缆与铁路路轨		3.00	1.00
电缆与电气化铁路路轨	交流	3.00	1.00
	直流	1.00	1.00
电缆与公路		1.50	1.00
电缆与城市街道路面		1.00	0.70
电缆与杆基础（边线）		1.00	—
电缆与建筑物基础（边线）		0.60	—
电缆与排水沟		1.00	0.50

（9）电缆与电缆交叉、与管道（非热力管道）交叉、与沟道交叉、穿越公路、过墙等均作保护管，保护管的长度应超出交叉点前后 1m，其净距离不应小于 250mm。上述要求如图 2-34 所示。保护管的内径不得小于电缆外径的 1.5 倍。

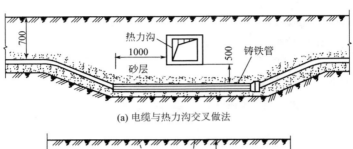

(a) 电缆与热力沟交叉做法

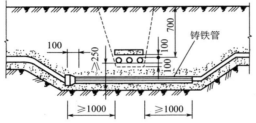

(b) 电缆与电缆交叉做法

图 2-34　电缆与热力管线交叉做法

（10）直埋电缆引至电杆的施工方法如图 2-35 所示。

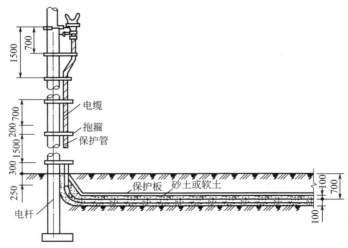

图 2-35　直埋电缆引至电杆的施工方法

2.2.8 电缆在电缆沟及隧道内的敷设

（1）电缆在电缆沟内的敷设 电缆沟敷设方式是将电缆敷设在建造的电缆沟内，其内壁应用水泥砂浆封护，以防积水和积尘。在室内时，电缆的盖板应与沟外地面平齐，沟沿作止口，盖板应便于开启。在室外，为了防水，如无车辆通过，电缆沟盖板应高出地坪100mm，可兼作人行通道；如有车辆通过，电缆沟盖板顶部应低于地坪300mm，并用细砂土覆盖压实，盖板缝隙均用水泥砂浆勾缝密封。另外，电缆沟应考虑防火和防水问题，如电缆沟进入厂房处应设防火隔板，沟底应有不小于0.5%的排水坡度；电缆的金属外皮、金属电缆头、保护钢管及构架等应可靠接地。采用电缆沟敷设电缆的方式适用于敷设多条电缆、经常检修的场合，它走线方便，但造价较高。变配电所中以及厂区内的电缆敷设经常采用这种方式。

电缆沟结构及安装尺寸如图2-36和表2-13所示。电缆沟盖板一般采用钢筋混凝土，每块盖板的重量小于50kg。电缆支架一般由角钢焊接而成，其支架间或固定点间的距离不应大于表2-14所列数值。

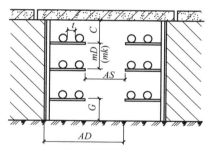

图2-36 10kV以下电缆沟结构示意图

表2-13 电缆沟参考尺寸 mm

结构名称		符号	推荐尺寸	最小尺寸
通道宽度	单侧支架	AD	450	300
	双侧支架	AS	500	300
电缆支架层间距离	电力电缆	mD	150～250	150
	控制电缆	mk	130	120
电力电缆水平净距		t	35	35
最上层支架至盖板净距		C	150～200	150
最下层支架至沟底净距		G	50～100	50

表2-14 电缆支架或固定点间的最大间距　　　　　　　　　　m

敷设方式 \ 电缆种类	塑料护套、铅包、铅包钢带铠装		钢丝铠装
	电力电缆	控制电缆	
水平敷设	1.00	0.80	3.00
垂直敷设	1.50	1.00	6.00

（2）电缆在隧道内的敷设　电缆隧道敷设方式适用于电缆数量多，而且道路交叉较多，路径拥挤，又不宜采用直埋或电缆沟敷设的地段。电缆隧道敷设如图2-37。

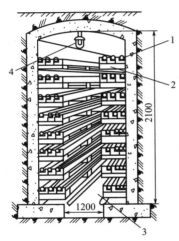

图2-37　电缆隧道敷设
1—电缆；2—支架；3—维修
走廊；4—照明灯具

在电缆沟及隧道内敷设电缆时，一般应符合如下规定：

① 电力电缆与控制电缆同沟敷设时，应将它们分别装在隧道或沟道的两侧。如不便分开时，可将控制电缆敷设于电力电缆的下方。

② 隧道高度一般不小于1.8m。

③ 两侧有电缆托架时，隧道中间通道宽度一般为1m；当一侧有电缆架时，通道宽度为0.9m。

④ 电力电缆托架层间的垂直净距一般为0.2m，控制电缆为0.1m。

⑤ 隧道及沟道内的电缆接头，应用石棉板等物衬托，并用耐火隔板与其他电缆隔开。

⑥ 电缆沟道内若有可能积水、积尘、积油时，应将电缆敷设在电缆支架上。

2.2.9　电缆的排管敷设

有时为了避免在检修电缆时开挖地面，可以把电缆敷设在地下的排管中。用来敷设电缆的排管一般是用预制好的混凝土块拼接起来的，如图2-38所示。也可以用灰硬塑料管排成一定形式。

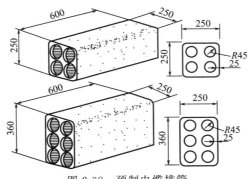

图 2-38　预制电缆排管

　　电缆穿管敷设时，保护管的内径不应小于电缆外径的 1.5 倍；埋设深度室外不得小于 0.7m，室内不作规定；保护管的直角弯不应多于两个；保护管的弯曲半径不能小于所穿入电缆的允许弯曲半径。

　　拉入电缆前，应先用排管扫除器清扫排管，使排管内表面光滑、清洁、无毛刺。

　　普通型电缆排管敷设如图 2-39 所示。加强型电缆排管敷设如图 2-40 所示。

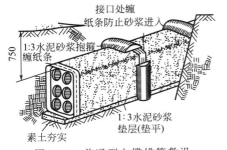

图 2-39　普通型电缆排管敷设

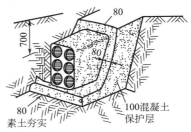

图 2-40　加强型电缆排管敷设

2.2.10　电缆的桥架敷设

　　电缆有时直接敷设在建筑物的构架上，可以像电缆沟中一样，使用支架，也可使用钢索悬挂或挂钩悬挂。目前有专门的电缆桥架，用于电缆明敷。电缆桥架有梯级式、盘式和槽式，如图 2-41 所示。

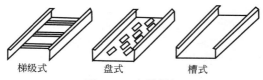

梯级式　　　　　盘式　　　　　槽式

图 2-41　电缆桥架

电缆桥架的安装方式如图 2-42 所示。表 2-15 为电缆桥架与各种管道的最小净距。

图 2-42　电缆桥架安装方式示意图

表 2-15　电缆桥架与各种管道的最小净距

管道类别		平行净距/m	交叉净距/m
一般管道		0.40	0.30
具有腐蚀性液体或气体管道		0.50	0.50
热力管道	有保温层	0.50	0.30
	无保温层	1.00	1.00

图 2-43 为电缆桥架空间布置示意图。电缆桥架内电缆的固定一般是单层布置，用塑料卡带将电缆固定在托盘上，大型电缆可用铁卡固定，如图 2-44 所示。

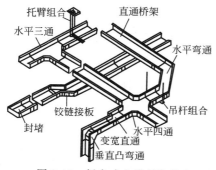

托臂组合
水平三通
直通桥架
水平弯通
铰链接板
封堵
吊杆组合
水平四通
变宽直通
垂直凸弯通

图 2-43　托盘式电缆桥架的
空间布置示意图

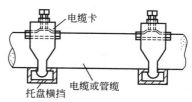

电缆卡
电缆或管缆
托盘横挡

图 2-44　电缆桥架内电缆的固定

2.2.11　电缆的穿管保护

为保证电缆在运行中不受外力损伤，在以下处所应将电缆穿入具有一定机械强度的管子内或采取其他保护措施：

（1）电缆引入和引出建筑物、隧道、沟道或楼板等处。

（2）电缆通过道路、铁路时。

（3）电缆引入和引出地面时，距离地面 2m 至埋入地下 0.1～0.25m 的一段。

（4）电缆与各种管道、沟道交叉处。

（5）电缆可能受到机械损伤的地段。

当电缆穿保护管时，如保护管的长度在 30m 以下，则管内径应不小于电缆外径的 1.5 倍；如保护管的长度在 30m 以上，则管内径应不小于电缆外径的 2.5 倍。

2.2.12　电缆在竖井内的布置

电缆竖井又称电气管道井。竖井内布线一般适用于多层和高层建筑内强电及弱电垂直干线的敷设，可采用金属管、金属线槽、电缆桥架及封闭式母线等布线方式。电缆竖井布线具有敷设、检修方便的优点。

电缆竖井的布置如图 2-45 所示，竖井一面设有操作检修门。

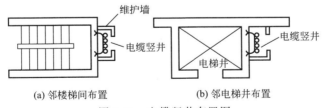

(a) 邻楼梯间布置　　　　　(b) 邻电梯井布置

图 2-45　电缆竖井布置图

竖井布线的要求如下：

（1）竖井内垂直布线采用大容量单芯电缆、大容量母线作干线时，应满足以下条件：

① 载流量要留有一定的裕度。

② 分支容易、安全可靠、安装及维修方便和造价经济。

（2）竖井内的同一配电干线宜采用等截面导体，当需变截面时不宜超过二级，并应符合保护规定。

（3）竖井内高压、低压和应急电源的电气线路相互之间应保持0.3m及以上距离或不在同一竖井内布线。如受条件限制必须合用时，强电与弱电线路应分别布置在竖井两侧或采取隔离措施，以防止强电对弱电的干扰。

（4）竖井内应明设一接地母线，分别与预埋金属铁件、支架、管路和电缆金属外皮等良好接地。

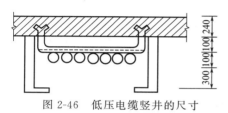

图2-46　低压电缆竖井的尺寸

500V以下低压线路的电缆竖井，最小净深可取0.5m，如图2-46所示。

（5）管路垂直敷设时，为保证管内导线不因自重而折断，应按下列规定装设导线固定盒，在盒内用线夹将导线固定。

① 导线截面积在50mm² 及以下，长度大于30m时。

② 导线截面积在50mm² 以上，长度大于20m时。

2.2.13　电缆支架的安装及电缆在支架上的敷设

2.2.13.1　电缆支架的安装

（1）电缆沟内支架安装　电缆在沟内敷设时，需用支架支持或固定。因而支架的安装非常重要，其相互间距是否恰当，将会影响通电后电缆的散热状况以及对电缆的日常巡视、维护和检修等。

① 当设计无要求时，电缆支架最上层至沟顶的距离不应小于150～200mm；电缆支架间平行距离不小于100mm，垂直距离为150～200mm；电缆支架最下层距沟底的距离不应小于50～100mm。

② 室内电缆沟盖应与地面相平，对地面容易积水的地方，可用水泥砂浆将盖间的缝隙填实。室外电缆沟无覆盖层时，盖板高出地面不小于100mm；有覆盖层时，盖板在地面下300mm。盖板搭接应有防水措施。

（2）电气竖井支架安装　电缆在竖井内沿支架垂直敷设时，可采用扁钢支架。支架的长度 W 可根据电缆的直径和根数确定。

扁钢支架与建筑物的固定应采用 M10×80mm 的膨胀螺栓紧固。支架每隔 1.5m 设置 1 个，竖井内支架最上层距竖井顶部或楼板的距离不小于 150～200mm，底部与楼（地）面的距离不宜小于 300mm。

（3）电缆支架接地　为保护人身安全和供电安全，金属电缆支架、电缆导管必须与 PE 线或 PEN 线连接可靠。如果整个建筑物要求等电位联结，则更应如此。此外，接地线宜使用直径不小于 $\phi12$ 镀锌圆钢，并应在电缆敷设前与全部支架逐一焊接。

2.2.13.2　电缆在支架上的敷设

电缆在扁钢支架上吊挂敷设如图 2-47 所示；电缆在角钢支架上的敷设如图 2-48 所示；电缆沿墙吊挂敷设如图 2-49 所示。电缆在支架上进行敷设时，对于裸铅包电缆，为了防止损伤铅包，应垫橡胶垫、麻带或其他软性材料。

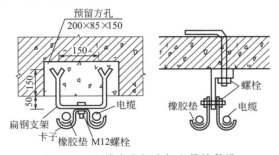

图 2-47　电缆在扁钢支架上吊挂敷设

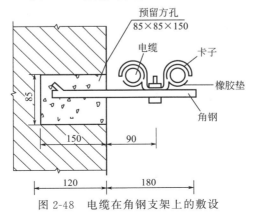

图 2-48　电缆在角钢支架上的敷设

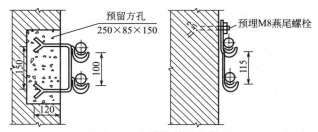

图 2-49 电缆沿墙吊挂敷设

2.2.14 电缆中间接头的制作

2.2.14.1 环氧树脂电缆中间接头的制作

环氧树脂电缆中间接头是将环氧树脂液注入铁皮模具中，固化后将模具拆除即可获得完整的接头。制作环氧树脂电缆中间接头如图 2-50 所示，其尺寸见表 2-16。

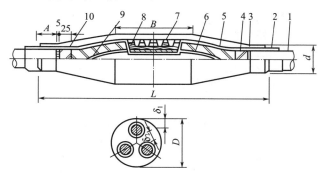

图 2-50 环氧树脂电缆中间接头结构

1—铅（铝）包；2—铅（铝）包表面涂层；3—半导体纸；4—统包绝缘；5—线芯涂包层；
6—线芯绝缘层；7—压接管涂包层；8—压接管；9—三岔口涂包层；10—统包涂包层

表 2-16　环氧树脂电缆中间接头的结构尺寸

编号	适用电缆截面/mm²	结构尺寸/mm						
		L	D	A	B	d	δ_1	δ_2
1	1～3kV，95 及以下 6～10kV，50 及以下	420	80	40	140	40	10	18

编号	适用电缆截面/mm²	结构尺寸/mm						
		L	D	A	B	d	δ_1	δ_2
2	1～3kV,120～185 及以下 6～10kV,70～120 及以下	480	100	40	160	52	10	22
3	1～3kV,240 及以下 6～10kV,150～240 及以下	520	115	40	170	64	12	22

环氧树脂电缆中间接头的制作工艺如下：

（1）先按模具尺寸量出剥切铅包层的尺寸，锯钢带、剖铝包、胀喇叭口和剥切绝缘。

（2）胀好喇叭口后先在统包绝缘纸上用聚氯乙烯带包缠保护，分开线芯，用布擦净。

（3）按照连接管的长度剥切每根线芯端部绝缘，然后把线芯压接。

（4）压接后的表面用钢丝刷毛、汽油洗净，拆去各线芯上的统包和铝包的临时包带，在每根线芯和统包层上顺原绝缘纸方向缠一层无碱玻璃丝带，再用环氧树脂和统包层进行涂包。

（5）安装涂有脱膜剂的铁皮模具，灌注环氧树脂复合物，待固化后拆除模具。

（6）最后在中间接头两端铝包及钢带上用多股铜线连接焊牢在接地线上。

2.2.14.2　1kV 以下橡塑电缆中间接头的制作

1kV 以下橡塑电缆中间接头的制作工艺较为简单，结构尺寸如图 2-51 所示，其制作工艺如下：

（1）确定接头中心位置，并做出记号。

（2）剥切电缆护套，切去线芯绝缘，剖去的长度为每端 200～300mm，并将线端涂上凡士林。

（3）套上塑料接头盒、端盒。

（4）将导线压（焊）接后，用砂布打光擦净。

（5）用聚氯乙烯带按半重叠法绕包绝缘。

（6）将线芯合并，整体用聚氯乙烯绝缘带绕包三层。

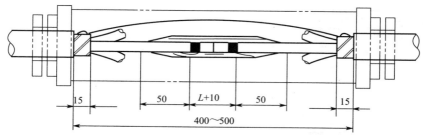

图 2-51　1kV 以下橡塑电缆中间接头的制作

（7）用接地线锡焊连接两端钢带。

（8）将接头移至中央，垫好橡胶圈，拧紧两端。为防止水浸入线芯内，可在接头盒内浇注绝缘胶，浇满后将浇注口封盖拧紧。

2.2.15　电缆终端头的制作

2.2.15.1　聚氯乙烯绝缘电缆终端头的制作

聚氯乙烯绝缘电缆终端头的制作方法步骤如下。

（1）校直电缆末端，按实际需要的尺寸，剥切电缆护层。

（2）焊接接地线。对于 1~3kV 的电缆，可将接地线扣在铠装钢带上，用锡焊焊接后引出。

（3）安装分支手套。套分支手套前，需先在电缆上套手套的部位包绕自粘橡胶带，直到包绕到接地线处为止，再用电缆填充带在电缆外护套上适当包绕几层，以起填充作用。

（4）分支手套套入电缆后，在手套外部用自粘橡胶带和塑料胶粘带包绕成防潮锥。

（5）切剥屏蔽带、包绝缘锥面、包绕保护层。

（6）安装雨罩（户外终端头用）。将雨罩套在每相线芯末端绝缘上，压紧预先包绕的锥形。

（7）压接接线端子。

（8）包绕雨罩防潮锥。

图 2-52 为 1~3kV 聚氯乙烯绝缘电缆终端头的结构。

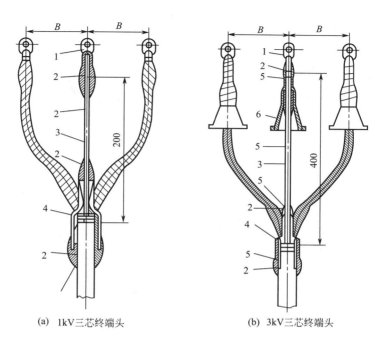

(a) 1kV三芯终端头　　　　(b) 3kV三芯终端头

图 2-52　1～3kV 聚氯乙烯绝缘电缆终端头的结构

1—接线端子；2—自粘橡胶带；3—电缆绝缘线芯；4—分支手套；

5—两层半叠绕塑料胶黏带；6—雨罩（户外用）；

B—1kV 户外 120、户内 75，3kV 户外 200、户内 75

2.2.15.2　低压塑料电缆终端头的制作

低压塑料电缆的室内终端头大多采用简单工艺来制作，其制作方法如下。

（1）按线芯截面准备好接线端子、绝缘带、相色套管等材料。

（2）根据电缆固定点和连接部位的长度，剥去电缆内外护层。

（3）锯割钢带，焊接地线，剥去线芯的内外护层。

（4）在每相线芯端头上压接线鼻子（接线端子）。在每相线芯上包扎两层相色绝缘带。

（5）固定好电缆头。

图 2-53 和图 2-54 为低压塑料电缆终端头的结构。

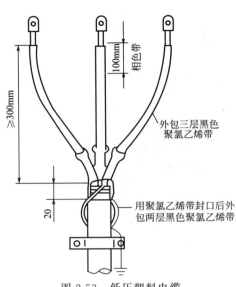

图 2-53 低压塑料电缆
终端头的结构（一）

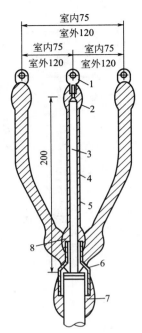

图 2-54 低压塑料电缆
终端头的结构（二）

1—接线端子；2—防潮锥；3—电缆
绝缘线芯；4—相色塑料胶黏带；
5—透明聚氯乙烯带1层；6—分支
手套；7—防潮锥（塑料胶黏带）；
8—防潮锥

2.2.16 电缆线路的检查与验收

2.2.16.1 电缆敷设的巡视检查

（1）电缆敷设时，应注意有无绞拧、铠装压扁、护层断裂和表面严重划伤等现象。

（2）注意电缆垂直敷设或大于 45°倾斜敷设的固定是否可靠，交流单芯或分相后每相电缆在支架上固定时，夹具与支架不可形成闭合铁磁回路，以免产生涡流发热，影响通电后正常运行。

（3）电缆转弯时，应用力适当，保护绝缘不受损坏，对于铠装电缆、防火电缆尤需注意。

（4）电缆穿管敷设时，注意电缆的转弯半径及管口的封堵、保护应符合要求，特别是室外电缆进入建筑物的管口封堵尤为重要，否则进水后会酿成大祸。

2.2.16.2　电缆头制作的巡视检查

（1）电缆终端头制作的巡视　电缆终端头制作时，应巡视其剥切外护层时定位是否准确；剥切时是否伤及芯线；包附加绝缘时是否按程序套绝缘手套、包绝缘带及压接线端子等；若发现偷工减料或工艺尺寸与有关规定相差过大，应及时提出，以免完工后损失增大。

（2）电缆中间接头制作的巡视　巡视时应注意中间接头的位置，最好与承包单位协调后选择放在人平时不易触及而维修方便的地方。剥切绝缘时要求定位准确，不伤芯线；塑料接头盒应固定于压接接头的中间位置。

（3）接线巡视时应注意铠装电力电缆的接地线是否采用铜绞线或镀锡铜编织线，接地线的截面积是否符合规定。

2.2.16.3　旁站

（1）制作终端头及中间接头时要采用专用工具与配件，如喷灯、套管等，而且绝缘层剥切后须立即做接头，否则受潮后做耐压试验便达不到要求。所以施工初期阶段，监理应跟班检查，并请生产厂家来现场指导或按供货合同要求，由厂家制作接头。

（2）变电所进线电缆穿入预埋管后（尤其地下室内），封堵极为重要，而电缆外线工程通常由供电部门施工，管理极不方便。因此变电所进线时，监理员应旁站观测、检查，一定要保证管口封堵及时、质量可靠，防止进水后损坏贵重的电气设备。

（3）高压电缆直流耐压试验、低压电缆绝缘电阻测试，监理都必须旁站检测。

2.2.16.4　电缆桥架、电缆沟、支架、导管验收

（1）根据图纸核对型号、规格、走向等是否符合设计要求。

（2）根据现场巡视与旁站监理的记录，重点抽查金属电缆桥架、电缆沟金属支架、钢导管的接地、跨接线连接等是否符合要

求。其他部分参照巡视记录抽查整改是否到位。

（3）检查电缆桥架、电缆沟支架等的敷设是否横平竖直、美观整齐，所有金属部分外防腐层有无损坏，补漆是否到位。

（4）电缆导管敷设要求参照电线导管要求。

2.2.16.5 电缆敷设验收

（1）高压电缆检查直流耐压试验是否符合国家标准 GB 50150—2006《电气装置安装工程电缆线路施工及验收规范》的要求。

（2）低压电缆检查绝缘电阻是否满足相对相、相对地的绝缘电阻大于 0.5MΩ 的要求。

（3）根据巡视检查记录复查整改是否到位。

（4）根据图纸核对电缆型号、规格、数量是否满足设计要求。

第③章
室内配线工程

3

Chapter

3.1 室内配线概述

3.1.1 室内配线的基本要求

室内配线不仅要求安全可靠，而且要使线路布置合理、整齐美观、安装牢固。其一般技术要求如下：

(1) 导线的额定电压应不小于线路的工作电压；导线的绝缘应符合线路的安装方式和敷设的环境条件；导线的截面积应能满足电气和机械性能要求。

(2) 配线时应尽量避免导线接头。导线必须接头时，接头应采用压接或焊接。导线连接和分支处不应受机械力的作用。穿管敷设导线，在任何情况下都不能有接头，必要时尽量将接头放在接线盒的接线柱上。

(3) 在建筑物内配线要保持水平或垂直。水平敷设的导线，距地面不应小于 2.5m；垂直敷设的导线，距地面不应小于1.8m。否则，应装设预防机械损伤的装置加以保护，以防漏电伤人。

(4) 导线穿过墙壁时，应加套管保护，管内两端出线口伸出墙面的距离应不小于 10mm。在天花板上走线时，可采用金属软管，但应固定稳妥。

(5) 配线的位置应尽可能避开热源和便于检查、维修。

(6) 为了确保用电安全，室内电气管线和配电设备与其他管道、设备间的最小距离不得小于表 3-1 所规定的数值，否则，应采取其他保护措施。

表 3-1 室内电气管线和配电设备与其他管道、设备间的最小距离

m

类别	管线及设备名称	管内导线	明敷绝缘导线	裸母线	配电设备
平行	煤气管	0.1	1.0	1.0	1.5
	乙炔管	0.1	1.0	2.0	3.0
	氧气管	0.1	0.5	1.0	1.5
	蒸汽管	1.0/0.5	1.0/0.5	1.0	0.5
	暖水管	0.3/0.2	0.3/0.2	1.0	0.1
	通风管	—	0.1	1.0	0.1
	上、下水管	—	0.1	1.0	0.1
	压缩气管	—	0.1	1.0	0.1
	工艺设备	—	—	1.5	
交叉	煤气管	0.1	0.3	0.5	—
	乙炔管	0.1	0.5	0.5	—
	氧气管	0.1	0.3	0.5	—
	蒸汽管	0.3		0.5	—
	暖水管	0.1	0.1	0.5	—
	通风管	—	0.1	0.5	—
	上、下水管	—	0.1	0.5	—
	压缩气管	—	0.1	0.5	—
	工艺设备	—	—	1.5	—

注：表中有两个数据者，第一个数值为电气管线敷设在其他管道之上的距离；第二个数值为电气管线敷设在其他管道下面的距离。

（7）弱电线不能与大功率电力线平行，更不能穿在同一管内。如因环境所限，必须平行走线时，则应远离 50cm 以上。

（8）报警控制箱的交流电源应单独走线，不能与信号线和低压直流电源线穿在同一管内。

（9）同一根管或线槽内有几个回路时，所有绝缘导线和电缆都应具有与最高标称电压回路绝缘相同的绝缘等级。

（10）配线用塑料管（硬质塑料管、半硬塑料管）、塑料线槽及附件，应采用阻燃制品。

（11）配线工程中所有外露可导电部分的接地要求，应符合有关规程的规定。

3.1.2　室内配线的施工程序

室内配线无论采用什么配线方式，其施工步骤基本相同。通常包括以下工序：

（1）根据施工图确定配电箱、灯具、插座、开关、接线盒等设备预埋件的位置。

（2）确定导线敷设的路径，穿墙、穿楼板的位置。

（3）配合土建施工，预埋好管线或配线固定材料、接线盒（包括开关盒、插座盒等）及木砖等预埋件。在线管弯头较多、穿线难度较大的场所，应预先在线管中穿好牵引铁丝。

（4）安装固定导线的元件。

（5）按照施工工艺要求，敷设导线。

（6）连接导线、包缠绝缘，检查线路的安装质量。

（7）完成开关、插座、灯具及用电设备的接线。

（8）进行绝缘测试、通电试验及全面验收。

3.1.3　室内配线工程与土建工程的配合

（1）室内配线工程与土建基础工程的配合　在土建基础工程的施工过程中，应配合做好接地装置过墙引线孔、地坪内配管过墙孔、电缆过墙保护管或电缆沟等的预留、预埋工作，预留孔尺寸可根据其用途而定。例如接地装置过墙孔一般取 120mm×60mm，为了有利于降低接地电阻，过墙孔最好位于室内素土层处，及室外地坪 200mm 以下。地坪内配管过墙孔尺寸由线管的根数、外径和敷设方式确定。若配管需要在过墙孔外转角引上时，过墙孔的高度应在 10 倍配管外径以上，以满足配管弯曲半径的要求。这种过墙孔一般距地坪 100mm 左右；而电缆过墙孔，一般应位于室外地坪下 800mm 左右处，尺寸为 240mm×240mm。在电缆过墙保护管敷设好后，再用水泥砂浆固定保护管，并将孔洞封实，以防水渗入室内。

（2）室内配线工程与墙体工程的配合　在室内配线工程中，有大量电气照明和动力的暗配管线、暗装配电箱、插座盒、开关盒、灯具接线盒等；在弱电方面，还有综合布线、电话通信、火灾自动报警系统和电缆电视系统（CATV）等的大量暗配管线、接线盒、接线箱等在土建墙体施工中的敷设。所以都应按设计图纸所要求的位置、距地坪高度及时配合土建施工埋设预埋件或预留孔洞。暗装配电箱的箱体宽度如在 300mm 以上时，预留孔洞处应设置过梁，以免箱体受压。

此外，在用钢索配管线时，应在墙、梁、柱的适当部位上埋设拉索钩和拉索环；在建筑物的伸缩缝两侧的适当位置埋设暗配管补偿盒；在电源进户处，还需要按照电气设计安装高度配合土建墙体施工埋设进户线支架和进户线保护管等。

（3）室内配线工程与混凝土浇制工程的配合　在建筑结构中，如梁、柱、楼板等是在施工现场或预制厂内浇制而成的。对于像混凝土梁、柱、墙等承重构件，一般在浇制好后是不允许再有较大面积的钻凿损坏的，否则会影响其强度。尤其是地下室的混凝土墙、顶，如果钻凿，还会引起渗漏水等问题。所以，一些需要暗敷的管线、箱盒（如配电箱、开关盒、灯头盒和接线盒支架、螺栓等）必须在土建施工的同时预埋好。

对于混凝土浇制工程，一般应在钢筋编扎时（即未浇制混凝土之前），按照电气设计要求将需要埋设的管线、箱盒以及安装电器设备、器件用的铁板、木砖等预埋件埋设在相应位置上。另外"预留"在土建施工中也常采用。如安装暗设配电箱时，可先配合土建施工，在墙体的适当位置处埋入木框，在安装时取出木框，再将配电箱装入预留洞之中。

对于在施工现场浇制的混凝土梁、柱等承重构件，如果所埋设的线管需要与相邻墙体中埋设的线管连接时，为了方便配线和防止预埋线管受力损坏，应在靠近梁、柱的墙体中埋设暗配管接线盒。如果混凝土梁、柱等承重构件在预制厂内预制，也应按电气设计要求及时埋设线管等预埋件。当预制混凝土构件中的线管需要与施工现场浇制的混凝土构件中的预埋件相互连接时，同样需要在预制的混凝土构件中埋设接线盒，将现场浇制混凝土构件中的线管插入该接线盒内。对于现场浇制混凝土所埋设的灯头盒、接线盒等，应使之与模板贴紧，并在盒内填满锯末、纸团等物，以防砂浆进入到盒内而堵塞管口，造成穿线困难。对于采用预制楼板的建筑物，应在吊装楼板时配合土建施工将线管敷设于楼板缝隙或楼板孔中，并使线管弯头从装设灯具的位置伸出，同时在楼板缝或适当位置埋设固定灯具的预埋件。

3.2　绝缘子配线

绝缘子配线严禁在建筑物顶棚内使用。常用的低压绝缘子有鼓形绝缘子（又称瓷柱或瓷瓶）、蝶形绝缘子、针式绝缘子三种，其形状如图 3-1 所示。

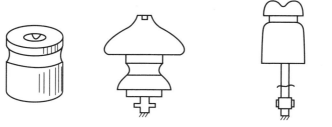

(a) G 型鼓形绝缘子　　(b) ED 型蝶形绝缘子　　(c) PD 型针式绝缘子(铁担直角)

图 3-1　鼓形绝缘子、蝶形绝缘子、针式绝缘子示意

3.2.1　基本要求

（1）绝缘子配线，当在室内水平敷设时，其绝缘导线至地面的距离应不小于 2.5m；当在室内垂直敷设时，其绝缘导线至地面的距离应不小于 1.8m。

（2）绝缘导线沿室内墙壁、顶棚敷设时，其支持件的固定点距离应符合表 3-2 的规定。

表 3-2 室内沿墙、顶棚支持件的固定点距离

导线截面 /mm²	配件支持件固定点最大距离/mm	
	鼓形绝缘子(瓷柱)	蝶形、针式绝缘子
1~4	1500	2000
6~10	2000	2500
16~25	3000	3000
35~70	—	6000
95~120	—	6000

（3）采用绝缘子（柱）在室内、外配线时，绝缘导线相互间的距离不应小于表 3-3 的规定。

表 3-3 绝缘导线间的最小距离

绝缘子种类	固定点间距 L/m	导线最小间距/mm	
		室内配线	室外配线
瓷柱	$L \leqslant 1.5$	50	100
瓷柱或蝶形、针式绝缘子	$1.5 < L \leqslant 3$	75	100
蝶形、针式绝缘子	$4 < L \leqslant 6$	100	150
	$6 < L \leqslant 10$	150	200

（4）绝缘导线明敷设在高温或有腐蚀的场所，其导线间的间距及导线至建筑物表面的距离，不应小于表 3-4 的规定。

表 3-4 绝缘导线至建筑物表面的最小净距

导线固定点间距 L/m	最小净距/mm	导线固定点间距 L/m	最小净距/mm
$L \leqslant 2$	75	$4 < L \leqslant 6$	150
$2 < L \leqslant 4$	100	$6 < L \leqslant 10$	200

（5）绝缘导线的支持点间距与导线最小截面积的关系，应符合表 3-5 的规定。

表 3-5　线芯允许最小截面积

敷设在绝缘支持件上的 绝缘导线支持点间距		线芯的最小截面积/mm²	
		铜芯线	铝芯线
1m 及以下	室内	1.0	1.5
	室外	1.5	2.5
2m 及以下	室内	1.0	2.5
	室外	1.5	2.5
6m 及以下		2.5	4
12m 及以下		2.5	6

3.2.2　绝缘子的固定

（1）在木结构墙上固定绝缘子　在木结构墙上只能固定鼓形绝缘子，可用木螺钉直接拧入，如图 3-2（a）所示。

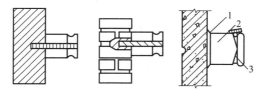

(a) 木结构上　　　(b) 砖墙上　　　(c) 环氧树脂固定

图 3-2　绝缘子的固定

1—粘剂；2—绝缘子；3—绑扎线

（2）在砖墙上固定绝缘子　在砖墙上，可利用预埋的木榫和木螺钉来固定鼓形绝缘子，如图 3-2（b）所示。

（3）在混凝土墙上固定绝缘子　在混凝土墙上，可用缠有铁丝的木螺钉和膨胀螺栓来固定鼓形绝缘子，或用预埋的支架和螺栓来固定鼓形绝缘子、蝶形绝缘子和针式绝缘子，也可用环氧树脂粘接剂来固定绝缘子，如图 3-2（c）所示。

（4）用预埋的支架和螺栓来固定鼓形绝缘子、蝶形绝缘子和针式绝缘子等，如图 3-3 所示。此外也可用缠有铁丝的木螺钉和膨胀螺栓来固定鼓形绝缘子。

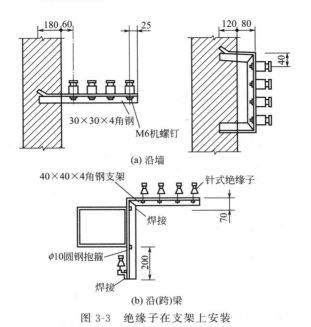

(a) 沿墙

(b) 沿(跨)梁

图 3-3　绝缘子在支架上安装

3.2.3　导线在绝缘子上的绑扎

3.2.3.1　导线在绝缘子上的"单花"绑扎

（1）将绑扎线在导线上缠绕两圈，再自绕两圈，将较长的一端绕过绝缘子，从上至下地压绕过导线，如图 3-4(a) 所示。

（2）再绕过绝缘子，从导线的下方向上紧缠两圈，如图 3-4(b) 所示。

（3）将两个绑扎线头在绝缘子背后相互拧紧 5～7 圈，如图 3-4(c) 所示。

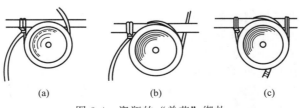

(a)　　　　　　　(b)　　　　　　　(c)

图 3-4　瓷瓶的"单花"绑扎

3.2.3.2　导线在绝缘子上的"双花"绑扎

导线在绝缘子上的"双花"绑扎与导线在绝缘子上的"单花"绑扎类似,只需在导线"X"上压绕两次即可,如图 3-5 所示。

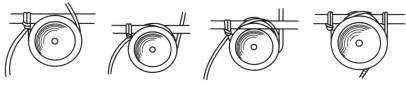

图 3-5　瓷瓶的"双花"绑扎

3.2.3.3　导线在绝缘子上绑"回头"

(1)将导线绷紧并绕过绝缘子并齐拧紧。

(2)用绑扎线将两根导线缠绕在一起,缠绕圈数为 5~7 圈,或缠绕长度为 150~220mm。

(3)缠完后,在拉紧的导线上缠绕 5~7 圈,然后将绑扎线的首尾头拧紧,如图 3-6 所示。

3.2.3.4　导线在蝶式绝缘子上的绑扎

(1)将导线并齐靠紧,用绑扎线在距绝缘子 3 倍腰径处开始绑扎,如图 3-7(a)所示。

(2)绑扎 5 圈后,将绑扎线的首端绕过导线从两导线之间穿出,如图 3-7(b)所示。

(3)将穿出的绑扎线紧压在绑扎线上,并与导线靠紧,如图 3-7(c)所示。

图 3-6　在瓷瓶上绑"回头"

(4)继续用绑扎线与绑扎线首端的线头一同绑紧,如图 3-7(d)所示。

(5)绑扎到规定的长度后,将绑扎线的首端抬起,绑扎 5~6 圈后,再压住绑扎,如图 3-7(e)所示。

(6)绑扎线头反复压缠几次后,将导线的尾端抬起,在被拉紧的导线上绑 5~6 圈,将绑扎线的首尾端相互拧紧,切去多余线头即可,如图 3-7(f)所示。

3.2.3.5　平行导线在绝缘子上的绑扎位置

平行导线在绝缘子上的绑扎如图 3-8 所示。平行的两根导线,应放在两个绝缘子的同侧,如图 3-8(a)所示;或放在两个绝缘子的外

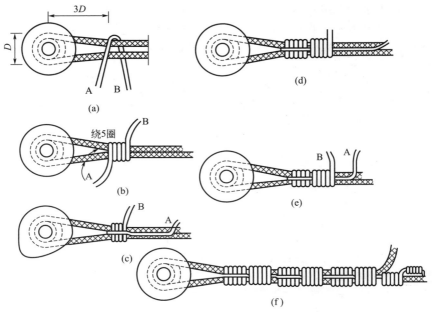

图 3-7　导线在蝶式绝缘子上的绑扎

侧，如图 3-8(b) 所示；不能放在两个绝缘子的内侧，如图 3-8(c) 所示。

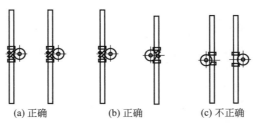

(a) 正确　　　　　(b) 正确　　　　　(c) 不正确

图 3-8　平行导线在绝缘子上的绑扎位置

3.2.4　绝缘子配线方法与注意事项

（1）在建筑物绝缘子侧面或斜面配线时，应将导线绑扎在绝缘子上方，如图 3-9 所示。

（2）导线在同一平面内有曲折时，要将绝缘子装设在导线曲折角的内侧，如图 3-10 所示。

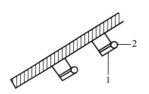

图 3-9　绝缘子在侧面或
斜面时的导线绑扎
1—绝缘子；2—绝缘导线

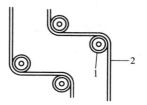

图 3-10　绝缘子在同一
平面的转角做法
1—绝缘子；2—绝缘导线

（3）导线在不同的平面内有曲折时，在凸角的两面上应装设两个绝缘子。

（4）导线分支时，必须在分支点处设置绝缘子，用以支持导线；导线互相交叉时，应在建筑物附近的导线上套瓷管保护，如图 3-11所示。

（5）平行的两根导线，应放在两绝缘子的同一侧或两绝缘子的外侧，不能放在两绝缘子的内侧。

（6）绝缘子沿墙壁垂直排列敷设时，导线弛度不得大于 5mm；沿屋架或水平支架敷设时，导线弛度不得大于 10mm。

（7）在隐蔽的吊棚内，不允许用绝缘子配线。导线穿墙和在不同平面的转角安装，可参照图 3-12 的做法进行。

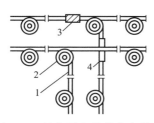

图 3-11　绝缘子配线的分支做法
1—导线；2—绝缘子；3—接头
包胶布；4—绝缘管

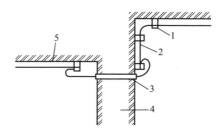

图 3-12　绝缘子配线穿墙和转角
1—绝缘子；2—导线；3—穿墙
套管；4—墙壁；5—顶棚

（8）导线固定点的间距应符合表 3-2 和表 3-3 的规定，并要求排列整齐，间距要对称均匀。

3.3 线槽配线

3.3.1 线槽的种类

线槽配线就是将导线放入线槽内的一种配线方式。在现代工业企业及民用建筑中，常采用线槽配线。按线槽采用的材质不同，分为金属线槽与塑料线槽两种。按敷设方式分，又分为明敷设与暗敷设两种。常用金属线槽和附件如图 3-13 所示；常用塑料线槽和附件如图 3-14 和图 3-15 所示。

图 3-13　常用金属线槽和附件

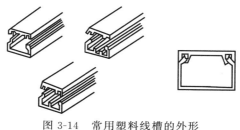

图 3-14 常用塑料线槽的外形

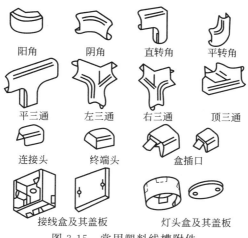

阳角 阴角 直转角 平转角

平三通 左三通 右三通 顶三通

连接头 终端头 盒插口

接线盒及其盖板 灯头盒及其盖板

图 3-15 常用塑料线槽附件

3.3.2 金属线槽配线

3.3.2.1 金属线槽的应用场合与基本要求

金属线槽敷设配线一般适用于正常环境（干燥和不易受机械损伤）的室内场所明敷设。由于金属线槽多由厚度为 0.4～1.5mm 的钢板制作而成，因此，对于金属线槽有严重腐蚀的场所，不应采用金属线槽布线。具有槽盖的封闭式金属线槽可在建筑顶棚内敷设。线槽应平整、无扭曲变形，内壁应光滑、无毛刺。金属线槽应做防腐处理。金属线槽应可靠接地或接零。

3.3.2.2 金属线槽的安装

（1）金属线槽在墙上安装 金属线槽在墙上安装时，可采用半圆头木螺钉配木砖或半圆头木螺钉配塑料胀管固定。当线槽的宽度 $b \leqslant 100mm$ 时，可采用单螺钉固定，如图 3-16（a）所示；若线槽的宽度 $b > 100mm$ 时，应用两个螺钉并列固定，如图 3-16（b）所示。

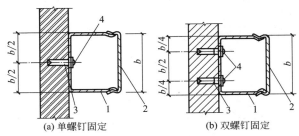

(a) 单螺钉固定　　　(b) 双螺钉固定

图 3-16　金属线槽在墙上安装

1—金属线槽；2—槽盖；3—塑料胀管；4—8mm×35mm 半圆头木螺钉

（2）金属线槽在墙上水平架空安装　金属线槽在墙上水平架空安装可使用托臂支承。托臂在墙上的安装方式可采用膨胀螺栓固定，如图 3-17 所示。

（3）金属线槽用吊架悬吊安装　金属线槽用吊架悬吊安装时，可采用圆钢吊架安装或采用扁钢吊架安装。采用扁钢吊架安装如图 3-18所示。

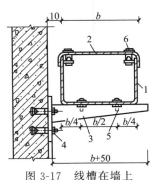

图 3-17　线槽在墙上
水平架空安装

1—金属线槽；2—槽盖；3—托臂；
4—M10×85 膨胀螺栓；5—M8×30
螺栓；6—M5×20 螺栓

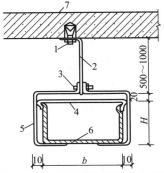

图 3-18　金属线槽用扁钢吊架安装

1—M10×85 膨胀螺栓；2—40mm×4mm
扁钢吊杆；3—M6×50 螺栓；4—槽盖；
5—吊架卡箍；6—金属线槽；
7—预制混凝土楼板或梁

3.3.2.3　电缆和导线敷设注意事项

（1）金属线槽组装成统一整体并经清扫后，才允许将导线装入线槽内。

（2）同一回路的所有相线和中性线（如果有中性线时）以及设备接地线，为避免因感应而造成周围金属发热，应敷设在同一个金属线槽内。

（3）同一路径无防干扰要求的线路可敷设于同一个金属线槽内。

（4）线槽内电线或电缆的总截面积（包括外护层）不应超过线槽内截面积的 40%，载流导线不宜超过 30 根。

（5）控制、信号或与其类似的线路（控制、信号等线路可视为非载流导线）的电线或电缆，其总截面积不应超过线槽内截面积的 50%。

（6）导线的接头应置于线槽的接线盒内。电线或电缆在金属线槽内不宜有接头，但在易于检查的场所可允许线槽内有分支接头，电线、电缆和分支接头的总截面积（包括外护层）不应超过该点线槽内截面积的 75%。

3.3.3　塑料线槽配线

3.3.3.1　塑料线槽的应用场合与基本要求

塑料线槽配线一般适用于正常环境的室内场所明布线，也用于科研实验室或预制墙板结构以及无法暗布线的工程。还适用于旧工程改造更换线路，同时用于弱电线路在吊顶内暗布线的场所。在高温和易受机械损伤的场所不宜采用塑料线槽配线。塑料线槽必须选用阻燃型的，线槽应平整、无扭曲变形，内壁应光滑、无毛刺。

3.3.3.2　塑料线槽的明敷设安装

（1）线槽及附件连接处应无缝隙，严密平整，紧贴建筑物固定点最大间距一般为 800mm。

（2）槽底和槽盖直线对接要求：槽底固定点间距应不小于 500mm，盖板应不小于 300mm，盖板离终端点 30mm 及底板离终端点 50mm 处均应固定。槽底对接缝与槽盖对接缝应错开，且不小于100mm。

（3）线槽分支接头，线槽附件如三通、转角、插口、接头、盒、箱应采用相同材质的定型产品。槽底、槽盖与各种附件相对接时，接缝处应严实平整，固定牢固。塑料线槽明配线如图3-19所示。

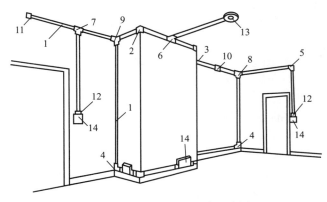

图3-19　塑料线槽明配线示意图

1—直线线槽；2—阳角；3—阴角；4—直转角；5—平转角；6—顶三通；
7—平三通；8—左三通；9—右三通；10—连接头；11—终端头（堵头）；
12—接线盒插口；13—灯吊盒圆台；14—开关、插座接线盒

（4）线槽各附件安装要求：接线盒均应2点固定，各种三通、转角等固定点不应少于2点（卡装式除外）。接线盒、灯头盒应采用相应插口连接。在线路分支接头处应采用相应接线盒（箱）。线槽的终端应采用终端头封堵。

（5）放线时，先用洁净的布清除槽内的污物，使线槽内外清洁。把导线拉直并放入线槽内。放线注意事项可参考金属线槽电缆和导线敷设注意事项。

（6）当导线在垂直或倾斜的线槽内敷设时，应采取措施予以固定，防止因导线的自重而产生移动或使线槽损坏。

（7）盖好线槽、接线箱、接线盒的盖子。把槽盖对准槽体边缘，挤压或轻敲槽盖，使槽盖卡紧槽体。槽盖接缝与槽体接缝应错位搭接。

3.4　塑料护套线配线

3.4.1　塑料护套线配线的一般规定

采用铝片线卡固定塑料护套线的配线方式，称为塑料护套线配线。塑料护套线具有防潮和耐腐蚀等性能，可用于比较潮湿和有腐蚀性的特殊场所。塑料护套线多用于照明线路，可以直接敷设在楼板、墙壁等建筑物表面上，但不得直接埋入抹灰层内暗设或建筑物顶棚内。室外受阳光直射的场所，也不应明配塑料护套线。

塑料护套线配线的一般规定：

（1）塑料护套线的型号、规格必须严格按设计图纸规定来选取。铝片卡规格必须与所夹持的护套线规格相对应，表 3-6 列出了铝片卡与护套线的配用关系。

表 3-6　铝片卡规格尺寸　　　　　　　　　　　　mm

规格	总长 L	条形宽度 B	配用 BVV、BLVV 型护套线的规格范围/mm²	
			二芯	三芯
0 号	28	5.6	0.75～1 单根	—
1 号	40	6	1.5～4 单根	0.75～1.5 单根
2 号	48	6	0.75～1.5 两根并装	2.5～4 单根
3 号	59	6.8	2.5～4 两根并装	0.75～1.5 两根并装
4 号	66	7	—	2.5 两根并装
5 号	73	7	—	4 两根并装

（2）塑料护套线的敷设应横平竖直，不应松弛、扭绞和曲折。转角处的曲率半径应大于导线外径的 3 倍（平弯时，外径为护套线的厚度；侧弯时外径为护套线的宽度），转弯角度应大于 90°。铝片卡之间的距离应小于 300mm，一般为 150～200mm。档距要均匀一致，导线在距终端、转弯中点、电器具或接线盒边缘 50～100mm 处都要设置铝片卡进行固定。护套线的允许偏差或弯曲半径应符合表 3-7 的规定。

表 3-7 护套线配线允许偏差、弯曲半径和检查方法

项　目		允许偏差或弯曲半径	检查方法
固定点间距		5mm	尺量检查
水平或垂直敷设的直线段	平直度	5mm	拉线、尺量检查
	垂直度	5mm	吊线、尺量检查
最小弯曲半径		>3b	尺量检查

注：b 为平弯时护套线厚度或侧弯时护套线宽度。

3.4.2 塑料护套线的敷设

（1）划线定位 塑料护套线的敷设应横平竖直。首先，根据设计要求，按线路走向，用粉线沿建筑物表面，由始至终划出线路的中心线。其次，标明照明器具、穿墙套管及导线分支点的位置，以及接近电气器具的支持点和线路转角处导线支持点的位置。

塑料护套线支持点的位置，应根据电气器具的位置及导线截面的大小来确定。塑料护套线布线在终端、转弯中点，电气器具或接线盒的边缘固定点的距离为 50～100mm；直线部位的导线中间固定点的距离为 150～200mm，均匀分布。两根护套线敷设遇到十字交叉时，交叉口的四方均应设有固定点。

（2）铝片卡和塑料钢钉线卡的固定 塑料护套线一般应采用专用的铝片卡（又称铝线卡或钢精轧头）或塑料钢钉线卡进行固定。按固定方式的不同，铝片卡又分为钉装式和粘接式两种，如图 3-20 所示。用铝片卡固定护套线，应在铝片卡固定牢固后再进行固定；而用塑料钢钉线卡固定护套线，则应边敷设护套线边进行固定。铝片卡的型号应根据导线型号及数量来选择。

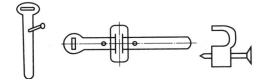

(a) 铝线卡钉子固定　(b) 铝线卡粘接固定　(c) 塑料钢钉线卡

图 3-20 铝片卡和塑料钢钉线卡

①　钉装固定铝片卡　铝片卡应根据建筑物的具体情况选择。塑料护套线在木结构、已预埋好的木砖或木钉的建筑物表面敷设时，可用钉子直接将铝片卡钉牢，作为护套线的支持物；在抹有灰层的墙面上敷设时，可用鞋钉直接固定铝片卡；在混凝土结构或砖墙上敷设，可将铝片卡直接钉入建筑物混凝土结构或砖墙上。

在固定铝片卡时，应使钉帽与钢精扎头一样平，以免划伤线皮。固定铝片卡时，也可采用冲击钻打孔，埋设木钉或塑料胀管到预定位置，作为护套线的固定点。

②　粘接固定铝片卡　粘接法固定铝片卡，一般适用于比较干燥的室内，应粘接在未抹灰或未刷油的建筑物表面上。护套线在混凝土梁或未抹灰的楼板上敷设时，应用钢丝刷先将建筑物粘接面的粉刷层刷净，再用环氧树脂将铝片卡粘接在选定的位置。

由于粘接法施工比较麻烦，因此应用不太普遍。

③　塑料钢钉固定　塑料钢钉线卡是固定塑料护套线的较好支持件，且施工方法简单，特别适用于在混凝土或砖墙上固定护套线。在施工时，先将塑料护套线两端固定收紧，再在线路上确定的位置直接钉牢塑料线卡上的钢钉即可。

（3）塑料护套线的敷设

①　塑料护套线的敷设必须横平竖直。敷设时，一只手拉紧导线，另一只手将导线固定在铝片卡上，如图 3-21(a) 所示。

②　由于护套线不可能完全平直无曲，在敷设线路时可采取勒

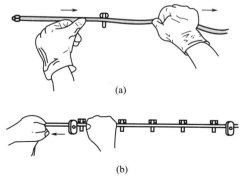

(a)

(b)

图 3-21　护套线的敷设方法

直、勒平和收紧的方法校直。为了固定牢靠、连接美观，护套线经过勒直和勒平处理后，在敷设时还应把护套线尽可能地收紧，把收紧后的导线夹入另一端的瓷夹板等临时位置上，再按顺序逐一用铝片卡夹持，如图 3-21(b) 所示。

③ 夹持铝片卡时，应注意护套线必须置于线卡钉位或粘接位的中心，在扳起铝片卡首尾的同时，应用手指顶住支持点附近的护套线。铝片卡的夹持方法如图 3-22 所示。另外，在夹持铝片卡时应注意检查；若有偏斜，应用小锤轻敲线卡进行校正。

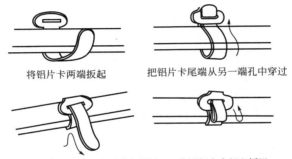

将铝片卡两端扳起　　　　　把铝片卡尾端从另一端孔中穿过

用力拉紧，使铝片卡紧紧地卡住导线　　　将尾部多余部分折回

图 3-22　铝片卡收紧夹持护套线

④ 护套线在转角部位和进入电气器具、木（塑料）台或接线盒前以及穿墙处等部位时，如出现弯曲和扭曲，应顺弯按压，待导线平直后，再夹上铝片卡或塑料钢钉线卡。

⑤ 多根护套线成排平行或垂直敷设时，应上下或左右紧密排列，间距一致，不得有明显空隙。所敷设的线路应横平竖直，不应松弛、扭绞和曲折，平直度和垂直度不应大于 5mm。

⑥ 塑料护套线需要改变方向而进行转弯敷设时，弯曲后的导线应保持平直。为了防止护套线开裂，敷设时宜使导线平直。护套线在同一平面上转弯时，弯曲半径应不小于护套线宽度的 3 倍；在不同平面转弯时，弯曲半径应不小于护套线厚度的 3 倍。

⑦ 当护套线穿过建筑物的伸缩缝、沉降缝时，在跨缝的一段导线两端，应可靠固定，并做成弯曲状，留有一定裕量。

⑧ 塑料护套线也可穿管敷设，其技术要求与线管配线相同。

3.4.3 塑料护套线配线注意事项

（1）塑料护套线的分支接头和中间接头，不可在线路上直接连接，应通过接线盒或借用其他电器的接线柱等进行连接。

（2）在直线电路上，一般应每隔 200mm 用一个铝片卡夹住护套线。

（3）塑料护套线转弯时，转弯的半径要大一些，以免损伤导线。转弯处要用两个铝片卡夹住。

（4）两根护套线相互交叉时，交叉处应用 4 个铝片卡夹住。护套线应尽量避免交叉。

（5）塑料护套线进入木台或套管前，应用一个铝片卡固定。

（6）塑料护套线进行穿管敷设时，板孔内穿线前，应将板孔内的积水和杂物清除干净。板孔内所穿入的塑料护套线，不得损伤绝缘层，并便于更换导线，导线接头应设在接线盒内。

（7）环境温度低于 −15℃时，不得敷设塑料护套线，以防塑料发脆造成断裂，影响施工质量。

（8）塑料护套线在配线中，当导线穿过墙壁和楼板时，应加保护管，保护管可用钢管、塑料管、瓷管。保护管出地面高度，不得低于 1.8m；出墙面，不得大于 3～10mm。当导线水平敷设时，距地面最小距离为 2.5m；垂直敷设时，距地面最小距离为 1.8m，低于 1.8m 的部分应加保护管。

（9）在地下敷设塑料护套线时，必须穿管。并且根据规范，与热力管道进行平行敷设时，其间距应不小于 1m；交叉敷设时，其间距不小于 0.2m。否则，必须做隔热处理。另外，塑料护套线与不发热的管道及接地导体紧贴交叉时，要加装绝缘保护管，在易受机械损伤的场所，要加装金属管保护。

3.5 线管配线

3.5.1 线管的选择

线管配线的主要操作工艺包括线管的选择、落料、弯管、锯管、套丝、线管连接、线管的接地、线管的固定、线管的穿线等。

选择线管时，应首先根据敷设环境确定线管的类型，然后根据穿管导线的截面和根数来确定线管的规格。

（1）根据敷设环境确定线管的类型

① 在潮湿和有腐蚀性气体的场所内明敷或暗敷，一般采用管壁较厚的水煤气管。

② 在干燥的场所内明敷或暗敷，一般采用管壁较薄的电线管。

③ 在腐蚀性较大的场所内明敷或暗敷，一般采用硬塑料管。

④ 金属软管一般用作钢管和设备的过渡连接。

（2）根据穿管导线的截面和根数来确定线管的规格　线管管径的选择，一般要求穿管导线的总截面（包括绝缘层）不应超过线管内径截面的 40%。

3.5.2　线管加工的方法步骤

3.5.2.1　线管落料

线管落料前，应检查线管重量，有裂缝、瘪陷及管内有锋口杂物等均不得使用。另外，两个接线盒之间应为一个线段，根据线路弯曲、转角情况来确定用几根线管接成一个线段和弯曲部位，一个线段内应尽量减少管口的连接接口。

3.5.2.2　弯管

（1）钢管的弯曲　线路敷设改变方向时，需要将线管弯曲，这会给穿线和线路维护带来不便。因此，施工中要尽量减少弯头，管子的弯曲角度一般应大于 $90°$。设线管的外径为 d，明管敷设时，管子的曲率半径 $R{\geqslant}4d$；暗管敷设时，管子的曲率半径 $R{\geqslant}6d$。另外，弯管时注意不要把管子弯瘪，弯曲处不应存在折皱、凹穴和裂缝。弯曲有缝管时，应将接缝处放在弯曲的侧边，作为中间层，这样，可使焊缝在弯曲变形时既不延长又不缩短，焊缝处就不易裂开。

钢管的弯曲有冷煨和热煨两种方法。冷煨一般使用弯管器或弯管机。

① 用弯管器弯管时，先将钢管需要弯曲部位的前段放在弯管器内，然后用脚踩住管子，手扳弯管器手柄逐渐加力，使管子略有弯曲，再逐点移动弯管器，使管子弯成所需的弯曲半径。注意一次

弯曲的弧度不可过大，否则可能会弯裂或弯瘪线管。

②　用弯管机弯管时，先将已划好线的管子放入弯管机的模具内，使管子的起弯点对准弯管机的起弯点，然后拧紧夹具进行弯管。当弯曲角度大于所需角度 1°～2°时，停止弯曲，将弯管机退回起弯点，用样板测量弯曲半径和弯曲角度。注意，弯管的半径一定要与弯管模具配合紧贴，否则线管容易产生凹瘪现象。

③　用火加热弯管时，为防止线管弯瘪，弯管前，管内一般要灌满干燥的砂子。在装填砂子时，要边装边敲打管子，使其填实，然后在子管两端塞上木塞。在烘炉或焦炭等火上加热时，管子应慢慢转动，使管子的加热部位均匀受热。然后放到胎具上弯曲成型，成型后再用冷水冷却，最后倒出砂子。

（2）硬质塑料管的弯曲　硬质塑料管的弯曲有冷弯和热煨两种方法。

①　冷弯法：冷弯法一般适用于硬质 PVC 管在常温下的弯曲。冷弯时，先将相应的弯管弹簧插入管内需弯曲处，用手握住该部位，两手逐渐使劲，弯出所需的弯曲半径和弯曲角度，最后抽出管内弹簧。为了减小弯管回弹的影响，以得到所需的弯曲角度，弯管时一般需要多弯一些。

当将线管端部弯成鸭脖弯或 90°时，由于端部太短，用手冷弯管有一定困难。这时，可在端部管口处套一个内径略大于塑料管外径的钢管进行弯曲。

②　热煨法：用热煨法弯曲塑料管时，应先将塑料管放于电炉或喷灯等热源上进行加热。加热时，应掌握好加热温度和加热长度，要一边前后移动，一边转动，注意不得将管子烤伤、变色。当塑料管加热到柔软状态时，将其放到模具上弯曲成型，并浇水使其冷却硬化。

塑料管弯曲后所成的角度一般应大于 90°，弯曲半径应不小于塑料管外径的 6 倍；埋于混凝土楼板内或地下时，弯曲半径应不小于塑料管外径的 10 倍。为了穿线方便、穿线时不损坏导线绝缘及维修方便，管子的弯曲部位不得存在折皱、凹穴和裂缝。

3.5.2.3　锯管

塑料管一般采用钢锯条切断。切割时，要一次锯到底，并保证切口整齐。

钢管切割一般也采用钢锯条切断。切割时,要注意锯条保持垂直,以免断处出现马蹄口。另外,用力不可过猛,以免别断锯条。为防止锯条发热,要注意在锯条上注油。管子切断后,应挫去毛刺和锋口。当出现马蹄口后,应重新锯割。

3.5.2.4 套丝

钢管与钢管以及钢管与接线盒、配电箱的连接,都需要在钢管端部进行套丝。钢管套丝一般使用管子套丝绞板。

套丝时,应先将线管固定在台虎钳上,然后用套丝绞板绞出螺纹。操作时,应先调整绞板的活动刻度盘,使板牙符合需要的距离,用固定螺钉把它固定,再调整绞板上的三个支撑脚,使其紧贴钢管,防止套丝时出现斜丝。绞板调整好后,手握绞板手柄,按顺时针方向转动手柄,用力要均匀,并加润滑油,以保护丝扣光滑。第一次套完后,松开板牙,再调整其距离(比第一次小一些),用同样的方法再套一次。当第二次丝扣快要套完时,稍微松开板牙,边转边松,使其成为锥形丝扣。套丝完成后,应随即清理管口,将钢管端面的毛刺清理干净,并用管箍试套。

选用板牙时,应注意管径是以内径还是以外径标称的,否则无法使用。另外,用于接线盒、配电箱连接处的套丝长度,不宜小于钢管外径的 1.5 倍;用于管与管连接部位的套丝长度,不应小于管接头长度的 1/2 加 2~4 扣。

3.5.3 线管的连接

(1)钢管与钢管的连接 钢管与钢管的连接有管箍连接和套管连接两种方法。镀锌钢管和薄壁管应采用管箍连接。

① 管箍连接:钢管与钢管的连接,无论是明敷还是暗敷,最好采用管箍连接,特别是埋地等潮湿场所和防爆线管。为了保证管接头的严密性,管子的丝扣部分应涂以铅油并顺螺纹方向缠上麻绳,再用管钳拧紧,并使两端间吻合。

钢管采用管箍连接时,要用圆钢或扁钢作跨接线,焊接在接头处,如图 3-23 所示,使管子之间有良好的电气连接,以保证接地的可靠性。

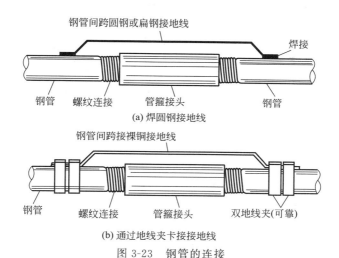

(a) 焊圆钢接地线

(b) 通过地线夹卡接接地线

图 3-23　钢管的连接

② 套管连接：在干燥少尘的厂房内，对于直径在 50mm 及以上的钢管，可采用套管焊接方式连接，套管长度为连接管外径的 1.5～3 倍。焊接前，先将管子从两端插入套管，并使连接管对口处位于套管的中心，然后在两端焊接牢固。

③ 钢管与接线盒的连接：钢管的端部与接线盒连接时，一般采用在接线盒内各用一个薄型螺母（又称锁紧螺母）夹紧线管的方法，如图 3-24 所示。安装时，先在线管管口拧入一个螺母，管口穿入接线盒后，在盒内再套拧一个螺母，然后用两把扳手把两个螺母反向拧紧。如果需要密封，则应在两螺母间各垫入封口垫圈。钢管

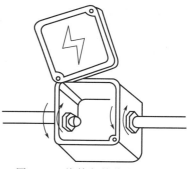

图 3-24　线管与接线盒的连接

与接线盒的连接也可采用焊接的方法进行。

（2）硬质塑料管的连接　硬质塑料管的连接有插入法连接和套接法连接两种方法。

① 插入法连接：连接前，先将待连接的两根管子的管口，一个加工成内倒角（作阴管），另一个加工成外倒角（作阳管），如图 3-25(a) 所示。然后用汽油或酒精把管子的插接段的油污擦干净，接着将阴管插接段（长度为 1.2～1.5 倍管子直径）放在电炉或喷灯上加热至 145℃ 左右呈柔软状态后，将阳管插入部分涂一层胶合剂（如过氯乙烯胶水），然后迅速插入阴管，并立即用湿布冷却，使管子恢复原来硬度，如图 3-25(b) 所示。

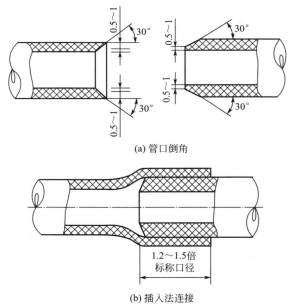

(a) 管口倒角

(b) 插入法连接

图 3-25　硬塑料管的插入法连接

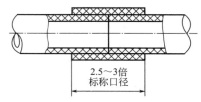

图 3-26　硬塑料管的套接法连接

② 套接法连接：连接前，先将同径的硬质塑料管加热扩大成套管，套管长度为 2.5～3 倍的管子直径，然后把需要连接的两根管端倒角，并用汽油或酒精擦干净，待汽油挥发后，涂上粘接剂，再迅速插入套管中，如图 3-26 所示。

3.5.4　明管敷设

明管配线施工方法，一般分沿墙、跨柱、穿楼板敷设，支架安装、吊装和沿轻钢龙骨安装。明配管路的敷设应呈水平或垂直状态，其允许偏差：2m 以内为 3mm，全长允许偏差不应超过管子内径的一半。固定金属管一般用管卡进行固定。

3.5.4.1　明管敷设的施工步骤

（1）确定电气设备的安装位置。

（2）画出管路交叉位置和管路中心线。

（3）埋设木砖。

（4）把线管按建筑结构形状弯曲。

（5）铰制钢管螺纹。

（6）将线管、开关盒、接线盒等装配连接成一整体进行安装。

（7）将钢管接地。

3.5.4.2　明管敷设的方法

明管用吊装、沿墙安装或支架敷设时，固定点的距离应均匀，管卡与终端、转弯中点、电气器具或接线盒边缘的距离为 150～500mm。中间固定点的最大允许距离应根据线管的材质、直径和壁厚而定。一般为 1.5～2.5m。

（1）明管沿墙拐弯时，不可将管子弯成直角或折角弯，应弯成圆弧弯，如图 3-27（a）所示，同理，线管引入接线盒等设备的做法如图 3-27（b）所示。

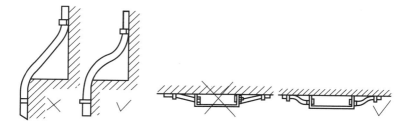

(a) 明配管的弯曲　　　　　　　　(b) 明配管的管子与接线盒的连接

图 3-27　明配管线弯曲及与接线盒的连接

（2）电线管在拐角时，要用拐角盒，做法如图 3-28 所示。

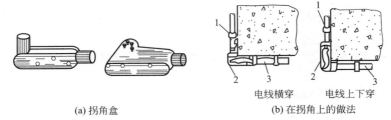

(a) 拐角盒

(b) 在拐角上的做法

电线横穿　　电线上下穿

图 3-28　配管在拐角处做法

1—管箍；2—拐角盒；3—钢管

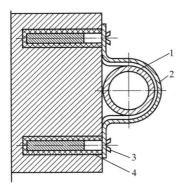

图 3-29　钢管沿墙敷设

1—钢管；2—管卡子；3—$\phi 4$mm×（30～40）木螺钉；4—$\phi 6$mm 塑料胀管

（3）明管配线沿墙过伸缩缝时，需用过线盒连接，并且导线在过线盒内应留有裕度，以保证当温度变化时建筑物的伸缩不致拉断导线。

（4）明管沿墙面敷设，用管卡子固定，其做法如图 3-29 所示。

（5）对于较粗或多根明管的敷设可采用支架敷设的方法，其做法如图 3-30 所示。

（6）对于较粗或多根明管的敷设也可采用吊装敷设，其做法如图 3-31 所示。

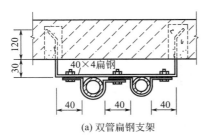

(a) 双管扁钢支架

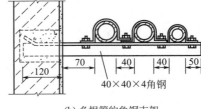

(b) 多根管的角钢支架

图 3-30　双管扁钢支架、多根管的角钢支架做法（mm）

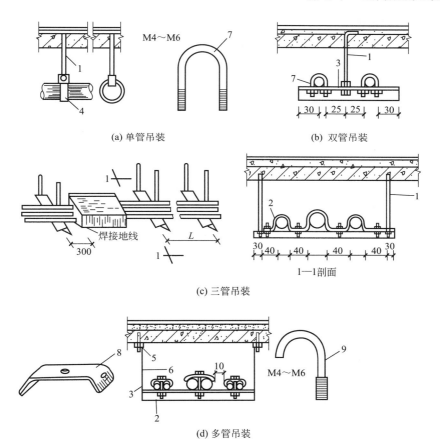

(a) 单管吊装

(b) 双管吊装

(c) 三管吊装

1—1剖面

(d) 多管吊装

图 3-31　明管吊装敷设

1—圆钢（φ10）；2—角钢支架（∟40×4）；3—角钢支架（∟30×3）；4—吊管卡；

5—吊架螺栓（M8）；6—扁钢吊架（—40×4）；7—螺栓管卡；

8—卡板（2～4mm 钢板）；9—管卡

3.5.5　暗管敷设

暗管敷设应与土建施工密切配合；暗配的电线管路应沿最近的路线敷设，并应减少弯曲；埋入墙或混凝土内的管子，离建筑物表面的净距离应大于 15mm。暗管配线的工程多用在混凝土建筑物内，其施工方法有三种：

（1）在现场浇筑混凝土构件时埋入线管。

（2）在混凝土楼板的垫层内埋入线管。

（3）在混凝土板下的天棚内埋入线管。

现浇结构多采用第一种施工方法，在进行土建施工中预埋钢管。在预制板上配管或管的外表面离混凝土表面小于 15mm 时，采用第二种方法。当混凝土板下有天棚，且天棚距混凝土板有足够的距离时，可采用第三种方法。

3.5.5.1　暗管敷设步骤

（1）确定设备（灯头盒、接线盒和配管引上、引下）的位置。

（2）测量敷设线路长度。

（3）配管加工（锯割、弯曲、套螺纹）。

（4）将管与盒按已确定的安装位置连接起来。

（5）将管口堵上木塞或废纸，将盒内填满木屑或废纸，防止进入水泥砂浆或杂物。

（6）检查是否有管、盒遗漏或设位错误。

（7）将管、盒连成整体固定于模板上（最好在未绑扎钢筋前进行）。

（8）在管与管以及管与箱、盒连接处，焊上接地线，使金属外壳连成一体。

3.5.5.2　暗管在现浇混凝土楼板内的敷设

（1）线管在混凝土内暗线敷设时，可用铁丝将管子绑扎在钢筋上，也可用钉子钉在模板上，用垫块将管子垫高 15mm 以上，使管子与混凝土模板间保持足够的距离，并防止浇灌混凝土时管子脱开，如图 3-32 所示。

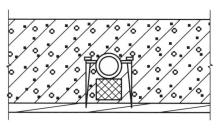

图 3-32　线管在混凝土模板上的固定

（2）灯头盒可用铁钉固定或用铁丝缠绕在铁钉上，如图 3-33 所示。灯头盒在现浇混凝土楼板内的安装如图 3-34 所示。

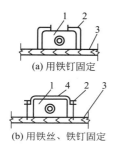

(a) 用铁钉固定

(b) 用铁丝、铁钉固定

图 3-33　灯头盒在模板上固定

1—灯头盒；2—铁钉；

3—模板；4—铁丝

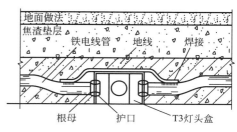

图 3-34　灯头盒在现浇混凝土楼板内安装

3.5.5.3　暗管在现浇混凝土楼板垫层内敷设

钢管在楼板内敷设时，管外径与楼板厚度应配合。当楼板厚度为 80mm 时，管外径不应超过 40mm；当楼板厚度为 120mm 时，管外径不应超过 50mm。若管径大于上述尺寸，则钢管应该为明敷或将管子埋在楼板的垫层内。

在楼板的垫层内配管时，对接线盒需在浇灌混凝土前放木砖，以便留出接线盒的位置。当混凝土硬化后再把木砖拆下，然后进行配管。配管完毕后，焊好地线。当垫层是焦渣垫层时，应先用水泥砂浆对配管进行保护，再铺焦渣垫层作地面；如果垫层就是水泥砂浆地面层，就不需对配管再保护了。钢管在现浇楼板垫层内敷设如图 3-35 所示。

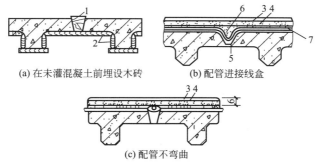

(a) 在未灌混凝土前埋设木砖　　(b) 配管进接线盒

(c) 配管不弯曲

图 3-35　钢管在楼板垫层内敷设

1—木砖；2—模板；3—地面；4—焦渣垫层；5—接线盒；6—水泥砂浆保护；7—钢管

3.5.5.4 暗管在预制板内敷设

暗管在预制板内敷设的方法与上述方法相似，但接线盒的位置要在楼板上定位凿孔。配管时不要搞断钢筋，其做法如图 3-36 及图 3-37 所示。

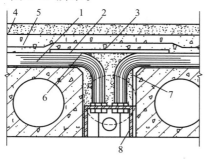 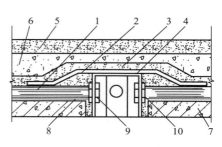

图 3-36　在预制多孔楼板上配管
1—钢管；2—焊接；3—水泥砂浆保护；
4—地面；5—焦渣垫层；6—地线；
7—铅丝接地线；8—灯头盒

图 3-37　在预制槽形楼板上配管
1—焊接；2—地线；3—钢管用水泥砂浆保护；
4—灯头盒；5—地面；6—焦渣垫层；7—钢筋
混凝土楼板；8—钢管；9—护口；10—根母

3.5.5.5　埋地钢管技术要求

管径应不小于 20mm，埋入地下的电线管路不宜穿过设备基础；在穿过建筑物基础时，应再加保护管保护。穿过大片设备基础时，管径不小于 25mm。

3.5.5.6　钢管暗敷示意图

在钢管暗敷的施工时，先确定好钢管与接线盒的位置，在配合土建施工中，将钢管与接线盒按已确定的位置连接起来，并在管与管、管与接线盒的连接处，焊上接地跨接线，使金属外壳连成一体。钢管暗敷示意图如图 3-38 所示。

3.5.6　线管的穿线

（1）在穿线前，应先将管内的积水及杂物清理干净。

（2）选用 $\phi1.2mm$ 的钢丝作引线，当线管较短且弯头较少时，可把钢丝引线由管子一端送向另一端；如果弯头较多或线路较长，将钢丝引线从管子一端穿入另一端有困难时，可从管子的两端同时

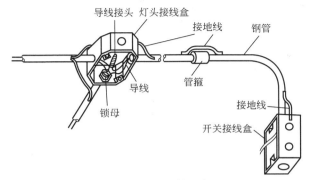

图 3-38　钢管暗敷示意图

穿入钢丝引线，此时引线端应
弯成小钩，如图 3-39 所示。
当钢丝引线在管中相遇时，先
用手转动引线使其钩在一起，
然后把一根引线拉出，即可将
导线牵入管内。

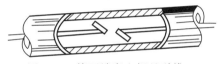

图 3-39　管两端穿入钢丝引线

（3）导线穿入线管前，在线管口应先套上护圈，接着按线管长
度与两端连接所需的长度余量之和截取导线，削去两端绝缘层，同
时在两端头标出同一根导线的记号。再将所有导线按图 3-40 所示
的方法与钢丝引线缠绕，一个人将导线理成平行束并往线管内输
送，另一个人在另一端慢慢抽拉钢丝引线，如图 3-41 所示。

图 3-40　导线与引线的缠绕

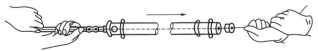

图 3-41　导线穿入管内的方法

（4）在穿线过程中，如果线管弯头较多或线路较长，穿线发生困难时，可使用滑石粉等润滑材料来减小导线与管壁的摩擦，便于穿线。

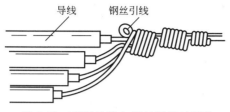

导线　　钢丝引线

图 3-42　多根导线与钢丝引线的绑扎

（5）如果多根导线穿管，为防止缠绕处外径过大在管内被卡住，应把导线端部剥出线芯，斜错排开，与引线钢丝一端缠绕接好，然后拉入管内，如图 3-42 所示。

3.5.7　线管配线的注意事项

（1）管内导线的绝缘强度不应低于 500V；铜导线的线芯截面积不应小于 $1mm^2$；铝导线的线芯截面积不应小于 $2.5mm^2$。

（2）管内导线不准有接头，也不准穿入绝缘破损后经过包缠恢复绝缘的导线。

（3）不同电压和不同回路的导线不得穿在同一根钢管内。

（4）管内导线一般不得超过 10 根。多根导线穿管时，导线的总截面（包括绝缘层）不应超过线管内径截面的 40%。

（5）钢管的连接通常采用螺纹连接；硬塑料管可采用套接或焊接。敷设在含有对导线绝缘有害的蒸汽、气体或多尘房屋内的线管以及敷设在可能进入油、水等液体的场所的线管，其连接处应密封。

（6）采用钢管配线时必须接地。

（7）管内配线应尽可能减少转角或弯曲，转角越多，穿线越困难。为便于穿线，规定线管超过下列长度，必须加装接线盒。

① 无弯曲转角时，不超过 45m。

② 有一个弯曲转角时，不超过 30m。

③ 有两个弯曲转角时，不超过 20m。

④ 有三个弯曲转角时，不超过 12m。

（8）在混凝土内暗敷设的线管，必须使用壁厚为 3mm 以上的；当线管的外径超过混凝土厚度的 1/3 时，不得将线管埋在混凝土内，以免影响混凝土的强度。

（9）采用硬塑料管敷设时，其方法与钢管敷设基本相同。但明管敷设时还应注意以下几点：

① 管径在 20mm 及以下时，管卡间距为 1m。

② 管径在 25～40mm 及以下时，管卡间距为 1.2～1.5m。

③ 管径在 50mm 及以上时，管卡间距为 2m。

硬塑料管也可在角铁支架上架空敷设，支架间距不能大于上述距离要求。

（10）管内穿线困难时应查找原因，不得用力强行穿线，以免损伤导线的绝缘层或线芯。

（11）配管遇到伸缩、沉降缝时，不可直接通过，必须作相应处理，采取保护措施；暗敷于地下的管路不宜穿过设备基础，必须穿过设备基础时，要加保护管。

（12）绝缘导线不宜穿金属管在室外直接埋地敷设。如必须穿金属管埋地敷设时，要做好防水、防腐蚀处理。

3.6　钢索配线

3.6.1 钢索配线的一般要求

（1）室内的钢索配线采用绝缘导线明敷时，应采用瓷夹、塑料夹、鼓形绝缘子或针式绝缘子固定；采用护套绝缘导线、电缆、金属管或硬塑料管配线时，可直接固定在钢索上。

（2）室外的钢索配线采用绝缘导线明敷时，应选用耐气候型绝缘导线以防止绝缘层过快老化，并应采用鼓形绝缘子或针式绝缘子固定；采用电缆、金属管或硬塑料管配线时，可直接固定在钢索上。

（3）为确保钢索连接可靠，钢索与终端拉环应采用心形环连接；钢索固定件应镀锌或涂防腐漆；固定用的线卡应不少于 2 个；钢索端头应采用镀锌铁丝扎紧。

（4）为保证钢索张力不大于钢索允许应力，钢索中间固定点间距应不大于 12m，跨距较大的应在中间增加支持点；中间固定点吊架与钢索连接处的吊钩深度应不小于 20mm，并应设置防止钢索跳出的锁定装置，以防钢索因受到外界干扰而发生跳脱，造成钢索张力加大，导致钢索拉断。

（5）钢索的弛度可通过花篮螺栓进行调整，其大小直接影响钢索的张力。为保证钢索在允许的安全强度下正常工作，并使钢索终端固定牢固，当钢索长度为 50mm 及以下时，可在其一端装花篮螺栓；当钢索长度大于 50mm 时，两端均应装设花篮螺栓。图 3-43 为用花篮螺栓收紧钢索的示意图。

图 3-43　钢索在墙上安装示意图
1—终端拉环；2—索具套环；3—钢丝绳扎头；4—钢索；5—花篮螺栓

（6）由于钢索的弛度影响到配线的质量，故在钢索上敷设导线及安装灯具后，钢索的弛度不宜大于 100mm。若弛度太小，可能会拉断钢索；若弛度太大，会影响到配线质量，可在中间增加吊钩。

（7）钢索上绝缘导线至地面的距离，在室内时应不小于 2.5m。

（8）为防止因配线造成钢索带电，影响安全用电，钢索应可靠接地。

（9）为确保钢索配线固定牢靠，其支持件间和线间距离应符合表 3-8 的规定。

表 3-8　钢索配线支持件和线间距离　　　　mm

配线类别	支持件之间最大距离	支持件与灯头盒之间最大距离	线间最小距离
钢管	1500	200	—
硬塑料管	1000	150	—
塑料护套线	200	100	—
瓷鼓配线	1500	100	35

3.6.2　钢索吊管配线的安装

钢索吊管配线一般用扁钢吊卡将钢管或硬质塑料管以及灯具吊装在钢索上,安装方法如图 3-44 所示。

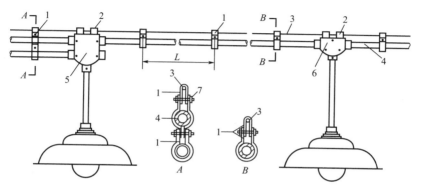

图 3-44　钢索吊管配线安装示意图
1—扁钢吊卡；2—吊灯头盒卡子；3—钢索；4—钢管或塑料管；
5—五通灯头盒；6—三通灯头盒；7—螺栓

（1）按设计要求确定灯具和接线盒的位置,钢管或硬质塑料管支持点的最大距离应符合有关要求。

（2）按各段管长进行选材,钢管或电线管使用前应调直,然后进行切断、套丝和煨弯等线管加工。

（3）在吊装钢管布管时,应按照先干线后支线的顺序进行,把加工好的管子从始端到终端按顺序连接,管子与接线盒的丝扣应拧牢固,用扁钢卡子将布管逐段与钢索固定。

（4）扁钢吊卡的安装应垂直、平整牢固、间距均匀。吊装灯头盒和管道的扁钢卡子宽度应不小于 20mm,吊装灯头盒的卡子数应不小于 2 个。

（5）将配管逐段固定在扁钢卡上,并做好整体接地。在灯盒两端若是金属管,应用跨接地线焊接,保证配管连续性,如用硬塑料管配线则无需焊接地线,且灯头盒改用塑料灯头盒。

（6）进行管内穿线,并连接导线和安装灯具。

3.6.3 钢索吊塑料护套线配线的安装

钢索吊塑料护套配线采用铝片线卡将塑料护套线固定在钢索上，用塑料接线盒和接线盒安装钢板将照明灯具吊装在钢索上，如图 3-45 所示。

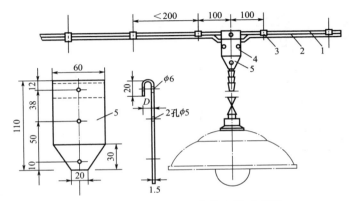

图 3-45　钢索吊塑料护套线配线示意图

1—钢索；2—塑料护套线；3—铝片卡；4—塑料接线盒；5—灯头盒固定钢板

（1）按图 3-45 所示要求加工制作接线盒固定钢板。

（2）按设计要求在钢索上确定灯位，把接线盒的固定钢板吊挂在钢索的灯位处，将塑料接线盒底部与固定钢板上的安装孔连接牢固。

（3）敷设短距离护套线时，可测量出两灯具间的距离，留出适当的余量，将塑料护套线按段剪断，调直后卷成盘。敷线从一端开始，用一只手托线，另一只手用铝片线卡将护套线平行卡吊于钢索上。

（4）敷设长距离塑料护套线时，将护套线展开并调直后，在钢索两端做临时绑扎，要留足灯具接线盒处导线的余量，长度过长时中间部位也应做临时绑扎，再把导线吊起。根据最大距离的要求，用铝片线卡把护套线平行卡吊于钢索上。

（5）为确保钢索吊装护套线固定牢固，在钢索上用铝片线卡固定护套线，应均匀分布线卡间距，线卡距灯头盒的最大距离为 100mm；线卡之间最大距离为 200mm。

（6）敷设后的护套线应紧贴钢索，无垂度、缝隙、扭劲、弯曲盒损伤。

3.7　导线的连接

3.7.1　导线接头应满足的基本要求

在配线过程中，因出现线路分支或导线太短，所以经常需要将一根导线与另一根导线连接。在各种配线方式中，导线的连接除了针式绝缘子、鼓形绝缘子、蝶形绝缘子配线可在布线中间处理外，其余均需在接线盒、开关盒或灯头盒内等处理。导线的连接质量对安装的线路能否安全可靠运行影响很大。常用的导线连接方法有绞接、绑接、焊接、压接和螺栓连接等。其基本要求如下。

（1）剥削导线绝缘层时，无论用电工刀还是用剥线钳，都不得损伤线芯。

（2）接头应牢固可靠，其机械强度不小于同截面导线的 80%。

（3）连接电阻要小。

（4）绝缘要良好。

3.7.2　单芯铜线的连接方法

根据导线截面的不同，单芯铜导线的连接常采用绞接法和绑接法。

（1）绞接法　绞接法适用于 $4mm^2$ 及以下的小截面单芯铜线直线连接和分线（支）连接。绞接时，先将两线相互交叉，同时将两线芯互绞 2～3 圈后，再扳直与连接线成 90°，将导线两端分别在另一线芯上紧密地缠绕 5 圈，余线割弃，使端部紧贴导线，如图 3-46（a）所示。

双线芯连接时，两个连接处应错开一定距离，如图 3-46（b）所示。

单芯丁字分线连接时，将导线的线芯与干线交叉，一般先粗卷 1～2 圈或打结以防松脱，再密绕 5 圈，如图 3-46（c）、（d）所示。

单芯线十字分线绞接方法如图 3-46（e）、（f）所示。

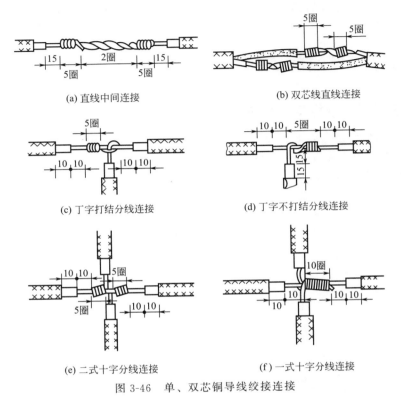

(a) 直线中间连接　　　　　　　　(b) 双芯线直线连接

(c) 丁字打结分线连接　　　　　　(d) 丁字不打结分线连接

(e) 二式十字分线连接　　　　　　(f) 一式十字分线连接

图 3-46　单、双芯铜导线绞接连接

（2）绑接法　绑接法又称缠卷法。分为加辅助线和不加辅助线两种，一般适用于 $6mm^2$ 及以上的单芯线的直线连接和分线连接。

连接时，先将两线头用钳子适当弯起，然后并在一起。加辅助线（填一根同径芯线）后，一般用一根 $1.5mm^2$ 的裸铜线作绑线，从中间开始缠绑，缠绑长度约为导线直径的 10 倍。两头再分别在一线芯上缠绕 5 圈，余下线头与辅助线绞合 2 圈，剪去多余部分。较细的导线可不用辅助线。如图 3-47（a）、（b）所示。

单芯丁字分线连接时，先将分支导线折成 90°紧靠干线，其公卷长度也为导线直径的 10 倍，再单绕 5 圈，如图 3-47（c）所示。

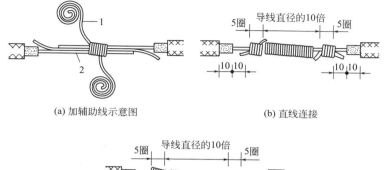

(a) 加辅助线示意图　　　　　　　　(b) 直线连接

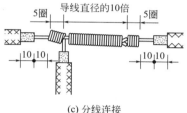

(c) 分线连接

图 3-47　单芯导线绑接法

1—绑线（裸铜线）；2—辅助线

3.7.3　多芯铜线的连接方法

（1）多芯铜导线的直线连接　连接时，先剥取导线两端绝缘层，将导线线芯顺次解开，成 30°伞状，把中心线剪短一股，将导线逐根拉直，用细砂纸清除氧化膜，再把各张开的线端顺序交叉插进去成为一体。选择合适的缠绕长度，把张开的各线端合拢，取任意两股同时缠绕 5～6 圈后，另换两股缠绕，把原有的两股压住或剪断，再缠绕 5～6 圈后，又换两股缠绕。如此下去，直至缠至导线解开点，剪去余下线芯，并用钳子敲平线头。另一侧也同样缠绕。如图 3-48(a) 所示。

（2）多芯铜导线的分线连接　连接时，先剥开导线绝缘层，将分线端头松开折成 90°并靠紧干线，在绑线端部相应长度处弯成半圆形。再将绑线短端弯成与半圆形成 90°并与分接线靠紧，用长端缠绕。当长度达到接合处导线直径的 5 倍时，再将两端部绞捻 2 圈，剪去余线。如图 3-48(b) 所示。

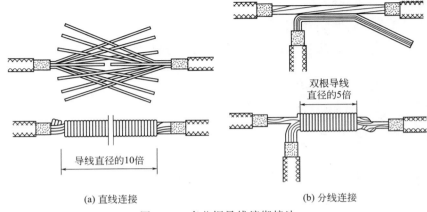

(a) 直线连接　　　　　　　　　(b) 分线连接

图 3-48　多芯铜导线缠绑接法

3.7.4　不同截面导线的连接方法

（1）单芯细导线与单芯粗导线的连接　将细导线在粗导线线头上紧密缠绕 5~6 圈，弯曲粗导线头的端部，使它压在缠绕层上，再用细导线头缠绕 3~5 圈，切去余线，钳平切口毛刺，如图 3-49 所示。

（2）软导线与硬导线的连接　先将软导线拧紧，然后将软导线在单芯导线线头上紧密缠绕 5~6 圈，弯曲单芯线头的端部，使它压在缠绕层上，以防绑线松脱，如图 3-50 所示。

图 3-49　不同截面导线的对接　　　　图 3-50　软硬导线的对接

3.7.5　单芯导线与多芯导线的连接方法

（1）在多芯线的一端，用螺钉旋具将多芯线分成两组，如图 3-51（a）所示。

（2）将单芯线插入多芯线，但不要插到底，应距绝缘切口 5mm，便于包扎绝缘，如图 3-51（b）所示。

（3）将单芯线按顺时针方向紧密缠绕 10 圈，然后切断余线，钳平切口毛刺，如图 3-51(c) 所示。

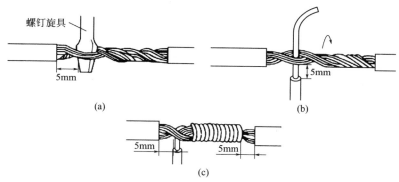

图 3-51　单芯线与多芯线的连接

3.7.6　铝芯导线的压接

（1）铝芯导线用压接管压接　接线前，先选好合适的压接管，清除线头表面和压接管内壁上的氧化层和污物，涂上凡士林，如图 3-52(a) 所示。将两根线头相对插入并穿出压接管，使两线端各自伸出压接管 25～30mm，如图 3-52(b) 所示。用压接钳压接，如图 3-52(c) 所示。如果压接钢芯铝绞线，则应在两根芯线之间垫上一层铝质垫片。压接钳在压接管上的压坑数目，室内线头通常为 4 个，室外通常为 6 个，如图 3-52(d) 所示。

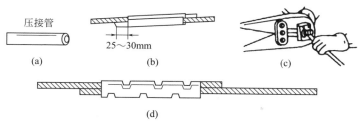

图 3-52　铝芯导线用压接管压接

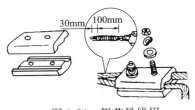

图 3-53　铝芯导线用
并沟线夹螺栓压接

（2）铝芯导线用并沟线夹螺栓压接　连接前，先用钢丝刷除去导线线头和并沟线夹线槽内壁上的氧化层和污物，涂上凡士林，然后将导线卡入线槽，旋紧螺栓，使并沟线夹紧紧夹住线头而完成连接。为防止螺栓松动，压紧螺栓上应套以弹簧垫圈。如图 3-53 所示。

3.7.7　多股铝芯线与接线端子的连接

　　多股铝芯线与接线端子连接，可根据导线截面选用相应规格的铝接线端子，采用压接或气焊的方法进行连接。

　　压接前，先剥出导线端部的绝缘，剥出长度一般为接线端子内孔深度再加 5mm。然后除去接线端子内壁和导线表面的氧化膜，涂以凡士林，将线芯插入接线端子内进行压接。先划好相应的标记，开始压接靠近导线绝缘的一个坑，然后压另一个坑，压坑深度以上下模接触为宜，压坑在端子的相对位置如图 3-54 及表 3-9 所示。压好后，用锉刀挫去压坑边缘因被压而翘起的棱角，并用砂布打光，再用沾有汽油的抹布擦净即可。

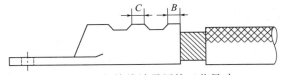

图 3-54　铝接线端子压接工艺尺寸

表 3-9　铝接线端子压接尺寸　　　　　　　　　　　　　　mm

导线截面/mm²	16	25	35	50	70	95	120	150	185	240
C	3	3	5	5	5	5	5	5	5	6
B	3	3	3	3	3	3	4	4	5	5

3.7.8　单芯绝缘导线在接线盒内的连接

　　（1）单芯铜导线　连接时，先将连接线端相并合，在距绝缘层

15mm 处用其中的一根芯线在其连接线端缠绕 2 圈，然后留下适当长度，将余线剪断折回并压紧，以防线端部扎破所包扎的绝缘层，如图 3-55(a) 所示。

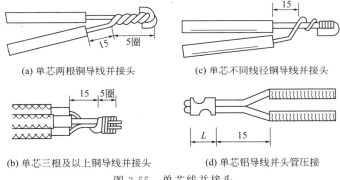

(a) 单芯两根铜导线并接头　　　　　(c) 单芯不同线径铜导线并接头

(b) 单芯三根及以上铜导线并接头　　(d) 单芯铝导线并头管压接

图 3-55　单芯线并接头

三根及以上单芯铜导线连接时，可采用单芯线并接方法进行连接。先将连接线端相并合，在距绝缘层 15mm 处用其中的一根线芯，在其连接线端缠绕 5 圈剪断，然后把余下的线头折回压在缠绕线上，最后包扎好绝缘层，如图 3-55(b) 所示。

注意，在进行导线下料时，应计算好每根导线的长度，其中用来缠绕的线应长于其他线，一般不能用盒内的相线去缠绕并接的导线，这样将会导致盒内导线留头短。

（2）异径单芯铜导线　不同直径的导线连接时先将细线在粗线上距绝缘层 15mm 处交叉，并将线端部向粗线端缠绕 5 圈，再将粗线端头折回，压在细线上，如图 3-55(c) 所示。注意，如果细导线为软线，则应先进行挂锡处理。

（3）单芯铝导线　在室内配线工程中，对于 10mm² 及以下的单芯铝导线的连接，主要采用铝套管进行局部压接。压接前，先根据导线截面和连接线根数选用合适的压接管；再将要连接的两根导线的线芯表面及铝套管内壁氧化膜清除；然后最好涂上一层中性凡士林油膏，使其与空气隔绝不再被氧化。压接时，先把线芯插入适合线径的铝管内，用端头压接钳将铝管线芯压实两处，如图 3-55(d) 所示。

单芯铝导线端头除用压接管并头连接外，还可采用电阻焊的方法将导线并头连接。单芯铝导线端头熔焊时，其连接长度应根据导线截面大小确定。

3.7.9　多芯绝缘导线在接线盒内的连接

（1）铜绞线　铜绞线一般采用并接的方法进行连接。并接时，先将绞线破开顺直并合拢，用多芯导线分支连接缠绕法弯制绑线，在合拢线上缠绕。其缠绕长度（A 尺寸）应为两根导线直径的 5 倍，如图 3-56(a) 所示。

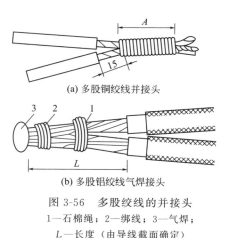

(a) 多股铜绞线并接头

(b) 多股铝绞线气焊接头

图 3-56　多股绞线的并接头
1—石棉绳；2—绑线；3—气焊；
L—长度（由导线截面确定）

（2）铝绞线　多股铝绞线一般采用气焊焊接的方法进行连接，如图 3-56(b) 所示。焊接前，一般在靠近导线绝缘层的部位缠以浸过水的石棉绳，以避免焊接时烧坏绝缘层。焊接时，火焰的焰心应离焊接点 2～3mm；当加热至熔点时，即可加入铝焊粉（焊药）。借助焊粉的填充和搅动，使端面的铝芯融合并连接起来。然后焊枪逐渐向外端移动，直至焊完。

3.7.10　导线与接线桩的连接

在各种用电器和电气设备上，均设有接线桩（又称接线柱）供连接导线使用。常用的接线桩有平压式和针孔式两种。

（1）导线与平压式接线桩的连接　导线与平压式接线桩的连接，可根据线芯的规格，采用相应的连接方法。对于截面在 10mm^2 及以下的单股铜导线，可直接与器具的接线端子连接。先把线头弯成羊角圈，羊角圈弯曲的方向应与螺钉拧紧的方向一致（一般为顺时针），且圈的大小及根部的长度要适当。接线时，羊角圈上面依次垫上一个弹簧垫和一个平垫，再将螺钉旋紧即可，如图 3-57所示。

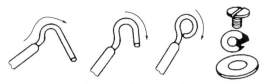

图 3-57　单股导线与平压式接线桩连接

　　2.5mm^2 及以下的多股铜软线与器具的接线桩连接时，先将软线芯做成羊角圈，挂锡后再与接线桩固定。注意，导线与平压式接线桩连接时，导线线芯根部无绝缘层的长度不要太长，根据导线粗细以 1～3mm 为宜。

　　（2）导线与针孔式接线桩的连接　导线与针孔式接线桩连接时，如果单股芯线与接线桩插线孔大小适宜，则只要把线芯插入针孔，旋紧螺钉即可。如果单股线芯较细，则应把线芯折成双根，再插入针孔进行固定，如图 3-58 所示。

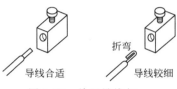

图 3-58　单股导线与
针孔式接线桩连接

　　如果采用的是多股细丝的软线，必须先将导线绞紧，再插入针孔进行固定，如图 3-59 所示。如果导线较细，可用一根导线在待接导线外部绑扎，也可在导线上面均匀地搪上一层锡后再连接；如果导线过粗，插不进针孔，可先将线头剪断几股，再将导线绞紧，然后插入针孔。

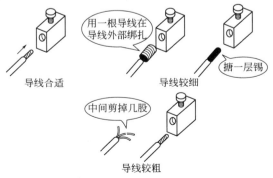

图 3-59　多股导线与针孔式接线桩的连接

(a) 一个线头连接方法

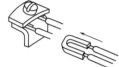

(b) 两个线头连接方法

图 3-60 单股芯线与
瓦形接线桩的连接

（3）导线与瓦形接线桩的连接　瓦形接线桩的垫圈为瓦形。为了不使导线从瓦形接线桩内滑出，压接前，应先将已除去氧化层和污物的线头弯成 U 形，如图 3-60 所示，再卡入瓦形接线桩压接。如果需要把两个线头接入一个瓦形接线桩内，则应使两个弯成 U 形的线头相重合，再卡入接线桩内，进行压接。

注意，导线与针孔式接线柱连接时，应使螺钉顶压牢固且不伤线芯。如果用两根螺钉顶压，则线芯必须插到底，保证两个螺钉都能压住线芯。且要先拧紧前端螺钉，再拧紧另一个螺钉。

3.7.11　导线连接后绝缘带的包缠

（1）导线直线连接后的包缠　绝缘带的包缠一般采用斜叠法，使每圈压叠带宽的半幅。包缠时，先将黄蜡带从导线左边完整的绝缘层上开始包缠，包缠两根带宽后方可进入无绝缘层的芯线部分，如图 3-61(a) 所示。另外，黄蜡带与导线应保持约 45°的倾斜角，每圈压叠带宽的 1/2，如图 3-61(b) 所示。

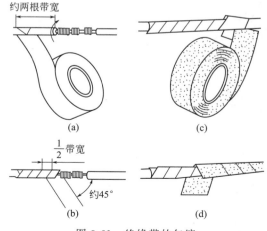

图 3-61　绝缘带的包缠

包缠一层黄蜡带后，将黑胶布接在黄蜡带的尾端，按另一斜叠方向包缠一层黑胶布，也要每圈压叠带宽的 1/2，如图 3-61(c)、(d) 所示。绝缘带的终端一般还要再反向包缠 2～3 圈，以防松散。

注意事项：

① 用于 380V 线路上的导线恢复绝缘时，应先包缠 1～2 层黄蜡带，然后包缠一层黑胶布。

② 用于 220V 线路上的导线恢复绝缘时，应先包缠一层黄蜡带，然后包缠一层黑胶布；也可只包缠两层黑胶布。

③ 包缠时，要用力拉紧，使之紧密坚实，不能过疏。更不允许露出芯线，以免造成触电或短路事故。

④ 绝缘带不用时，不可放在温度较高的场所，以免失效。

（2）导线分支连接后的包缠　导线分支连接后的包缠方法如图 3-62 所示，在主线距离切口两根带宽处开始起头。先用自粘性橡胶带缠包，便于密封防止进水。包扎到分支处时，用手顶住左边接头的直角处，使胶带贴紧弯角处的导线，并使胶带尽量向右倾斜缠绕。当缠绕右侧时，用手顶住右边接头直角处，胶带向左缠与下边的胶带成 X 状，然后向右开始在直线上缠绕。方法类同直线，应重叠 1/2 带宽。

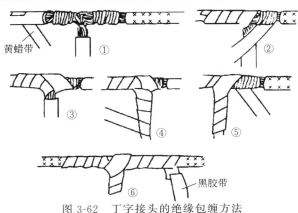

图 3-62　丁字接头的绝缘包缠方法

在支线上包缠好绝缘，回到主干线接头处。贴紧接头直角处再向导线右侧包扎绝缘。包扎至主线的另一端后，再按上述方法包缠黑胶布即可。

3.8 室内配线的检查与验收

（1）导线敷设前的准备情况巡视　为了确保导线的绝缘层不受损伤，敷设导线前应疏通、清理导管、线槽等外保护装置，确保管（槽）内无积水、无杂物，管口、槽内光滑、无毛刺，导线畅通无阻。

（2）管内穿线的现场巡视

① 现场施工中，不同电压等级电线或交流与直流电线穿入同一根导管的毛病很少出现。但不同回路的电线穿入同一管内的情况则发生较多。特别是装潢更改设计后，增加灯具较多，有时会将不同回路的电线穿入同一根导管内，巡视应将此作为一个质量控制点。

② 屋顶及底层室外工程中（如泛光照明、音乐喷泉等），有的直立管（不进入盒、箱）穿线后管口不封堵或封堵不严，致使管内进水影响绝缘与使用寿命，巡视时应多加注意。

（3）线槽敷线的现场巡视

① 线槽敷线的通病是导线不留余量，不绑扎或绑扎间距大于2m，巡视时应严加控制。

② 对敷设于同一线槽内有抗干扰要求的线路，应在施工前与甲方、设计部门取得联系，采取加隔板等隔离措施，巡视中若发现漏装或质量不符合要求应及时向施工人员提出。

（4）导线连接质量的巡视

① 导线接头应在盒（箱）内，不得在管、槽等处做接头；管内穿线时应在现场察看，对有怀疑的可进行抽查。槽内等处敷线的检查一般在盖板安装前进行。

② 目前施工中大都采用套管压接与锡焊连接法做导线接头。由于套管连接简单易行，质量也可保证，已被广泛采用。监理巡视时常用的比较直观的初步检查方法是用力拉扯套管，若能拉脱，则根本不合要求；若拉扯不掉，再检查套管连接器、压模是否与线芯规格相匹配，压接钳性能是否满足要求，压口数量和压接长度是否符合要求。对于锡焊连接的焊缝应饱满，表面光滑；焊剂应无腐蚀

性，焊接后应清除残余焊剂。

（5）导线绝缘层颜色等的巡视检查

① 导线绝缘层的不同颜色规定是为区别不同功能而设定的，以便安装维修时识别，不易出错。保护接地线（PE）是全世界统一的，必须绝对保证，以便与国际接轨。在实际施工应用中，PE线（黄绿相间色）、中性线（N）（淡蓝色）易于保证，而三种相线的颜色由于相序及材料采购等往往出现偏差，但同一相的颜色应保持一致。个别情况为了节省材料，承包商在征得业主、监理方同意的前提下，采用在导线端部设置色标以示区别的方法进行补救，也可商榷。

② 根据不同颜色的导线就能方便判断其使用功能，巡视中据此可注意敷线时相线是否进了开关，单相插座、三相插座等进线是否符合设计与规范要求。

（6）旁站监理　电线及其管、槽敷设过程中，一般不需要进行旁站。通常在开始阶段，为了摸清承包商派遣的施工队伍实力，对其人员素质、施工机具、操作技能、施工质量等，可作短期旁站。在此期间应从严要求，待步入正轨即可改为巡视检查。待敷设结束，电气设备、器具安装前，应要求对线路进行绝缘测试，并附测试记录签字、认证。根据规范要求低压电线的线间和线对地的绝缘电阻值必须大于 $0.5M\Omega$，否则不能通过。经返工整改达到要求后，才能进入下一道工序。

（7）导线敷设的验收　导管、线槽、槽板、钢索等都是为了支衬与保护电线而设置的。导线敷设前支衬与保护设施必须到位，验收合格后方能进行后续施工。

导线敷设的最终质量要求是施工中不损坏绝缘，运行时导线温度正常，管理、维修方便。所以其验收的主要质量要求应为相与相、相对地绝缘电阻大于 $0.5M\Omega$，其通常是用经监理签证的测试资料作为验收资料，通电前再复测一次。另外验收时应根据巡视与旁站资料，对导线的连接质量、连接位置以及导线色标等有重点地复查一次，若一切符合要求，则可通电试运行。试运行考验合格后即为导线敷设通过验收。

第4章
电气照明装置和
电风扇的安装

4.1 电气照明概述

4.1.1 电气照明的分类

电气照明是指利用一定的装置和设备将电能转换成光能，为人们的日常生活、工作和生产提供的照明。电气照明一般由电光源、灯具、电源开关和控制线路等组成。良好的照明条件是保证安全生产、提高劳动生产率和人的视力健康的必要条件。

4.1.1.1 电气照明按灯具布置方式分类

电气照明按灯具布置方式可分为以下三类。

（1）一般照明：是指不考虑特殊或局部的需要，为照亮整个工作场所而设置的照明。这种照明灯具往往是对称均匀排列在整个工作面的顶棚上，因而可以获得基本均匀的照明。如居民住宅、学校教室、会议室等处主要采用一般照明作为基本照明。

（2）局部照明：是指利用设置于特定部位的灯具（固定的或移动的），用于满足局部环境照明需要的照明方式。如办公学习用的台灯、检修设备用的手提灯等。

（3）混合照明：是指由一般照明和局部照明共同组成的照明方式，实际应用中多为混合照明。如居民家庭、饭店宾馆、办公场所等处，都是在采用一般照明的基础上，根据需要再在某些部位装设壁灯、台灯等局部照明灯具。

4.1.1.2　电气照明按照明性质分类

电气照明按照明性质可分为以下七种。

（1）正常照明：正常工作时使用的室内、室外照明。一般可以单独使用。

（2）应急照明：正常照明因故障熄灭后，供故障情况下继续工作或人员安全通行的照明称为应急照明。应急照明主要由备用照明、安全照明、疏散照明等组成。应急照明光源一般采用瞬时点亮的白炽灯或卤钨灯，灯具通常布置在主要通道、危险地段、出入口处，在灯具上加涂红色标记。

（3）警卫照明：用于有警卫任务的场所，根据警戒范围的需要装设警卫照明。

（4）值班照明：在重要的车间和场所设置的供值班人员使用的照明称为值班照明。值班照明可利用正常照明中能单独控制的一部分，或应急照明中的一部分。

（5）障碍照明：装设在高层建筑物或构筑物上，作为航空障碍标志（信号）用的照明，并应执行民航和交通部门的有关规定。障碍照明采用能穿透雾气的红光灯具。

（6）标志照明：借助照明以图文形式告知人们通道、位置、场所、设施等信息。

（7）景观照明：包括装饰照明、庭院照明、外观照明、节日照明、喷泉照明等，常用于烘托气氛、美化环境。

4.1.2　照明光源的选择原则

（1）室内一般照明宜采用同一类型的光源。当有装饰性或功能性要求时，亦可采用不同种类的光源。照明设计时可按表 4-1 所列条件选择光源。

表 4-1　建筑场所照明光源的选择

序号	建筑场所	采用的光源	序号	建筑场所	采用的光源
1	高度较低房间（如办公室、教室、会议室及仪表、电子等生产车间）	宜采用细管径直管形荧光灯	2	商店营业厅	宜采用细管径直管形荧光灯、紧凑型荧光灯或小功率的金属卤化物灯

序号	建筑场所	采用的光源	序号	建筑场所	采用的光源
3	高度较高的工业厂房	应按照生产使用要求,采用金属卤化物灯或高压钠灯,亦可采用大功率细管径荧光灯	8	开关灯频繁的场所	可采用白炽灯
4	一般照明场所	不宜采用荧光高压汞灯,不应采用自镇流荧光高压汞灯	9	照度要求不高,且照明时间较短的场所	可采用白炽灯
5	一般情况下	室内外照明不应采用普通照明白炽灯;在特殊情况下需采用时,其额定功率不应超过100W	10	对装饰有特殊要求的场所	可采用白炽灯
6	要求瞬时启动和连续调光的场所,使用其他光源技术经济不合理时	可采用白炽灯	11	有显色性要求的室内场所	不宜选用汞灯、钠灯等作为主要照明光源
7	对防止电磁干扰要求严格的场所	可采用白炽灯			

（2）室内照明应优先采用高光效光源和高效灯具。在有防止电磁波干扰或室内装修设计需要的场所,可选用卤钨灯或普通白炽灯光源。

（3）光源色温的确定原则:

① 当照度低于100lx时宜采用色温较低的光源。

② 当电气照明需要同天然采光结合时,宜选光源色温在4500～6500K之间的变光灯或其他气体放电光源。

③ 在需要进行彩色新闻摄影和电视转播的现场,光源的色温宜为2800～3500K（适于室内）,色温偏差不应大于150K;或4500～6500K（适于室外或有天然采光的室内）,色温偏差不应大于500K。

④ 光源的一般显色指数不应低于65,要求较高的场所应大于80。

（4）应急照明应选用能快速点燃的光源。

4.1.3　对电气照明质量的要求

对照明的要求，主要是由被照明的环境内所从事活动的视觉要求决定的。一般应满足下列要求。

（1）照度均匀：指被照空间环境及物体表面应有尽可能均匀的照度，这就要求电气照明应有合理的光源布置，选择适用的照明灯具。

（2）照度合理：根据不同环境和活动的需要，电气照明应提供合理的照度。

（3）限制眩光：集中的高亮度光源对人眼的刺激作用称为眩光。眩光损坏人的视力，也影响照明效果。为了限制眩光，可采用限制单只光源的亮度，降低光源表面亮度（如用磨砂玻璃罩），或选用适当的灯具遮挡直射光线等措施。实践证明合理地选择灯具悬挂高度，对限制眩光的效果十分显著。一般照明灯具距地面最低悬挂高度的规定值见表 4-2。

表 4-2　照明灯具距地面最低悬挂高度的规定值

光源种类	灯具形式	光源功率/W	最低悬挂高度/m
白炽灯	有反射罩	≤60 100～150 200～300 ≥500	2.0 2.5 3.5 4.0
	有乳白玻璃漫反射罩	≤100 150～200 300～500	2.0 2.5 3.0
卤钨灯	有反射罩	≤500 1000～2000	6.0 7.0
荧光灯	无反射罩	<40 >40	2.0 3.0
	有反射罩	≥40	2.0
高压汞灯	有反射罩	≤125 125～250 ≥400	3.5 5.0 6.0
	有反射罩带格栅	≤125 125～250 ≥400	3.0 4.0 5.0

光源种类	灯具形式	光源功率/W	最低悬挂高度/m
金属卤化物灯	搪瓷反射罩 铝抛光反射罩	250 1000	6.0 7.5
高压钠灯	搪瓷反射罩 铝抛光反射罩	250 400	6.0 7.0

4.1.4 对各类公共建筑照明的特别要求

4.1.4.1 办公建筑电气照明

（1）办公建筑的照明应采用高效、节能的荧光灯及节能型光源，灯具应选用无眩光的灯具。

（2）办公建筑配电回路应将照明回路和插座回路分开，插座回路应有防漏电保护措施。

（3）办公房间的一般照明宜设计在工作区的两侧，采用荧光灯时宜使灯具纵轴与水平视线相平行。不宜将灯具布置在工作位置的正前方。大开间办公室宜采用与外窗平行的布灯形式。

（4）办公室、打字室、设计绘图室、计算机室等宜采用荧光灯，室内饰面及地面材料的反射系数宜满足：顶棚 70%；墙面 50%；地面 30%。若不能达到上述要求时，宜采用上半球光通量不少于总光通量 15% 的荧光灯灯具。

4.1.4.2 学校建筑电气照明

（1）高等学校普通教室的照度值宜略高于中小学教室，照度均匀度不应低于 0.7。

（2）教室照明宜采用蝙蝠翼式和非对称配光灯具，并且布灯原则应采取与学生主视线相平行、安装在课桌间的通道上方，与课桌面的垂直距离不宜小于 1.7m。

（3）当装设黑板照明时，黑板上的垂直照度值宜高于水平照度值。

（4）教室照明的控制应在平行外窗方向顺序设置开关（黑板照明开关应单独装设）。走廊照明宜在上课后可关掉其中部分灯具。

（5）大阅览室照明当有吊顶时宜采用暗装的荧光灯具，其一般照明宜沿外窗平行方向控制或分区控制。供长时间阅览的阅览室宜设置局部照明。

（6）图书馆内的公用照明与工作（办公）区照明宜分开配电和控制。

4.1.4.3 商业建筑电气照明

（1）大营业厅照明应采用分组、分区或集中控制方式。

（2）重点照明的照度应为一般照明照度的 3～5 倍，柜台内照明的照度宜为一般照明照度的 2～3 倍。

（3）橱窗照明宜采用带有遮光隔栅或漫射型灯具。当采用带有遮光隔栅的灯具安装在橱窗顶部距地高度大于 3m 时，灯具的遮光角不宜小于 30°；如安装高度低于 3m，则灯具遮光角宜为 45° 以上。

（4）室外橱窗照明的设置应避免出现镜像，陈列品的亮度应大于室外景物亮度的 10%。展览橱窗的照度宜为营业厅照度的 2～4 倍。

（5）营业厅的每层面积超过 1500m² 时应设有应急照明。灯光疏散指示标志宜设置在疏散通道的顶棚下和疏散出入口的上方。商业建筑的楼梯间照明宜按应急照明要求设计并与楼层层数显示结合。

4.1.4.4 旅馆建筑电气照明

（1）客房床头照明宜采用调光方式，客房的通道上宜设有备用照明。

（2）旅馆的休息厅、餐厅、茶室、咖啡厅、快餐厅等宜设有地面插座及灯光广告用插座。

（3）旅馆的公共大厅、门厅、休息厅、大楼梯厅、公共走道、客房层走道以及室外庭园等场所的照明，宜在服务台（总服务台或相应层服务台）处进行集中遥控，但客房层走道照明亦可就地控制。

（4）卫生间内如需要设置红外或远红外供暖设施时，其功率不宜大于 300W，并应配置 0～30min 定时开关。

（5）客房的进门处宜设有切断除冰柜、通道灯以外的全部电源的节能控制器。

（6）客房照明应防止不舒服眩光和光幕反射，设置在写字台上的灯具亮度不应大于 $510cd/m^2$。

（7）卫生间照明的控制宜设在卫生间门外。

4.1.4.5 医院建筑电气照明

（1）对于诊室、检查室和病房等场所宜采用高显色光源。

（2）病房内宜设有夜间照明。在病床床头部位的照度不宜大于 $0.1lx$；儿科病房可为 $1.0lx$。

（3）手术室内除设有专用手术无影灯外，宜另设有一般照明，其光源色温应与无影灯光源相适应。手术室的一般照明宜采用调光方式。

（4）手术专用无影灯，其照度应在 $20 \times 10^3 \sim 100 \times 10^3 lx$（胸外科为 $60 \times 10^3 \sim 100 \times 10^3 lx$）。口腔科无影灯可为 $10 \times 10^3 lx$。

（5）进行神经外科手术时，应减少光谱区在 $800 \sim 1000mm$ 的辐射能照射在病人身上。

（6）在病房的床头上如设有多功能控制板时，其上宜设有床头照明灯开关、电源插座、呼叫信号、对讲电话插座以及接地端子等。单间病房的卫生间内宜设有紧急呼叫信号装置。

（7）护理单元的通道照明宜在深夜可关掉其中一部分或采用可调光方式。

4.2 电气照明的安装

4.2.1 白炽灯的安装

白炽灯具有结构简单、使用可靠、价格低廉、装修方便等优点，但发光效率较低、使用寿命较短，适用于照度要求较低、开关次数频繁的户内、外照明。白炽灯主要由灯头、灯丝和玻璃壳组成。灯头可分为螺口和卡口两种。

安装白炽灯时，每个用户都要装设一组熔断器，作为短路保护用。电灯开关应安装在相线（火线）上，使开关断开时，电灯灯头不带电，以免触电。对于螺口灯座，还应将中性线（零线）与铜螺套连接，将相线与中心簧片连接。

4.2.1.1 螺口平灯座的安装

螺口平灯座的安装如图 4-1 所示。

（1）首先将导线从绝缘台（木台）的穿线孔穿出，并将绝缘台固定在安装位置。

（2）再将导线从平灯座的穿线孔穿出，并用螺钉将平灯座固定在绝缘台上。

（3）把导线连接到平灯座的接线柱上，注意要将相线 L 接在与中心舌片相连的接线柱上，将中性线（零线）N 接在与螺口相连的接线柱上。

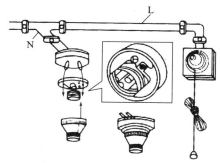

图 4-1 螺口平灯座的安装

（4）在潮湿场所应使用瓷质平灯座，在绝缘台与建筑物墙面或顶棚之间垫橡胶垫防潮，胶垫厚 2～3mm，周边比绝缘台大 5mm。

4.2.1.2 吊灯的安装

吊灯的安装如图 4-2 所示。

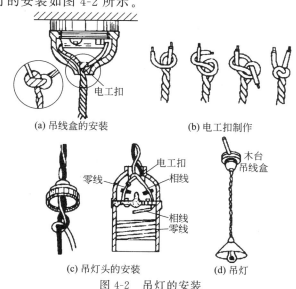

(a) 吊线盒的安装　　　　　(b) 电工扣制作

(c) 吊灯头的安装　　　　　(d) 吊灯

图 4-2 吊灯的安装

（1）将电源线由吊线盒的引线孔穿出，用木螺钉将吊线盒固定在绝缘台上。

（2）将电源线接在吊线盒的接线柱上。

（3）吊灯的导线应采用绝缘软线。

（4）应在吊线盒及灯座罩盖内将绝缘软线打结（电工扣），以免导线线芯直接承受吊灯的重量而被拉断。

（5）将绝缘软线的上端接吊线盒内的接线柱，下端接吊灯座的接线柱。对于螺口灯座，还应将中性线（零线）与铜螺套连接，将相线与中心簧片连接。

4.2.2 荧光灯的安装

荧光灯又称日光灯，是应用最广的气体放电光源。它是靠汞蒸气电离形成气体放电，导致管壁的荧光物质发光。目前我国生产的荧光灯有普通荧光灯和三基色荧光灯。三基色荧光灯具有高显色指数，色温达5600K，在这种光源下，能保证物体颜色的真实性。所以适用于照度要求高，需辨别色彩的室内照明。荧光灯主要由灯管、启辉器、镇流器、灯座和灯架等组成。

4.2.2.1 荧光灯的接线原理

由于荧光灯的工作环境受温度和电源电压的影响较大，因此当温度过低或电源电压偏低时，可能会造成荧光灯启动困难。为了改善荧光灯的启动性能，可采用双线圈镇流器。双线圈镇流器荧光灯的接线原理如图4-3（a）所示，其中附加线圈L_1与主线圈L经灯丝反向串联，可使启动时灯丝电流加大，易于使灯管点燃。当灯管点燃后，灯丝回路处于断开状态，L_1即不再起作用。接线时，主副线圈不能接错，否则可能会烧毁灯管或镇流器。

由于电子镇流器具有良好的启动性能及高效节能等优点，因此正在逐步取代传统的电感式镇流器。市场上销售的电子镇流器种类很多，但其基本工作原理都是利用电子振荡电路产生高频、高压加在灯管两端，而直接点燃灯管，省去了启辉器。采用电子镇流器荧光灯的接线原理如图4-3（b）所示。

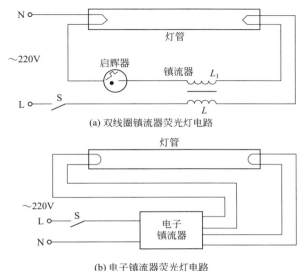

(a) 双线圈镇流器荧光灯电路

(b) 电子镇流器荧光灯电路

图 4-3　直管形荧光灯的接线原理

4.2.2.2　荧光灯的安装方法

荧光灯的安装有多种形式，但一般常采用吸顶式和吊链式。荧光灯的安装示意图如图 4-4 所示。

安装荧光灯时应注意以下几点。

（1）安装荧光灯时，应按图正确接线。

（2）镇流器必须与电源电压、荧光灯功率相匹配，不可混用。

（3）启辉器的规格应根据荧光灯的功率大小来决定，启辉器应安装在灯架上便于检修的位置。

（4）灯管应采用弹簧式或旋转式专用的配套灯座，以保证灯脚与电源线接触良好，并可使灯管固定。

（5）为防止灯管脚松动脱落，应采用弹簧安全灯脚或用扎线将灯管固定在灯架上，不得用电线直接连接在灯脚上，以免产生不良后果。

（6）荧光灯配用电线不应受力，灯架应用吊杆或吊链悬挂。

（7）对环形荧光灯的灯头不能旋转，否则会引起灯丝短路。

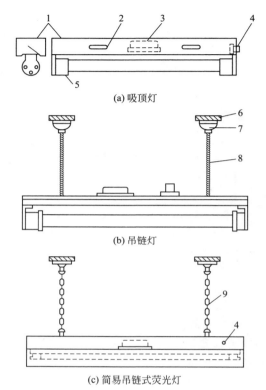

(a) 吸顶灯

(b) 吊链灯

(c) 简易吊链式荧光灯

图 4-4 荧光灯的安装示意图

1—外壳；2—通风孔；3—镇流器；4—启辉器；5—灯座；

6—圆木；7—吊线盒；8—吊线；9—吊链

4.2.3 高压汞灯的安装

4.2.3.1 高压汞灯的特点

高压汞灯又称高压水银灯，它主要是利用高压汞气放电而发光，具有发光效率高（约为白炽灯的 3 倍）、耐振耐热性能好、耗电低、寿命长等优点，但启辉时间长，适应电源电压波动的能力较差，适用于悬挂高度 5m 以上的大面积室内、外照明。

高压汞灯由灯头、石英放电管、玻璃外壳等组成。石英放电管内有主电极、启动电极（又称引燃极）、并充以汞和氩气。荧光高压汞灯的结构如图 4-5 所示。

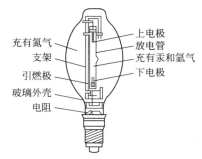

图 4-5　荧光高压汞灯的结构

4.2.3.2　高压汞灯的安装方法

安装高压汞灯时应注意以下几点。

（1）安装接线时，一定要分清楚高压汞灯是外接镇流器，还是自镇流式。需接镇流器的高压汞灯，镇流器的功率必须与高压汞灯的功率一致，应将镇流器安装在灯具附近人体触及不到的位置，并注意有利于散热和防雨。自镇流式高压汞灯则不必接入镇流器。

（2）高压汞灯以垂直安装为宜，水平安装时，其光通量输出（亮度）要减少 7% 左右，而且容易自灭。

（3）由于高压汞灯的外玻璃壳温度很高，因此必须安装散热良好的灯具，否则会影响灯的性能和寿命。

（4）高压汞灯的外玻璃壳破碎后仍能发光，但有大量的紫外线辐射，对人体有害。所以玻璃壳破碎的高压汞灯应立即更换。

（5）高压汞灯的电源电压应尽量保持稳定。当电压降低时，灯就可能自灭，而再行启动点燃的时间较长。所以，高压汞灯不宜接在电压波动较大的线路上。否则应考虑采取调压或稳压措施。

4.2.4　高压钠灯的安装

4.2.4.1　高压钠灯的特点

高压钠灯的结构与高压汞灯相似，它的放电管内充有高压钠蒸气，利用钠蒸气放电发光，其启动过程则与普通荧光灯相似。高压钠灯由放电管、玻璃外壳、灯头、电极、金属支架等构成。高压钠灯的结构如图 4-6 所示。

高压钠灯的工作原理是当高压钠灯接入电源后，电流首先通过加热元件，使双金属片受热弯曲从而断开电路，在此瞬间镇流器两

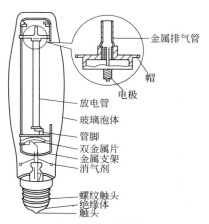

金属排气管

帽

电极

放电管
玻璃泡体
管脚
双金属片
金属支架
消气剂

螺纹触头
绝缘体
触头

图 4-6　高压钠灯结构

端产生很高的自感电动势，灯管启动后，放电热量使双金属片保持断开状态。当电源断开，灯熄灭后，即使立刻恢复供电，灯也不会立即点燃，需 10～15min 待双金属片冷却，回到闭合状态后，方可再启动。

高压钠灯发出的辐射光，是人眼易于感受的光波，光效很高，并能节约电能。

4.2.4.2　高压钠灯的安装方法

高压钠灯也需要镇流器，其接线和高压汞灯相同。安装高压钠灯应注意以下几点。

（1）线路电压与钠灯额定电压的偏差不宜大于±5%。

（2）灯泡必须与相应的专用镇流器、触发器配套使用。

（3）镇流器端应接相线；若错接成中性线，将会降低触发器所产生的脉冲电压，有可能不能使灯启动。

（4）灯泡的玻璃壳温度较高，安装时必须配用散热良好的灯具。

（5）在点燃时，经灯具反射的光不应集中到灯泡上，以免影响灯泡的正常点燃及寿命。

（6）在重要场合及安全性要求高的场合使用时，应选用密封型、防爆型灯具。

（7）因高压钠灯的再启动时间长，故不能用于要求迅速启动的场所。

4.2.5　金属卤化物灯的安装

4.2.5.1　金属卤化物灯的特点

金属卤化物灯是在放电管内添加金属卤化物，使金属原子或分子参与放电而发出可见光。当调配金属卤化物的成分和配比时，可以得到全光谱（白光）的光源。金属卤化物灯主要由石英放电管、

电极、外玻璃壳和灯头等组成。常用金属卤化物灯结构如图 4-7
所示。

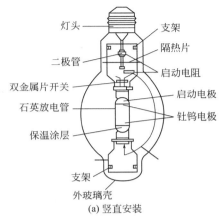

灯头

支架

二极管

隔热片

启动电阻

双金属片开关

石英放电管

启动电极

保温涂层

钍钨电极

支架

外玻璃壳

(a) 竖直安装

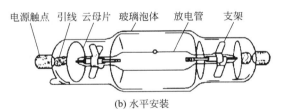

电源触点　引线　云母片　玻璃泡体　放电管　支架

(b) 水平安装

图 4-7　金属卤化物灯的结构

　　金属卤化物灯的启动电流较小，它有一个较长时间的启动过程，在这个过程中灯的各个参数均发生变化。金属卤化物灯在关闭或熄灭后，须等待 10min 左右才可再次启动，这是由于灯工作温度很高，放电管气压很高，启动电压升高，只有待灯冷却到一定程度后，才能再启动。

4.2.5.2　金属卤化物灯的安装方法

　　(1) 灯具安装高度应大于 5m，导线应经接线柱与灯具连接，并不得靠近灯具表面。

　　(2) 灯管必须与触发器和镇流器配套使用，否则启动困难，影响灯管的使用寿命。

　　(3) 电源波动不宜大于 ±5%，否则会引起光效、管压、光色的变化。

（4）落地安装的反光照明灯具，应采取保护措施。

（5）金属卤化物灯的玻璃外壳温度较高，灯具必须具有良好的散热性能。

（6）安装时必须认清方向标记，正确安装，灯轴中心偏离不应大于 15°。要求垂直点燃的灯，若水平安装，灯管就会炸裂；若灯头方向装错，灯的光色会变绿。

4.2.6 卤钨灯的安装

4.2.6.1 卤钨灯的特点

卤钨灯是在白炽灯灯泡中充入微量卤化物，灯丝温度比一般白炽灯高，使蒸发到玻璃壳上的钨与卤化物形成卤钨化合物，遇灯丝高温分解把钨送回钨丝，如此再生循环，既提高发光效率又延长使用寿命。卤钨灯有两种：一种是石英卤钨灯；另一种是硬质玻璃卤钨灯。石英卤钨灯由于卤钨再生循环好，灯的透光性好，光通量输出不受影响，而且石英的膨胀系数很小，因此即使点亮的灯碰到水也不会炸裂。

卤钨灯由灯丝和耐高温的石英玻璃管组成。灯管两端为灯脚，管内中心的螺旋状灯丝安装在灯丝支持架上，在灯管内充有微量的卤元素（碘或溴），其结构如图 4-8 所示。

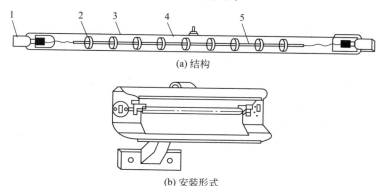

(a) 结构

(b) 安装形式

图 4-8　卤钨灯

1—灯脚；2—灯丝支持架；3—石英管；4—碘蒸气；5—灯丝

4.2.6.2　卤钨灯的安装方法

卤钨灯的接线与白炽灯相同，不需任何附件，安装时应注意以下几点。

（1）电源电压的变化对灯管寿命影响很大；当电压超过额定值的 5％时，寿命将缩短一半。所以电源电压的波动一般不宜超过±2.5％。

（2）卤钨灯使用时，灯管应严格保持在水平位置，其斜度不得大于 4°，否则会损坏卤钨的循环，严重影响灯管的寿命。

（3）卤钨灯不允许采用任何人工冷却措施，以保证在高温下的卤钨循环。

（4）卤钨灯在正常工作时，管壁温度高达 $500\sim700℃$。故卤钨灯应配用成套供应的金属灯架，并与易燃的厂房结构保持一定距离。

（5）使用前要用酒精擦去灯管外壁的油污，否则会在高温下形成污斑而降低亮度。

（6）卤钨灯的灯脚引线必须采用耐高温的导线，不得随意改用普通导线。电源线与灯线的连接须用良好的瓷接头。靠近灯座的导线须套耐高温的瓷套管或玻璃纤维套管。灯脚固定必须良好，以免灯脚在高温下被氧化。

（7）卤钨灯耐振性较差，不宜用在振动性较强的场所，更不能作为移动光源来使用。

4.2.7　LED 灯的安装

4.2.7.1　LED 灯的特点

LED 是一种新型半导体固态光源。它是一种不需要钨丝和灯管的颗粒状发光元件。LED 光源凭借环保、节能、寿命长、安全等众多优点，已成为照明行业的新宠。

在某些半导体材料的 PN 结中，注入的少数载流子与多数载流子复合时会把多余的能量以光的形式释放出来，从而把电能直接转换为光能。因 PN 结加反向电压，少数载流子难以注入，故不发光。这种利用注入式电致发光原理制作的二极管叫发光二极管（Light Emitting Diode），通称为 LED。

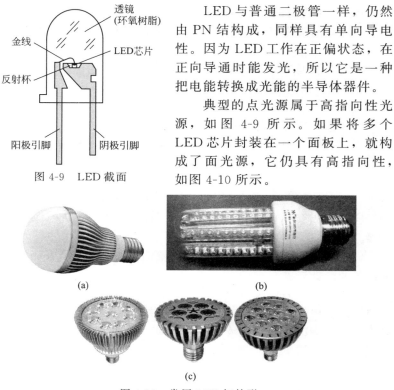

金线
透镜（环氧树脂）
LED芯片
反射杯
阳极引脚
阴极引脚

图 4-9　LED 截面

LED 与普通二极管一样，仍然由 PN 结构成，同样具有单向导电性。因为 LED 工作在正偏状态，在正向导通时能发光，所以它是一种把电能转换成光能的半导体器件。

典型的点光源属于高指向性光源，如图 4-9 所示。如果将多个 LED 芯片封装在一个面板上，就构成了面光源，它仍具有高指向性，如图 4-10 所示。

(a)　　　　(b)

(c)

图 4-10　常用 LED 灯外形

4.2.7.2　LED 灯的安装方法

（1）电源电压应当与灯具标示的电压相一致，特别要注意输入电源是直流还是交流，电源线路要设置匹配的漏电及过载保护开关，确保电源的可靠性。

（2）LED 灯具在室内安装时，防水要求与在室外安装基本一致，同样要求做好产品的防水措施，以防止潮湿空气、腐蚀气体等进入线路。安装时，应仔细检查各个有可能进水的部位，特别是线路接头位置。

（3）LED 灯具均自带公母接头，在灯具相互串接时，先将公母接头的防水圈安装好，然后将公母接头对接，确定公母接头已插到底部后用力锁紧螺母即可。

（4）拆开产品包装后，应认真检查灯具外壳是否有破损；如有破损，请勿点亮 LED 灯具，应采取必要的修复或更换措施。

（5）对于可延伸的 LED 灯具，要注意复核可延伸的最大数量，不可超量串接安装和使用，否则会烧毁控制器或灯具。

（6）灯具安装时，如果遇到玻璃等不可打孔的地方，切不可使用胶水等直接固定，必须架设铁架或铝合金架后用螺钉固定；螺钉固定时不可随意减少螺钉数量，且安装应牢固可靠，不能有飘动、摆动和松脱等现象；切不可安装于易燃、易爆的环境中，并保证 LED 灯具有一定的散热空间。

（7）灯具在搬运及施工安装时，切勿摔、扔、压、拖灯体，切勿用力拉动、弯折延伸接头，以免拉松密封固线口，造成密封不良或内部芯线断路。

4.3　照明灯具的安装

4.3.1　常用照明灯具的分类

灯具的作用是固定光源器件（灯管、灯泡等）；防护光源器件免受外力损伤；消除或减弱眩光，使光源发出的光线向需要的方向照射；装饰和美化建筑物等。常用灯具按安装方式可分为以下几类：

（1）吸顶灯。直接固定在顶棚上的灯具，吸顶灯的形式很多。为防止眩光，吸顶灯多采用乳白玻璃罩，或有晶体花格的玻璃罩，在楼道、走廊、居民住宅应用较多。

（2）悬挂式。用导线、金属链或钢管将灯具悬挂在顶棚上，通常还配用各种灯罩。这是一种应用最多的安装方式。

（3）嵌入顶棚式。有聚光型和散光型，其特点是灯具嵌入顶棚内，使顶棚简洁美观、视线开阔。在大厅、娱乐场所应用较多。

（4）壁灯。用托架将灯具直接安装在墙壁上，通常用于局部照明，也用于房间装饰。

（5）台灯和落地灯（立灯）。用于局部照明的灯具，使用时可移动，也具有一定的装饰性。

常用照明灯具的安装方式如图 4-11 所示。

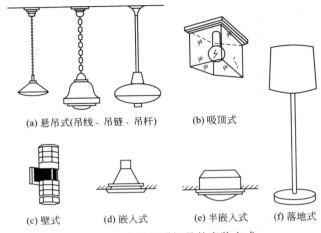

图 4-11　常用照明灯具的安装方式

4.3.2　照明灯具的选择原则

（1）在选择灯具时，应考虑灯具的允许距高比。

（2）灯具遮光格栅的反射表面应选用难燃材料，其反射系数不应低于 70%，遮光角宜为 25°～45°。

（3）灯具表面以及灯用附件等高温部件靠近可燃物时，应采取隔热、散热等防火保护措施。

（4）根据照明场所的环境条件，分别选用表 4-3 所列的灯具。

表 4-3　建筑场所照明灯具的选择

序号	建筑场所	采用的灯具
1	在潮湿的场所	应采用相应防护等级的防水灯具或带防水灯头的开敞式灯具
2	在有腐蚀性气体或蒸汽的场所	宜采用防腐蚀密闭式灯具。若采用开敞式灯具，各部分应有防腐蚀或防水措施

序号	建筑场所	采用的灯具
3	在高温场所	宜采用散热性能好、耐高温的灯具
4	在有尘埃的场所	应按防尘的相应防护等级选择适宜的灯具
5	在装有锻锤、大型桥式吊车等振动、摆动较大场所	使用的灯具,应有防振和防脱落措施
6	在易受机械损伤、光源自行脱落可能造成人员伤害或财物损失的场所	使用的灯具,应有防护措施
7	在有爆炸或火灾危险场所	使用的灯具应符合国家现行相关标准和规范的有关规定
8	在有洁净要求的场所	应采用不易积尘、易于擦拭的洁净灯具
9	在需防止紫外线照射的场所	应采用隔紫外灯具或无紫外光源
10	对于功能性照明	宜采用直接照明和选用开敞式灯具
11	在高空安装的灯具(如楼梯大吊灯、室内花园高挂灯、多功能厅组合灯以及景观照明和障碍标志灯等不便检修和维护的场所)	宜采用长寿命光源或采取延长光源寿命的措施

4.3.3　照明灯具固定方式的选择

照明灯具固定方式的选择见表4-4。

表 4-4　照明灯具固定方式的选择

序号	名　　称	固定方式
1	软线吊灯、圆球吸顶灯、半圆球吸顶灯、座灯头、吊链灯、荧光灯	在空心楼板上打洞用丁字螺栓固定
2	一般弯脖灯、墙壁灯	在墙上打眼埋木螺钉固定
3	直杆、吊链、吸顶、防水、防尘、防潮灯	在现浇混凝土楼板、混凝土柱上用螺栓固定
4	悬挂式吊灯	在钢结构上焊接吊钩固定

序号	名　　称	固定方式
5	投光灯、高压汞灯镇流器	在墙上埋支架固定
6	管型氙灯、碘钨灯	在塔架上固定
7	烟囱和水塔障碍灯	在围栏上焊接固定
8	安全、防爆灯、防爆高压汞灯、防爆荧光灯、病房指示灯、暗脚灯	在现浇混凝土楼板上预埋螺栓
9	无影灯	在墙上嵌入安装
10	艺术花灯	在现浇混凝土楼板上预埋螺栓
11	庭院路灯	在现浇混凝土楼板上预埋吊钩，用开脚螺栓固定底座

4.3.4　安装照明灯具应满足的基本要求

（1）当采用钢管作灯具的吊杆时，钢管内径不应小于 10mm；钢管壁厚不应小于 1.5mm。

（2）吊链灯具的灯线不应受拉力，灯线应与吊链编织在一起。

（3）软线吊灯的软线两端应作保护扣；两端芯线应搪锡。

（4）同一室内或场所成排安装的灯具，其中心线偏差应不大于 5mm。

（5）日光灯和高压汞灯及其附件应配套使用，安装位置应便于检查和维修。

（6）灯具固定应牢固可靠。每个灯具固定用的螺钉或螺栓不应少于 2 个；当绝缘台直径为 75mm 及以下时，可采用 1 个螺钉或螺栓固定。

（7）当吊灯灯具质量大于 3kg 时，应采取预埋吊钩或螺栓固定；当软线吊灯灯具质量大于 1kg 时，应增设吊链。

（8）投光灯的底座及支架应固定牢固，枢轴应沿需要的光轴方向拧紧固定。

（9）固定在移动结构上的灯具，其导线宜敷设在移动构架的内侧；在移动构架活动时，导线不应受拉力和磨损。

（10）公共场所用的应急照明灯和疏散指示灯，应有明显的标志。无专人管理的公共场所照明宜装设自动节能开关。

（11）每套路灯应在相线上装设熔断器。由架空线引入路灯的导线，在灯具入口处应做防水弯。

（12）管内的导线不应有接头。

（13）导线在引入灯具处，应有绝缘保护，同时也不应使其受到应力。

（14）必须接地（或接零）的灯具金属外壳应有专设的接地螺栓和标志，并和地线（零线）妥善连接。

（15）特种灯具（如防爆灯具）的安装应符合有关规定。

4.3.5　照明灯具的布置方式

布置灯具时，应使灯具高度一致、整齐美观。一般情况下，灯具的安装高度应不低于 2m。

（1）均匀布置　均匀布置是将灯具作有规律的匀称排列，从而在工作场所或房间内获得均匀照度的布置方式。均匀布置灯具的方案主要有方形、矩形、菱形等几种，如图 4-12 所示。

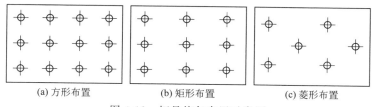

(a) 方形布置　　　　(b) 矩形布置　　　　(c) 菱形布置

图 4-12　灯具均匀布置示意图

均匀布置灯具时，应考虑灯具的距高比（L/h）在合适的范围。距高比（L/h）是指灯具的水平间距 L 和灯具与工作面的垂直距离 h 的比值。L/h 的值小，灯具密集，照度均匀，经济性差；L/h 的值大，灯具稀疏，照度不均匀，灯具投资小。表 4-5 为部分对称灯具的参考距高比值。表 4-6 为荧光灯具的参考距高比值。灯具离墙边的距离一般取灯具水平间距 L 的 $1/2 \sim 1/3$。

（2）选择布置　选择布置是把灯具重点布置在有工作面的区域，保证工作面有足够的照度。当工作区域不大且分散时可以采用这种方式以减少灯具的数量，节省投资。

表 4-5   部分对称灯具的参考距高比值

灯具型式	距高比 L/h 值	
	多行布置	单行布置
配照型灯	1.8	1.8
深照型灯	1.6	1.5
广照型、散照型、圆球形灯	2.3	1.9

表 4-6   荧光灯具的参考距高比值

灯具名称	灯具型号	光源功率/W	距高比 L/h 值		备 注
			$A—A$	$B—B$	
简式荧光灯	YG 1-1	1×40	1.62	1.22	
	YG 2-1	1×40	1.46	1.28	
	YG 2-2	2×40	1.33	1.28	
吸顶荧光灯具	YG 6-2	2×40	1.48	1.22	
	YG 6-3	3×40	1.5	1.26	
嵌入式荧光灯具	YG 15-2	2×40	1.25	1.2	
	YG 15-3	3×40	1.07	1.05	

4.3.6 照明灯具安装作业条件

照明灯具的安装分为室内和室外两种。室内灯具的安装方式通常有吸顶灯式、嵌入式、吸壁式和悬吊式。悬吊式可分为软线吊灯、链条吊灯和钢管吊灯。室外灯具一般安装在电杆上、墙上或悬挂在钢索上。

照明灯具安装作业条件如下。

（1）在结构施工中做好电气照明装置的预埋工作，混凝土楼板应预埋螺栓，吊顶内应预放吊杆，大型灯具应预设吊钩。若无设计规定，上述固定件的承载能力应与电气照明装置的重量相匹配。

（2）建筑物的顶棚、墙面等抹灰工作应完成，地面清理工作也已结束，对灯具安装有影响的模板、脚手架已拆除。

（3）设备及器材运到施工现场后应检查技术文件是否齐全，型号、规格及外观质量是否符合设计要求。

（4）安装在绝缘台上的电气照明装置，导线端头的绝缘部分应伸出绝缘台表面。

（5）电气照明装置的接线应牢固，电气接触良好；需要接地或接零的灯具、开关、插座等非带电金属部分，应用有明显标志的专用接地螺钉。

（6）在危险性较大及特殊危险场所，若灯具距地面的高度小于2.4m，应使用额定电压为36V以下的照明灯具或采用专用保护措施。

（7）电气照明装置施工结束后，对施工中造成的建（构）筑物局部破坏部分应修补完整。

4.3.7　吊灯的安装

（1）小型吊灯的安装　小型吊灯在吊棚上安装时，必须在吊棚主龙骨上设灯具紧固装置，将吊灯通过连接件悬挂在紧固装置上。紧固装置与主龙骨的连接应可靠，有时需要在支持点处对称加设建筑物主体与棚面间的吊杆，以抵消灯具加在吊棚上的重力，使吊棚不至于下沉、变形。吊杆出顶棚面最好加套管，这样可以保证顶棚面板的完整。安装时要保证牢固和可靠。如图4-13所示。

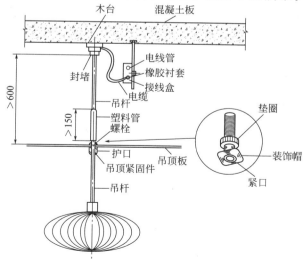

图4-13　吊灯在顶棚上安装

（2）大型吊灯的安装　重量较重的吊灯在混凝土顶棚上安装时，要预埋吊钩或螺栓，或者用膨胀螺栓紧固，如图 4-14 所示。大型吊灯因体积大、灯体重，必须固定在建筑物的主体棚面上（或具有承重能力的构架上），不允许在轻钢龙骨吊棚上直接安装。采用膨胀螺栓紧固时，膨胀螺栓规格不宜小于 M6，螺栓数量至少要两个，不能采用轻型自攻型膨胀螺钉。

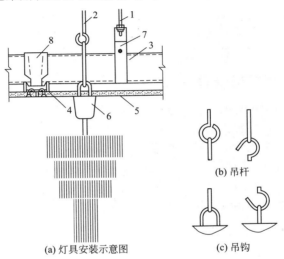

(a) 灯具安装示意图　　(c) 吊钩

图 4-14　大（重）型吊灯的安装

1—吊杆；2—灯具吊钩；3—大龙骨；4—中龙骨；5—纸面石膏板；
6—灯具；7—大龙骨垂直吊挂件；8—中龙骨垂直吊挂件

4.3.8　吸顶灯的安装

（1）吸顶灯在混凝土顶棚上的安装　吸顶灯在混凝土顶棚上安装时，可以在浇筑混凝土前，根据图纸要求把木砖预埋在里面，也可以安装金属膨胀螺栓，如图 4-15 所示。在安装灯具时，把灯具的底台用木螺钉安装在预埋木砖上，或者用紧固螺栓将底盘固定在混凝土顶棚的膨胀螺栓上，再把吸顶灯与底台、底盘固定。圆形底盘吸顶灯紧固螺栓数量一般不得少于 3 个；方形或矩形底盘吸顶灯紧固螺栓一般不得少于 4 个。

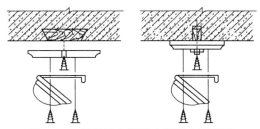

图 4-15　吸顶灯在混凝土顶棚上的安装

（2）吸顶灯在吊顶棚上的安装　小型、轻型吸顶灯可以直接安装在吊顶棚上，但不得用吊顶棚的罩面板作为螺钉的紧固基面。安装时应在罩面板的上面加装木方，木方要固定在吊棚的主龙骨上。安装灯具的紧固螺钉拧紧在木方上，如图 4-16 所示。较大型吸顶灯安装，可以用吊杆将灯具底盘等附件装置悬吊固定在建筑物主体顶棚上，或者固定在吊棚的主龙骨上；也可以在轻钢龙骨上紧固灯具附件，而后将吸顶灯安装至吊顶棚上。

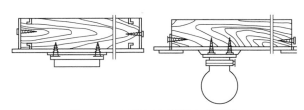

图 4-16　吸顶灯在吊顶上的安装

4.3.9　壁灯的安装

壁灯一般安装在墙上或柱子上。当装在砖墙上时，一般在砌墙时应预埋木砖，但是禁止用木楔代替木砖。当然也可用预埋金属件或打膨胀螺栓的办法来解决。当采用梯形木砖固定壁灯灯具时，木砖须随墙砌入。

在柱子上安装壁灯，可以在柱子上预埋金属构件或用抱箍将灯具固定在柱子上，也可以用膨胀螺栓固定的方法。壁灯的安装如图 4-17所示。

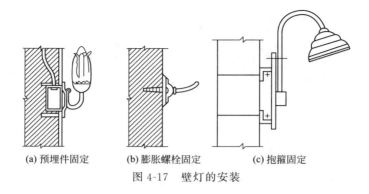

(a) 预埋件固定　　(b) 膨胀螺栓固定　　(c) 抱箍固定

图 4-17　壁灯的安装

4.3.10　应急照明灯的安装

应急照明灯包括备用照明、疏散照明和安全照明，是建筑物中为保障人身安全和财产安全的安全设施。

应急照明灯应采用双路电源供电，除正常电源外，还应有另一路电源（备用电源）供电。正常电源断电后，备用电源应能在设计时间（几秒）内向应急照明灯供电，使之点亮。

4.3.10.1　备用照明

备用照明是当正常照明出现故障而工作和活动仍需继续进行时，而设置的应急照明。备用照明宜安装在墙面或顶棚部位。应急照明灯具中，运行时温度大于 60℃ 的灯具，靠近可燃物时应采用隔热、散热等防火措施。采用白炽灯、卤钨灯等光源时，不可直接安装在可燃物上。

4.3.10.2　疏散照明

疏散照明是在紧急情况下将人安全地从室内撤离所使用的照明。按其安装位置分为应急出口（安全出口）照明和疏散走道照明。

（1）灯具可采用荧光灯或白炽灯。

（2）疏散照明灯具宜设在安全出口的顶部及楼梯间、疏散走道口转角处，以及距地面 1m 以下的墙面上。

（3）当在交叉口处的墙面底侧安装难以明确表示疏散方向时，也可将疏散灯安装在顶部。

（4）疏散走道上的标志灯，应有指示疏散方向的箭头标志，标志灯间距不宜大于 20m（人防工程中不宜大于 10m）。

（5）楼梯间的疏散标志灯宜安装在休息平台板上方的墙角处或墙壁上，并应用箭头及阿拉伯数字清楚标明上、下层的层号。

4.3.10.3 安全照明

安全照明是在正常照明出现故障时，能使操作人员或其他人员解脱危险的照明。

（1）安全出口标志灯宜安装在疏散门口的上方，在首层的疏散楼梯应安装于楼梯口的里侧上方。

（2）安全出口标志灯距地面高度宜不小于 2m。

（3）疏散走道上的安全出口标志灯可明装，而在厅室内宜暗装。

（4）安全出口标志灯应有图形和文字符号。在有无障碍设计要求时，宜同时设有音响指示信号。

（5）安全照明可采用卤钨灯，或采用瞬时可靠点燃的荧光灯。

（6）可调光的安全出口标志灯宜用于影剧院内的观众厅。在正常情况下可减光使用，火灾事故时应自动接通至全亮状态。

疏散、安全出口标志灯安装如图 4-18 所示。

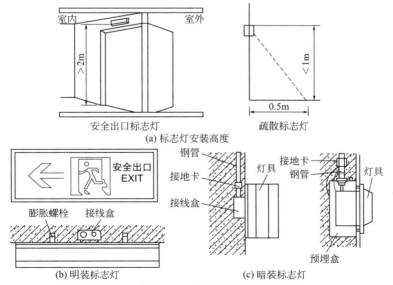

图 4-18　标志灯安装

4.3.11 防爆灯具的安装

（1）灯具的防爆标志、外壳防护等级和温度组别与爆炸危险环境相适配。当设计无要求时，灯具种类和防爆结构的选型应符合表 4-7的规定。

表 4-7 灯具种类和防爆结构的选型

照明设备种类	Ⅰ区		Ⅱ区	
	隔爆型 d	增安型 e	隔爆型 d	增安型 e
固定式灯	○	×	○	○
移动式灯	△	—	○	—
携带式电池灯	○	—	○	—
镇流器	○	△	○	○

注：○为适用；△为慎用；×为不适用。

（2）灯具配套齐全，不得使用非防爆零件替代防爆灯具的配件（金属护网、灯罩、接线盒等）。

（3）开关安装位置要便于操作，离地面高度 1.3m 左右。

（4）灯具的安装位置离开释放源，且不在各种管道的泄压口及排放口上、下方安装灯具。

（5）灯具及开关的安装应牢固、可靠，灯具吊管及开关与接线盒螺纹啮合的扣数不少于 5 扣，螺纹加工应光滑、完整、无锈蚀，并在螺纹上涂电力复合脂或导电性防锈脂。

（6）灯具及开关的紧固螺栓无松动、无锈蚀，密封垫圈应完好。

（7）灯具及开关的外壳应完整，无损伤、凹陷或沟槽，灯罩无裂纹，金属护网无扭曲变形，防爆标志清晰。

4.3.12 航空障碍标志灯的安装

在高层建筑、高烟囱、水塔、电视塔等建筑物的顶端，设有航空障碍标志灯（指示灯），给飞机指明此处有障碍物。障碍灯的安装应符合下列要求。

（1）航空障碍标志灯应装设在建筑物或构筑物的最高部位。当制高点平面面积较大或为建筑群时，除在最高点装设障碍标志灯外，还应在其外侧转角的顶端分别架设。

（2）障碍标志灯属于一级负荷，应接入应急电源电路，在正常情况下由一路电源供电，一旦该路电源停电，则另一路应急电源马上投入。两路电源的切换一般在障碍照明灯控制盘内自动进行。

（3）障碍标志灯的启闭方法有两种：一种是采用光电自动控制器控制，光电元件露天安装，天亮时自动关灯，天黑时自动开灯；另一种是采用时间程序器控制，按时间要求自动启闭障碍灯。

（4）光电元件应安置在有挡雨和避免日光直射的地方，并不能受照明灯光的影响；光电自动控制器应安置在室内。

（5）安装障碍灯的金属支架必须与防雷接地系统可靠连接。

（6）障碍灯的安装位置，应不能让其他物体遮挡灯光，同时还要便于检修。由于夜间电压偏高，灯泡损坏较快，因此，可采用以下措施，延长灯泡使用寿命。

① 在灯泡回路串联电阻、电容或二极管，以降低灯泡两端的电压。为了不使灯泡的亮度降低，可选用较大功率的灯泡。

② 采用脉冲供电法，即灯丝得到的是间歇脉冲电压。

③ 在灯泡回路串一只双向晶闸管，用于调节灯泡的亮度。

4.3.13　建筑物彩灯的安装

在临街的大型建筑物上，沿建筑物轮廓装设彩灯，以便晚上或节日期间使建筑物显得更为壮观，增添节日气氛。安装要求如下。

（1）建筑物顶部彩灯灯具应具有防雨性能，安装时应将灯罩装紧。

（2）装彩灯时，应使用钢管敷设，管路应按照明管敷设工艺安装，并应具有防雨水功能。管路连接和进入灯头盒均应采用螺纹连接，螺纹应缠防水胶带或缠麻抹铅油，如图 4-19 所示。

（3）土建施工完成后，顺线路的敷设方向拉线定位。根据灯具位置及间距要求，沿线打孔埋入塑料胀管。将组装好的灯底座及连接钢管一起放到安装位置，用膨胀螺栓把灯座固定。

（4）垂直彩灯悬挂挑臂应采用 10 号槽钢，开口吊钩螺栓直径≥10mm，上、下均附平垫圈、弹簧垫圈、螺母安装紧固。

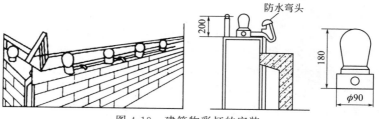

图 4-19　建筑物彩灯的安装

（5）钢丝绳直径应≥4.5mm，底盘可参照拉线底盘安装，底把≥16mm 圆钢。

（6）布线可参照钢索室外明配线工艺，灯口应采用防水吊线灯口。

（7）彩灯装置的钢管应与避雷带（网）进行连接，金属架构及钢索应做保护接地。

（8）悬挂式彩灯一般采用防水吊线灯口，同线路一起悬挂于钢丝绳上。悬挂式彩灯导线应采用绝缘强度不低于 500V 的橡胶铜导线，截面积不应小于 4mm²。灯头线与干线的连接应牢固，绝缘包扎紧密。

（9）安装固定的彩灯时，灯间距离一般为 600mm，每个灯泡的功率不宜超过 15W，节日彩灯每一单相回路不宜超过 100 个。各个支路工作电流不应超过 10A。

（10）节日彩灯线路敷设应使用绝缘软铜线，干线路、分支线路的最小截面积不应小于 2.5mm²，灯头线不应小于 1mm²。

（11）节日彩灯除统一控制外，每个支路应有单独控制开关及熔断器保护，导线不能直接承力，所有导线的支持物应安装牢固。

（12）对人能触及到的水平敷设的节日彩灯导线，应设置"电气危险"的警告牌。垂直敷设时，对地面距离不应小于 3m。

（13）若节日牌楼彩灯对地面距离小于 2.5m，应采用安全电压。

4.3.14　景观灯的安装

对耸立在主要街道或广场附近的重要高层建筑，一般采用景观照明，以便晚上突出建筑物的轮廓，是渲染气氛、美化城市、标志人类文明的一种宣传性照明。

建筑物景观照明主要有建筑物投光灯、玻璃幕墙射灯、草坪射灯和其他射灯等。建筑物的景观照明，可采用在建筑物本体或在相邻建筑物上设置灯具的布置方式，或者把两种方式相结合，也可将灯具设置在地面绿化带中，如图 4-20 所示。建筑物投光灯的安装方式如图 4-21 所示。

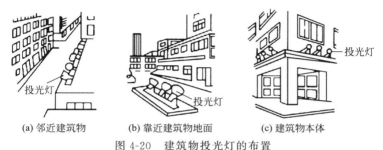

(a) 邻近建筑物　(b) 靠近建筑物地面　(c) 建筑物本体

图 4-20　建筑物投光灯的布置

(a) 地装方式一　(b) 地装方式二

(c) 壁装

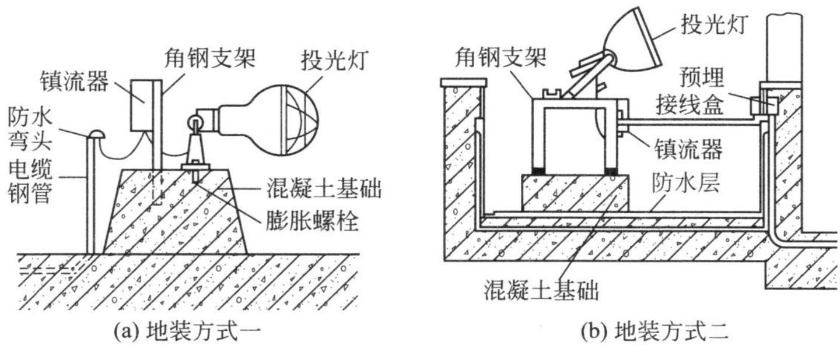

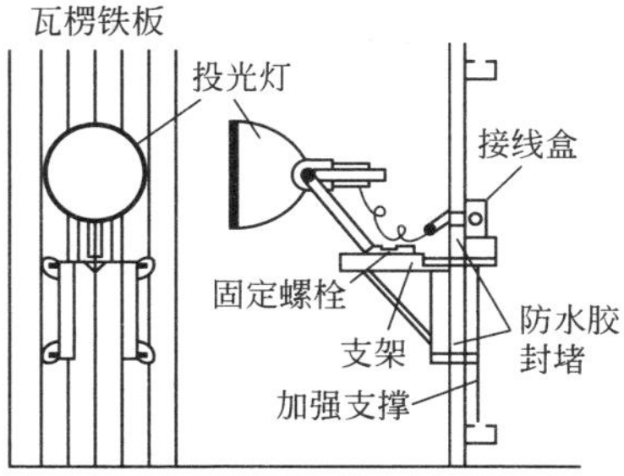

图 4-21　建筑物投光灯的安装

景观照明安装要求如下。

（1）在人行道等人员密集来往场所安装的落地式灯具，无围栏防护的安装高度距地面应在 2.5m 以上。

（2）在离开建筑物处地面安装泛光灯时，为了能得到较均匀的亮度，灯与建筑物的距离 D 与建筑物高度 H 之比不应小于 1/10，即 $D/H > 1/10$。

（3）在建筑物本体上安装泛光灯时，投光灯凸出建筑物的长度应在 $0.7 \sim 1m$ 处，应使窗墙形成均匀的光幕效果。

（4）安装景观照明时，宜使整个建筑物或构筑物受照面上半部的平均亮度为下半部的 $2 \sim 4$ 倍。

（5）设置景观照明尽量不要在顶层设立向下的投光照明，由于投光灯要伸出墙一段距离，影响建筑物外表美观。

（6）对于顶层有旋转餐厅的高层建筑，若旋转餐厅外墙与主体建筑外墙不在一个面内，就很难从下部往上照到整个轮廓。因此，宜在顶层加辅助立面照明，增设节日彩灯。

4.3.15 小型庭院柱灯的安装

（1）清理预埋管路，穿线及将地脚螺栓用油洗去或刷子刷去锈蚀，必要时应重新套扣。

（2）将灯具安装在钢管柱子（高一般大于 3m，直径不大于 100mm）的顶部，通常灯的底座与灯柱配套。接线同吊灯，并将线穿于柱内引至底部穿出，如图 4-22 所示。

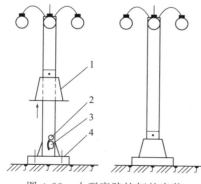

图 4-22　小型庭院柱灯的安装
1—护罩；2—出线口；
3—熔断器；4—底座

（3）将底部护罩推上，把瓷插式熔断器用螺钉固定在管外的螺孔上，然后将电线管的线也从孔穿出，并把管立起安装在底座上。

（4）将引来的控制相线（火线）接在熔断器的上端，灯具的控制相线接在熔断器的下端，引来的零线与灯具的零线连接并包扎好，然后把护罩放下，用螺钉固定好。

（5）广场、公路侧大型柱灯常采用水泥电杆或 ϕ300mm 以上的钢管支撑，护罩多为组合式，安装方法基本同上，柱灯的立柱必须垂直于地面。

4.3.16　施工现场临时照明装置的安装

临时用电应是暂时、短期和非周期用电。施工现场照明则属于临时照明装置。对施工现场临时照明装置的安装有如下要求：

（1）安装前应检查照明灯具和器材必须绝缘良好，并应符合现行国家有关标准的规定，严禁使用绝缘老化或破损的灯具和器材。

（2）照明线路应布线整齐，室内安装的固定式照明灯具悬挂高度不得低于 2.5m，室外安装的照明灯具不得低于 3m，照明系统每一单相回路上应装设熔断器作保护。安装在露天工作场所的照明灯具应选用防水型灯头，并应单独装设熔断器作保护。

（3）现场办公室、宿舍、工作棚内的照明线，除橡套软电缆和塑料护套线外，均应固定在绝缘子上，并应分开敷设；导线穿过墙壁时应套绝缘管。

（4）为防止绝缘能力降低或绝缘损坏，照明电源线路不得接触潮湿地面，也不得接近热源和直接绑挂在金属构架上。

（5）照明开关应控制相线，不得将相线直接引入灯具。当采用螺口灯头时，相线应接在中心触头上，防止产生触电的危险。灯具内的接线必须牢固，灯具外的接线必须做可靠的绝缘包扎。

（6）照明灯具的金属外壳必须作保护接地或保护接零。灯头的绝缘外壳不得有损伤和漏电。单相回路的照明开关箱（板）内必须装设漏电保护器。

（7）施工现场照明应采用高光效、长寿命的照明光源。照明灯具与易燃物之间应保持一定的安全距离。

（8）暂设工程照明灯具、开关安装位置应符合要求：

①　拉线开关距地面高度为 2～3m，临时照明灯具宜采用拉线开关。

②　其他开关距地面高度为 1.3m。

③ 严禁在床上装设开关。

（9）对于夜间影响飞机或车辆通行的在建工程或机械设备，必须设置醒目的红色信号灯，其电源应设在施工现场电源总开关的前侧。

4.4 照明装置的检查与试运行

4.4.1 照明装置的巡视检查与验收

4.4.1.1 普通灯具安装的巡视检查

（1）注意灯具的重量与相应的固定方式是否符合规范要求，为了使灯具固定牢固可靠，应杜绝使用木楔。安装花灯时，应注意吊钩圆钢直径不得小于灯具挂销直径，且不小于 6mm。安装大型花灯时，其悬吊装置应按灯具重量的 2 倍做过载试验。

（2）巡视时，应注意灯具距地面小于 2.4m 时，灯具的金属外壳（可接近裸露导体）接地（PE）或接零（PEN）是否可靠。

（3）注意安装在重要场所的大型灯具的玻璃罩，是否按规定做了玻璃罩破裂的防护措施，防护措施是否得当可靠。

（4）注意安装中灯头的绝缘外壳中有无破损和漏电，带有开关的灯头手柄上有无裸露的金属部分。若发现上述影响人身安全的隐患，应严格把关，坚决督促整改。

（5）装有白炽灯泡的吸顶灯具，由于其发热量较大，因此灯泡不应紧贴灯罩。若灯罩过近，会因过热使其烤焦或老化。当灯泡离绝缘台的距离小于 5mm 时，二者之间应采取隔热措施，防止长期过热引发火灾。

（6）注意灯具与火灾探测器、喷淋头、喇叭等的距离是否符合设计及其他相关规范要求。

4.4.1.2 专用灯具安装的巡视检查

（1）由于行灯电压不大于 36V，属安全电压，因此巡视中主要检查变压器、外壳、铁芯和低压侧的任意一端或中性点，接地（PE）或接零（PEN）是否可靠。

（2）游泳池和类似场所灯具（水下灯及防水灯具）的安装，尤其要注意安全，建议有关部门最好采用安全电压（12V）。巡视检查时，重点注意等电位联结应可靠，且有标识，电源的专用漏电保护装置应全部检测合格。自电源引入灯具的导管必须采用绝缘导管，严禁采用金属或有金属保护层的导管。

（3）手术台无影灯安装时，重点注意其固定和防松是否符合规范要求。

（4）自带电池的应急灯具安装前应检查其充放电时间及亮度是否符合设计与产品要求。应急灯具安装后应检查电源转换时间是否符合规范要求。巡视时应注意应急灯具运行的温度，当温度超过60℃且靠近可燃物时，要求采取隔热、散热等防火措施。

（5）防爆灯具在安装巡视时，主要核对灯具型号、规格是否与图纸一致且不混淆，更不能用非防爆产品代替。

4.4.1.3　景观照明灯、航空障碍标志灯和庭院灯安装的巡视检查

（1）建筑物彩灯安装在室外，密闭防水是施工质量的关键。巡视时应做重点检查，垂直敷设的彩灯采用直敷钢索配线，在室外要承受风力的袭击，悬挂装置的机械强度至关重要；巡视时应重点检查钢丝绳直径、底盘圆钢直径、拉线盘埋设深度是否符合规范要求。

（2）霓虹灯为高压气体放电装饰用灯具，通常安装在临街商品的正面，人行道的正上方。巡视检查时，要特别注意安装牢固可靠并保证灯管与建筑物的距离符合要求。为防止霓虹灯灯管碎裂伤人，巡视时应检查灯管安装有无破损；发现破损后及时更换，对灯管的二次接线耐压等级、灯管长度是否符合要求也应作重点控制。

（3）建筑物景观照明灯具安装时，重点巡视检查人行道等人员来往密集的场所是否有可靠的防灼伤和防触电措施，如围栏防护与裸露导体接地（PE）或接零（PEN）防护等。

（4）航空障碍标志灯安装时，应重点巡视检查灯具安装是否牢固可靠，有无设置维修和变换光源的设施。

（5）庭院灯安装时重点巡视检查安装是否牢固可靠、密闭防水。因为人们日常容易接触灯具表面，所以接地可靠尤为重要，决不允许接地支线串接，以防个别灯具移位或更换使其他灯具失去接地保护从而引发人身安全事故。

4.4.1.4 旁站监理

（1）大型灯具的固定及悬吊装置由施工图设计单位经计算后出图预埋安装，为检验其牢固程度是否符合图纸要求，应做过载试验。试验过程中监理应在现场检查、记录，并对试验结果确认。

（2）成套灯具的绝缘电阻测试、灯具接线前的线路绝缘电阻测试，监理应在现场旁站。

4.4.1.5 验收

（1）灯具及线路的绝缘电阻测试合格。

（2）灯具的可接近裸导体接地（PE）或接零（PEN）可靠。

（3）普通灯具的固定方式、安装高度、电压等级及吊钩直径符合规范要求。

（4）大型花灯的固定及悬吊装置过载试验符合要求。

（5）专用灯具及景观灯具等安装符合相关规范要求。

（6）成排安装的灯具，应横平竖直、间隔均匀、观感舒适。

4.4.2 建筑物照明通电试运行

灯具安装完成，并经绝缘试验检查合格后，方可通电试运行。如有问题，可断开回路，分区测量直至找到故障点。通电后应仔细检查和巡视，如发现问题应立即断电，查出原因并进行修复。

4.4.2.1 通电试运行前检查

（1）复查总电源开关到各照明回路进线电源开关是否正确。

（2）照明配电箱和回路标识应正确一致。

（3）检查漏电保护器接线是否正确。

（4）检查开关箱内各接线端子连接是否正确可靠。

（5）断开各回路分电源开关，合上总进线开关，检查漏电测试按钮是否灵敏有效。

4.4.2.2 分回路通电试运行

（1）必须做好电气安全检查及相关准备工作后方可进行通电试运行。

（2）将各回路灯具等用电设备开关全部置于断开位置。

（3）逐次合上各分回路电源开关。

（4）逐次合上分回路灯具的控制开关，检查灯具的控制是否灵活、准确；检查开关和灯具控制顺序是否对应。

（5）用试电笔检查各插座相序连接是否正确，带开关插座的开关是否能正确关断相线。

如发现问题应立即断电。对检查中发现的问题应采取分回路隔离排除法予以解决。严禁带电作业。对于开关刚送电、漏电保护就跳闸的现象，应重点检查工作零线和保护零线是否混接，导线是否绝缘不良等。

4.4.2.3　系统通电连续试运行

公用建筑照明系统通电连续试运行时间应为 24h，民用住宅照明系统通电连续试运行时间应为 8h。所有照明灯具均应开启，并且每 2h 记录一次运行状态，连续试运行时间内应没有故障。

4.4.2.4　送电及试灯的注意事项

（1）送电时先合总闸，再合分闸，最后合支路开关。

（2）试灯时先试支路负载，再试分路，最后试总路。

（3）使用熔丝作保护的开关，其熔丝应按负载额定电流的 1.1 倍选择。

（4）送电前应将总闸、分闸、支路开关全部关掉。

4.5　开关、插座和电风扇的安装

4.5.1　拉线开关的安装

开关的安装位置应便于操作和维修，其安装应符合以下规定。

（1）拉线开关距地面高度为 2～3m，或距顶棚 0.25～0.3m，距门框边宜为 0.15～0.2m，如图 4-23 所示。

（2）为了装饰美观，并列安装的相同型号开关距地面高度应一致，高度差不应大于 1mm；同一室内安装的开关高度差不应大于 5mm。

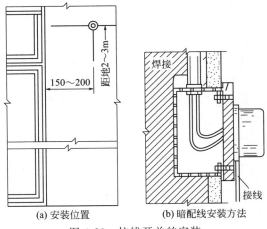

(a) 安装位置　　　　(b) 暗配线安装方法

图 4-23　拉线开关的安装

4.5.2　暗开关的安装

暗开关有扳把式开关、跷板式开关（又称活装暗扳把式开关）、延时开关等。与暗开关安装方法相同的还有拉线式暗开关。根据不同布置需要有单联、双联、三联等形式。暗装开关盒如图 4-24 所示。暗装开关距地面高度一般为 1.3m；距门框水平距离一般为 0.2m。

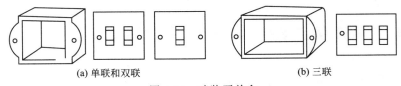

(a) 单联和双联　　　　　　　　　　(b) 三联

图 4-24　暗装开关盒

暗装跷板式开关安装接线时，应使开关切断相线，并应根据开关跷板或面板上的标志确定面板的装置方向。跷板上有红色标记的应朝下安装。当开关的跷板和面板上无任何标志时，应装成跷板向下按时，开关处于合闸的位置；跷板向上按时，处于断开的位置。即从侧面看，跷板上部突出时灯亮，下部突出时灯熄，如图 4-25 所示。

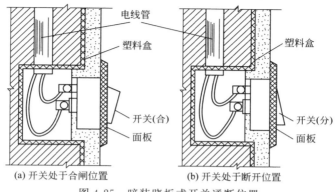

(a) 开关处于合闸位置　　　　　　　(b) 开关处于断开位置

图 4-25　暗装跷板式开关通断位置

4.5.3　插座的安装

4.5.3.1　安装插座应满足的技术要求

（1）插座垂直离地高度，明装插座不应低于 1.3m；暗装插座用于生活的允许不低于 0.15m，用于公共场所应不低于 1.3m，并与开关并列安装。

（2）在儿童活动的场所，不应使用低位置插座，应装在不低于 1.3m 的位置上，否则应采取防护措施。

（3）浴室、蒸汽房、游泳池等潮湿场所内应使用专用插座。

（4）空调器的插座电源线，应与照明灯电源线分开敷设，应在配电板或漏电保护器后单独敷设，插座的规格也要比普通照明、电热插座大。导线一般采用截面积不小于 1.5mm^2 的铜芯线。

（5）墙面上各种电器连接插座的安装位置应尽可能靠近被连接的电器，缩短连接线的长度。

4.5.3.2　插座的安装及接线

插座是长期带电的电器，是线路中最容易发生故障的地方，插座的接线孔都有一定的排列位置，不能接错，尤其是单相带保护接地（接零）的三极插座，一旦接错，就容易发生触电伤亡事故。暗装插座接线时，应仔细辨别盒内分色导线，正确地与插座进行连接。

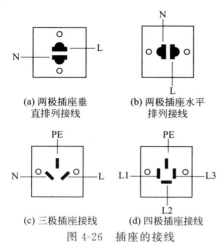

(a) 两极插座垂直排列接线

(b) 两极插座水平排列接线

(c) 三极插座接线

(d) 四极插座接线

图 4-26　插座的接线

插座接线时应面对插座。单相两极插座在垂直排列时，上孔接相线（L 线），下孔接中性线（N 线），如图 4-26（a）所示。水平排列时，右孔接相线（L 线），左孔接中性线（N 线），如图 4-26（b）所示。

单相三极插座接线时，上孔接保护接地或接零线（PE 线），右孔接相线（L 线），左孔接中性线（N 线），如图 4-26（c）所示。严禁将上孔与左孔用导线连接。

三相四极插座接线时，上孔接保护接地或接零线（PE 线），左孔接相线（L1 线），下孔接相线（L2 线），右孔也接相线（L3 线），如图 4-26（d）所示。

暗装插座接线完成后，不要马上固定面板，应将盒内导线理顺，依次盘成圆圈状塞入盒内，且不允许盒内导线相碰或损伤导线，面板安装后表面应清洁。

4.5.4　吊扇的安装

（1）吊扇的安装需要在土建施工中，根据图纸预埋吊钩。吊钩不应小于悬挂销钉的直径，且应用不小于 8mm 的圆钢制作。在不同的建筑结构中，吊钩的安装方法也不同。

（2）吊扇的规格、型号必须符合设计要求，并有产品合格证。吊扇叶片应无变形，吊杆长度合适。

（3）组装吊扇时应根据产品说明书进行，注意不要改变扇叶的角度。扇叶的固定螺钉应装防松装置。

（4）吊扇与吊杆之间、吊杆与电动机之间，螺纹连接啮合长度不得小于 20mm，并必须有防松装置。吊扇吊杆上的悬挂销钉必须装设防振橡皮垫，销钉的防松装置应齐全、可靠。

（5）操作工艺安装前检查、清理接线盒，注意检查接线盒预埋安装位置是否接错。

（6）吊扇接线时注意区分导线的颜色，应与系统穿线颜色一致，以区别相线、零线及保护地线。

（7）将吊扇通过减振橡胶耳环挂牢在预埋的吊钩上，吊钩挂上吊扇后，一定要使吊扇的重心和吊钩垂直部分在同一垂线上。吊钩伸出建筑物的长度应以盖住风扇吊杆护罩后能将整个吊钩全部罩住为宜。如图 4-27 所示。

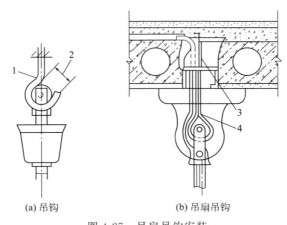

(a) 吊钩　　　　　　　　　　(b) 吊扇吊钩

图 4-27　吊扇吊钩安装

1—吊钩曲率半径；2—吊扇橡皮轮直径；3—水泥砂浆；4—φ8 圆钢

（8）用压接帽接好电源接头，将接头扣于扣碗内，紧贴顶棚后拧紧固定螺钉。按要求安装好扇叶，扇叶距地面高度不应低于 2.5m。

（9）吊扇调速开关安装高度应为 1.3m。同一室内并列安装的吊扇开关高度应一致，且控制有序不错位。

（10）吊扇运转时扇叶不应有明显的颤动和异常声响。

4.5.5　换气扇的安装

换气扇一般在公共场所、卫生间及厨房内墙体或窗户上安装。电源插座、控制开关须使用防溅型开关、插座。换气扇在墙上、窗上的安装如图 4-28 和图 4-29 所示。

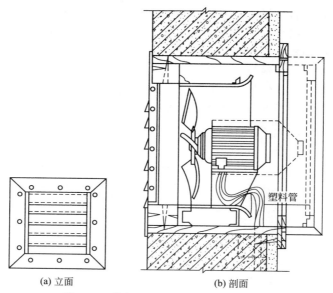

(a) 立面　　　　　　　　　(b) 剖面

图 4-28　换气扇（三相）在墙上的安装

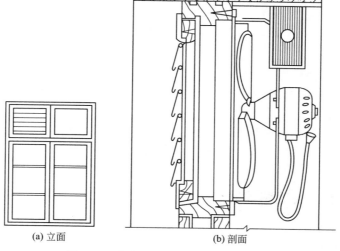

(a) 立面　　　　　　　　　(b) 剖面

图 4-29　换气扇（单相）在窗上的安装

4.5.6 壁扇的安装

壁扇底座在墙上采用塑料胀管或膨胀螺栓固定，塑料胀管或膨胀螺栓的数量不应少于 2 个，且直径不应小于 8mm，壁扇底座应固定牢固。在安装的墙壁上找好挂板安装孔和底板钥匙孔的位置，安装好塑料胀管。先拧好底板钥匙孔上的螺钉，把风扇底板的钥匙孔套在墙壁螺钉上，然后用木螺钉把挂板固定在墙壁的塑料胀管上。壁扇的下侧边线距地面高度不宜小于 1.8m，且底座平面的垂直偏差不宜大于 2mm。壁扇的防护罩应扣紧，固定可靠。壁扇在运转时，扇叶和防护罩均不应有明显的颤动和异常声响。

4.5.7 开关、插座和电风扇的检查与验收

4.5.7.1 插座安装的巡视检查

（1）注意检查同一场所，装有交、直流或不同电压等级的插座，是否按规范要求选择了不同结构、不同规格和不能互换的插座，以便用电时不会插错，保证人身安全与设备不受损坏。

（2）巡视检查时，用试电笔或其他专用工具、仪表、抽查插座的接线位置是否符合规范要求。也可根据接地（PE）或接零（PEN）线、零线（N）相线的色标要求查验插座接线位置是否正确。通电时再用工具、仪表确认，以保证人身与设备的安全。

（3）注意插座间的接地（PE）或接零（PEN）线有无不按规范要求进行串联连接的现象，若发现应及时提出并督促整改。

（4）注意电源插座与智能化信号插座（如电视、电脑等）的配合，要求二者尽量靠近，而且标高一致，以便使用、美观、整齐。

（5）注意暗装的插座面板应紧贴墙面，四周无缝隙，安装牢固，表面光滑整洁、无碎裂、划伤。地插座面板与地面齐平或紧贴地面，盖板固定牢固，密封良好。

（6）注意同一室内插座安装高度是否一致。若发现误差过大，装面板时调整不了的，应及时提出，赶在墙面粉刷前整改好，以免造成过大损失，影响美观与进度。

4.5.7.2 照明开关安装的巡视检查

（1）注意进开关的导线是否为相线，先从颜色上判定，通电后

可用试电笔验证，以保证维修人员操作安全。

（2）注意开关通断位置是否一致，以保证使用方便及维修人员的安全。

（3）注意开关边缘至门框边缘的距离及开关距地面的高度是否符合设计及规范要求。若发现误差较大者，应立即通知整改，以免因墙面粉刷造成损失加大。

4.5.7.3　吊扇安装的巡视检查

（1）吊扇为转动的电气器具，运转时有轻微的振动。为保证安全，巡视时应重点注意吊钩安装是否牢固，吊钩直径及吊扇安装高度、防松零件是否符合要求。

（2）吊扇试运转时，应检查有无明显颤动和异常声响。

4.5.7.4　壁扇安装的巡视

（1）巡视时应重点注意壁扇固定是否可靠。底座采用尼龙塞或膨胀螺栓固定时，应检查数量与直径是否符合要求。

（2）巡视时应注意壁扇防护罩是否扣紧，运转时扇叶和防护罩有无明显颤动和异常声响。若发现异常情况，应督促停机整改。

4.5.7.5　验收

（1）开关、插座、接线正确，绝缘电阻符合要求。

（2）同一室内的开关、插座标高一致，面板安装平整、竖直、美观、整齐。

（3）暗装开关、插座的盖板应紧贴墙面，不同电压插座的安装应符合要求。

（4）风扇绝缘电阻符合要求，安装牢固、可靠，运转正常。

第⑤章 变配电设备的安装

5.1 电力变压器

5.1.1 电力变压器的组成

变压器是一种静止的电气设备。它是利用电磁感应作用把一种电压等级的交流电能变换成频率相同的另一种电压等级的交流电能。变压器是电力系统中的重要设备，它在电能检测、控制等诸多方面也得到广泛的应用。另外，变压器还有变换电流、变换阻抗、改变相位和电磁隔离等作用。

用于电力系统升、降压等的变压器称为电力变压器。在电力系统中，变压器是一种重要的电气设备。将从发电厂（站）发出的电能用高压输送到远处的用电地区，需要用升压变压器；再将高压电降低为低压电分配到各工矿企业、家庭等用户，则需要用降压变压器。因此，在电力系统中，变压器对电能的经济传输、灵活分配和安全使用，具有重要的意义。

目前，油浸式电力变压器的产量最大，应用面最广。油浸式电力变压器的结构如图 5-1 所示。其主要由下列部分组成。

5.1.2 变压器的额定值

额定值是制造厂对变压器在指定工作条件下运行时所规定的一些量值。在额定状态下运行时，可以保证变压器长期可靠地工作，并具有优良的性能。额定值亦是变压器厂进行产品设

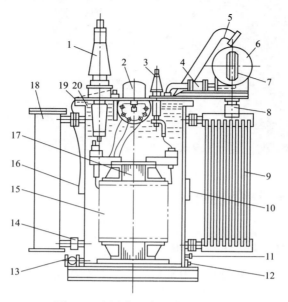

图 5-1　油浸式电力变压器的结构

1—高压套管；2—分接开关；3—低压套管；4—气体继电器；5—防爆管（安全气道）；
6—储油柜（曾称油枕）；7—油位计；8—吸湿器（曾称呼吸器）；9—散热器；10—铭牌；
11—接地螺栓；12—油样活门；13—放油阀门；14—活门；15—绕组；
16—信号式温度计；17—铁芯；18—净油器；19—油箱；20—变压器油

计和试验的依据。额定值通常标在变压器的铭牌上，亦称为铭牌值。

（1）额定容量 S_N：指在铭牌上所规定的额定状态下变压器的额定输出视在功率，以 V·A、kV·A 或 MV·A 表示。由于变压器效率高，因此通常把一、二次额定容量设计得相等。

（2）额定电压 U_{1N} 和 U_{2N}：一次额定电压 U_{1N} 是指电网施加到变压器一次绕组上的额定电压值；二次额定电压 U_{2N} 是指变压器一次绕组上施加额定电压 U_{1N} 时，二次绕组的空载电压值。额定电压以 V 或 kV 表示。对三相变压器的额定电压均指线电压。

（3）额定电流 I_{1N} 和 I_{2N}：额定电流是指变压器在额定运行情

况下允许发热所规定的线电流，以 A 表示。根据额定容量和额定电压可以求出一、二次绕组的额定电流。

对单相变压器，一、二次绕组的额定电流为：

$$I_{1N} = \frac{S_N}{U_{1N}}, \quad I_{2N} = \frac{S_N}{U_{2N}}$$

对三相变压器，一、二次绕组的额定电流为：

$$I_{1N} = \frac{S_N}{\sqrt{3}\,U_{1N}}, \quad I_{2N} = \frac{S_N}{\sqrt{3}\,U_{2N}}$$

（4）额定频率 f_N：我国规定工频为 50Hz。

（5）效率 η：变压器的效率为输出的有功功率与输入的有功功率之比的百分数。

（6）温升：指变压器在额定状态下运行时，所考虑部位的温度与外部冷却介质温度之差。

（7）阻抗电压：阻抗电压曾称短路电压，指变压器二次绕组短路（稳态），一次绕组流过额定电流时所施加的电压。

（8）空载损耗：指当把额定交流电压施加于变压器的一次绕组上，而其他绕组开路时的损耗，单位以 W 或 kW 表示。

（9）负载损耗：指在额定频率及参考温度下，稳态短路时所产生的相当于额定容量下的损耗，单位以 W 或 kW 表示。

（10）联结组标号：指用来表示变压器各相绕组的连接方法以及一、二次绕组线电压之间相位关系的一组字母和序数。

5.1.3　变压器的搬运

电力变压器是电力系统的重要设备，它容量大、体积大、结构复杂，而且多为油浸式。所以在搬运过程中必须十分小心，不能损伤变压器。尤其是对大型变压器的运输和装卸，必须对运输路径及两端装卸条件作充分调查，采取措施，确保安全。

对小型电力变压器的搬运，在施工现场一般均采用起重运输机械，在搬运过程中必须注意：

（1）采用吊车装卸时，应使用油箱壁上的吊耳，不准使用油箱顶盖上的吊环。吊钩应对准变压器中心，吊索与铅垂线的夹角不得大于30°。

（2）当变压器吊起离地后，应停车检查各部分是否有问题，变压器是否平衡；若不平衡，应重新调整。确认各处无异常后，即可继续起吊。

（3）变压器装到车上时，其底部应垫方木，且用绳索将变压器固定，防止运输过程中发生滑动或倾倒。

（4）在运输中车速不可太快，要防止剧烈冲击和严重振动损坏变压器绝缘部件。变压器运输倾斜角不应超过15°。

（5）变压器短距离搬运可利用底座滚轮在搬运轨道上牵引，前进速度需控制好，牵引的着力点应在变压器重心下。

（6）干式变压器在运输途中，应有防雨措施。

5.1.4　变压器在安装前的准备工作

变压器运输到现场之后，在安装之前还应做好以下几方面的工作。

（1）资料检查　变压器应有产品出厂合格证，技术文件应齐全；型号、规格应和设计相符，附件、备件应齐全完好；变压器外表无机械损伤，无锈蚀；若为油浸式变压器，油箱应密封良好；变压器轮距应与设计轨距相符。

（2）器身检查　变压器到达现场后，应进行器身检查。进行器身检查的目的是检查变压器是否有因长途运输和搬运，承受剧烈振动或冲击使芯部螺栓松动等一些外观检查不出来的缺陷，以便及时处理，保证安装质量。

（3）变压器的干燥　变压器是否需要进行干燥，应通过综合分析判断后确定。电力变压器常用的干燥方法有铁损干燥法、铜损干燥法、零序电流干燥法、真空热油喷雾干燥法、热风干燥法以及红外线干燥法等。干燥方法的选用应根据变压器绝缘受潮程度及变压器容量大小、结构形式等具体条件确定。

5.1.5　室内变压器安装应满足的要求

（1）对电力变压器室的要求　变压器室应符合防火、防汛、防小动物、防雨雪及通风的要求。门应用非燃烧材料制成，一般多采用铁门构件，门向外开启并能加锁。变压器室进出风百叶窗内侧要有网孔不大于 10mm×10mm 的防动物铁丝网。变压器室尽量采用自然通风，自然通风无法满足时，可采用机械通风装置。变压器室常用的三种通风方案，见图 5-2。

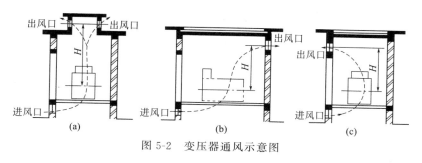

图 5-2　变压器通风示意图

（2）变压器的室内安装　室内变压器常用的安装方式可参见图 5-3。

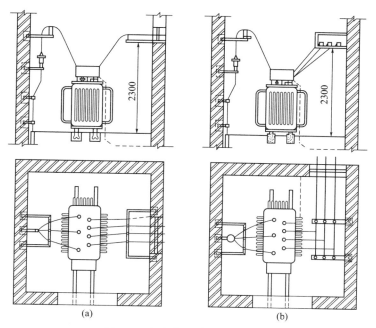

图 5-3　室内变压器的安装方式

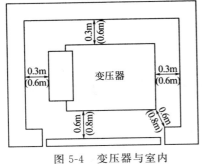

图 5-4 变压器与室内
最小安全距离示意图

变压器与室内最小安全距离如图 5-4 所示。其中无括号尺寸适用于 320kV·A 以下的变压器，括号内尺寸适用于 320～10000kV·A 的变压器。容量超过 10000kV·A 时，相应的距离不小于 1m 及 1.5m。

变电所有两台变压器时，每台变压器均应安装在单独的变压器室内。变压器室的门上或墙上应写明变压器名称、编号，并应有警告标志。

5.1.6 室外变压器的安装形式

室外变压器安装方式有杆上和地上两种，如图 5-5 所示。无论是杆上安装还是地上安装，均应在变压器周围明显部位悬挂警告牌。地上变压器周围应装设围栏，高度不低于 1.7m，并与变压器台保持一定的距离。柱上（杆上）变压器的所有高低压引线均使用绝缘导线（低压也可使用裸母线作引线）；所用的铁件均需镀锌。

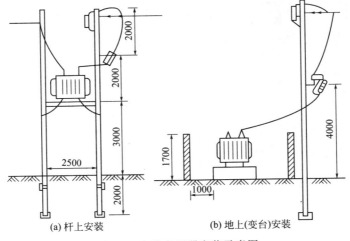

(a) 杆上安装　　　　(b) 地上(变台)安装

图 5-5 室外变压器安装示意图

地上变压器安装的高度根据需要决定，一般使用情况是 500mm。变压器台用砖砌成或用混凝土构筑，并用 1∶2 水泥砂浆抹面，台面上以扁钢或槽钢做变压器的轨道。轨道应水平，轨距与轮距应配合。

5.1.7　变压器安装注意事项

（1）变压器就位可用汽车吊直接甩进变压器室，或用道木搭设临时轨道，用三步搭、吊链吊至临时轨道上，再用吊链拉入室内合适位置。

变压器安装中的吊装作业应由起重工配合进行，任何时候都不要碰击套管、器身及各个部件，不得严重冲击和振动。吊装及运输过程中应有防护措施和作业指导书。

（2）变压器就位时，其方位和距墙尺寸应符合要求。

（3）变压器基础轨道应水平，轨距与轮距相配合。室外一般安装在平台上或杆上组装槽钢架。有滚轮的变压器轮子应转动灵活。装有气体继电器的变压器安装时，气体继电器侧应有沿气流方向的 1%～1.5% 的升高坡度（厂家规定不要求坡度的除外），以使油箱中产生的气体易于流入继电器。

（4）变压器宽面推进时，低压侧应向外；窄面推进时，储油柜一侧向外，如图 5-6 所示。在装有开关的情况下，操作方向应留有 1200mm 以上的宽度。

（5）变压器的安装应采取抗振措施。

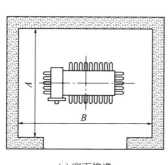
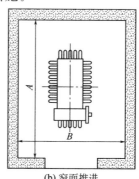

(a) 宽面推进　　　　　　(b) 窄面推进

图 5-6　变压器室推进示意图

5.1.8 箱式变电站的安装

成套变电站是组合变电站、箱式变电站和移动变电站（预装式变电站）的统称，习惯上均简称为箱式变电站（或箱式变电所）。箱式变电站是变换电压与分配电能的成套变电设备，适用于高层建筑、机场、宾馆、医院、矿山、居民住宅小区等室内、室外供电，在额定电压 10kV 及以下变配电系统作为变配电、动力及照明用。

5.1.8.1 箱式变电站的验收

（1）检查箱式变电站的铭牌数据与订货合同是否相符。

（2）检查出厂技术文件是否齐全。

（3）对照装箱单检查箱式变电站的零部件是否齐全。

（4）检查运输过程中箱式变电站的套管、负荷开关、仪表及其他附件是否有撞伤。

（5）对不立即投用的箱式变电站，应置于安全地带。

5.1.8.2 箱式变电站的安装

箱式变电站在建筑电气工程中，以住宅小区室外设置为主要形式。箱式变电站有较好的防雨雪和通风性能，但其底部不是全密闭的，故而要注意防积水入侵。其基础的高度及周围排水通道设置应在施工图上加以明确。

箱式变电站安装时，应符合下列规定。

（1）箱式变电站起吊时，一定要从底部挂好钢丝绳，钢丝绳顶部的夹角要不大于 60°。注意钢丝绳与箱体四周接触部位要用麻布或纸板隔开，防止划伤油漆。

（2）箱式变电站及落地式配电箱的基础应高于室外地坪，周围排水通畅。一般应使箱体高出地面 350mm 以上，这样既可防止积水，又能将电缆预留长度放在下面。

（3）基础表面外部尺寸与箱式变电站底座相吻合。若外部尺寸大于箱式变电站底座，超出的部分一定要做成斜面，以防止积水。

（4）箱式变电所的固定形式有两种：用地脚螺栓固定的箱式变电站应螺母齐全，拧紧牢固；自由安放的箱式变电站应垫平放正。

底座与基础之间的缝隙用水泥砂浆填充抹封。

（5）在基础周围埋设好接地桩和接地母线。应充分利用进出线电缆沟敷设接地母线，接地母线埋深应大于 0.6m，电缆本身直埋深度应大于 0.7m。焊接部位表面要用沥青作防腐处理，焊缝长度不小于 80mm，接地电阻小于等于 4Ω。箱体就位后，底座与基础的预埋铁、底座与接地母线都必须可靠焊接。

（6）箱式变电站内外涂层完整、无损伤，通风口的防护网完好。

（7）箱式变电站的高低压柜内部接线完整，低压每个输出回路标记清晰，回路名称准确。

（8）金属箱式变电站及落地式配电箱，箱体应与 PE 线或 PEN 线连接可靠，且有标识。

（9）安装时一次设备各部分连接一定要紧固，否则运行中发热易酿成事故。

（10）在箱体醒目处要粘贴或涂刷电力标志和安全警告。

（11）为了提高可靠性，宜加装后备测温控制元件，防止控制回路失灵或风扇故障影响变压器过热。

5.1.9　变压器的巡视检查与验收

5.1.9.1　变压器器身检查的巡视

（1）巡视时应注意器身检查的温度、湿度、暴露在空气中的时间是否符合有关规定（温度不宜低于 0℃，湿度小于 75％时，暴露在空气中的时间不得超过 16h）。

（2）开始检查时应注意运输支撑和各部位有无移动现象，在现场做好记录。

（3）变压器的铁芯应无变形、无多点接地，各部分绝缘应无损坏。

（4）变压器绕组绝缘层应完整无损。

5.1.9.2　变压器安装时的巡视检查

（1）注意变压器的轨道是否水平，轨距与轮距是否一致；装有气体继电器的变压器，其顶盖的倾斜度是否满足要求（沿气体继电器的气流方向有 1％～1.5％升高坡度）。

（2）变压器密封试验应无渗油现象，其密封垫、连接法兰等应满足要求。

（3）变压器的低压侧中性点应与接地干线直接连接，变压器箱体、干式变压器支架或外壳应接地（PE）。所有连接应可靠，紧固件及防松零件应齐全。

（4）注意安装中绝缘件是否有破损、裂纹等现象，发现后应及时处理。

5.1.9.3 变压器试运行时的巡视检查

巡视中应仔细倾听变压器有无异常声音，检查冷却通风等设施是否正常工作，注意负荷变化后变压器温升变化情况，满负荷时变压器温度是否低于允许温升。经常察看变压器运行记录，发现问题及时解决。

5.1.9.4 箱式变电所安装巡视检查

箱式变压所一般是成套供货或由生产厂到现场组装，监理巡视内容主要是外围设施，如变电所的 N 母线与 PE 母线是否与接地干线直接相连，高压进线与低压进线是否符合要求。若对变压器进行器身检查，则参照本节相应的内容。

5.1.9.5 旁站

（1）变压器器身检查开始阶段，吊罩或吊器身时，监理应到现场参加检查，注意运输支撑及各部位有无移动现象，绝缘有无明显破损。

（2）变压器、箱式变电所进行高、低压交接试验时，监理应在现场检查试验方法与仪器是否符合要求，对试验数据与结论进行确认。

5.1.9.6 验收

（1）变压器本体、冷却装置及所有附件均无缺陷，且不渗油，油面指示正常。分接头位置符合要求，温度指示正确。箱式变电所符合设备进场验收要求。

（2）变压器进行五次空载全电压冲击合闸试验不出现异常情况。

（3）变压器、箱式变电所的高、低压交接试验符合 GB 50150—2006《电气装置安装工程电气设备交接试验标准》的规定。

（4）变压器、箱式变电所的接地、进线与出线符合设计与规范要求。

5.1.10 变压器的运行

5.1.10.1 变压器运行前的检查

（1）检查变压器的试验合格证是否在有效期内。

（2）检查变压器的高、低压套管是否清洁、完好，有无破裂现象。

（3）检查变压器高、低压引线是否牢固，有无破损现象。三相的颜色标记是否正确无误，引线与外壳及电杆的距离是否符合要求。

（4）检查变压器的油面是否正常，有无渗油、漏油现象，呼吸孔是否通气。

（5）检查变压器的报警、继电器保护和避雷等保护装置工作是否正常。

（6）检查变压器各部位的油门和分接开关位置是否正确。

（7）检查变压器的上盖密封是否严密，表面有无遗留杂物。

（8）检查变压器的安装是否牢固，所有螺栓是否可靠。

（9）检查变压器外壳接地线是否牢固可靠，接地电阻是否符合要求。

5.1.10.2 变压器运行中的检查

（1）检查变压器的声响是否正常，均匀的"嗡嗡"声为正常声音。

（2）检查变压器的油温是否正常。变压器正常运行时，上层油温一般不应超过 85℃，另外用手抚摸各散热器，其温度应无明显差别。

（3）检查变压器的油位是否正常，有无漏油现象。

（4）检查变压器的出线套管是否清洁，有无破裂和放电痕迹。

（5）检查高、低压熔断器的熔丝是否熔断。

（6）检查各引线接头有无松动和跳火现象。

（7）检查防爆管玻璃是否完好，玻璃内是否有油。

（8）检查呼吸器内硅胶干燥剂是否已吸收潮气变色。干燥时硅胶为蓝色，吸潮后变为淡粉红色。

（9）检查变压器外壳接地是否良好，接地线有无破损现象。

（10）检查变压器台上有无杂物，附近是否有柴草等易燃物。

（11）当天气发生雷雨和大风等异常变化时，应增加检查次数。

5.1.10.3　当发现哪些情况时应使变压器停止运行

当发现变压器有下列情况时，应停止变压器运行。

（1）变压器内部响声过大、不均匀、有爆裂声等。

（2）在正常冷却条件下，变压器油温过高并不断上升。

（3）储油柜或安全气道喷油。

（4）严重漏油，致使油面降到油位计的下限，并继续下降。

（5）油色变化过甚或油内有杂质等。

（6）套管有严重裂纹和放电现象。

（7）变压器起火（不必先报告，立即停止运行）。

5.2　高压隔离开关

5.2.1　高压隔离开关的主要类型

高压隔离开关可按下列原则进行分类。

（1）按绝缘支柱的数目可分为单柱式、双柱式和三柱式三种。

（2）按闸刀的运行方式可分为水平旋转式、垂直旋转式、摆动式和插入式四种。

（3）按装设地点可分为户内式和户外式两种。

（4）按是否带接地闸刀可分为有接地闸刀和无接地闸刀两种。

（5）按极数多少可分为单极式和三极式两种。

（6）按配用的操动机构可分为手动、电动和气动等。

（7）按用途分一般用、快速分闸用和变压器中性点用。

GN8-10/600 型户内式高压隔离开关的结构如图 5-7 所示；GW5 型户外式高压隔离开关的结构如图 5-8 所示。

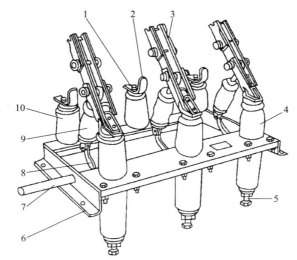

图 5-7　GN8-10/600 型高压隔离开关的结构

1—上接线端子；2—静触头；3—闸刀；4—绝缘子；5—下接线端子；
6—框架；7—转轴；8—拐臂；9—升降绝缘子；10—支柱绝缘子

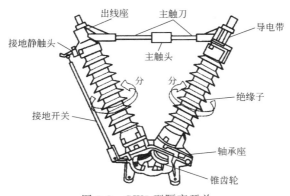

图 5-8　GW5 型隔离开关

5.2.2　高压隔离开关安装前的检查

（1）详细检查隔离开关的型号、规格是否符合设计要求。

（2）设备应完整无缺，零件应无损伤，闸刀及触点应无变形。

（3）绝缘子表面应清洁、无裂纹、无损坏。

（4）隔离开关的联动机构应完好。

（5）接线端子及载流部分应清洁，动、静触点接触应良好（动、静触点接触情况可用 $0.05\text{mm} \times 10\text{mm}$ 的塞尺进行检查。对于线接触应塞不进去。对于面接触，其塞入深度：在接触表面宽度为 50mm 及以下时，不应超过 4mm；在接触表面宽度为 60mm 及以上时，不应超过 6mm）。

（6）用 2500V 兆欧表测量隔离开关的绝缘电阻，其电阻值应在 $800 \sim 1000\text{M}\Omega$ 以上。

5.2.3　高压隔离开关的安装

安装高压隔离开关时，应满足以下要求。

（1）户外型的隔离开关，露天安装时应水平安装，使带有瓷裙的支持绝缘子确实能起到防雨作用。

（2）户内型的隔离开关，在垂直安装时，静触头在上方，带有套管的可以倾斜一定角度安装。

（3）一般情况下，静触头接电源，动触头接负荷，但安装在受电柜里的隔离开关采用电缆进线时，电源在动触头侧，这种接法俗称"倒进火"。

（4）隔离开关两侧与母线及电缆的连接应牢固，遇有铜、铝导体接触时，应采用铜铝过渡接头。

（5）隔离开关的动、静触头应对准，否则合闸时就会出现旁击现象，使合闸后动、静触头接触面压力不均匀，造成接触不良。

（6）隔离开关的操动机构、传动机械应调整好，使分、合闸操作能正常进行。还要满足三相同期的要求，即分、合闸时三相动触头同时动作，不同期的偏差应小于 3mm。

（7）处于合闸位置时，动触头要有足够的切入深度，以保证接触面积符合要求，但又不允许过头，要求动触头距静触头底座有 $3 \sim 5\text{mm}$ 的孔隙，否则合闸过猛时将敲碎静触头的支持绝缘子。

（8）处于拉开位置时，动、静触头间要有足够的拉开距离，以便有效地隔离带电部分，这个距离应不小于 160mm，或者动触头与静触头之间拉开的角度不应小于 65°。

5.2.4　高压隔离开关的调整

（1）合闸调整　合闸时，要求隔离开关的动触点无侧向撞击或卡住。如有，可改变静触点的位置，使动触点刚好进入插口。合闸后动触点插入深度应符合产品的技术规定。一般不能小于静触点长度的 90%，但也不能过大，应使动、静触点底部保持 3～5mm 的距离，以防在合闸过程中，冲击固定静触点的绝缘子。若不能满足要求，则可通过调整操作杆的长度以及操动机构的旋转角度来达到。三相隔离开关的各相刀刃与固定触点接触的不同时性不应超过 3mm。如不能满足要求，可调节升降绝缘子的连接螺旋长度，以改变刀刃的位置。

（2）分闸调整　分闸时，要注意触头间的净距和刀闸打开角度应符合产品的技术规定。若不能满足要求，可调整操作杆的长度，以及改变拉杆在扇形板上的位置。

（3）辅助触头的调整　隔离开关的常开辅助触点在开关合闸行程的 80%～90% 时闭合，常闭辅助触点在开关分闸行程的 75% 时断开。为达此要求，可通过改变耦合盘的角度进行调整。

（4）操动机构手柄位置的调整　合闸时，手柄向上；分闸时，手柄向下。在分闸或合闸位置时，其弹性机械锁销应自动进入手柄的定位孔中。

（5）调整后的操作试验　调整完毕后，将所有螺栓拧紧，将所有开口销脚分开。进行数次分、合闸试验，检查已调整好开关的有关部分是否会变形。合格后，与母线一起进行耐压试验。

5.3　高压负荷开关

5.3.1　高压负荷开关的主要类型

负荷开关种类较多，从使用环境上分，有户内式、户外式；从灭弧形式和灭弧介质上分，有压气式、产气式、真空式、六氟化硫式等。

负荷开关按用途分为一般型和频繁型两种，产气式和压气式为一般型；真空式和六氟化硫式为频繁型。一般型分合操作次数为50次，频繁型为150次。频繁型适用于频繁操作和大电流系统，而一般型用在变压器中小容量范围。

对于10kV高压用户来说，老用户用的多为户内型压气式或产气式的；新用户采用环网柜，用的多为真空式和六氟化硫式的。而10kV架空线路上用的则为户外式的。

图5-9所示为FN3-10RT型室内压气式高压负荷开关的外形结构。

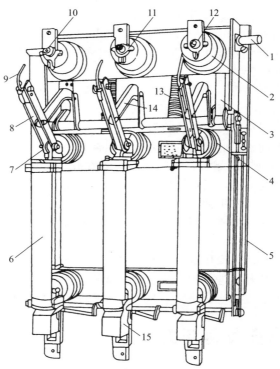

图5-9　FN3-10RT型高压负荷开关的结构

1—主轴；2—上绝缘子兼汽缸；3—连杆；4—下绝缘子；5—框架；6—高压熔断器；
7—下触座；8—闸刀；9—弧动触头；10—绝缘喷嘴；11—主静触头；
12—上触座；13—断路弹簧；14—绝缘拉杆；15—热脱扣器

5.3.2　负荷开关的安装与调整

对负荷开关的安装与调整，除了按照隔离开关的要求执行外，根据负荷开关的特点，其导电部分还应满足以下要求。

（1）负荷开关的刀片应与固定触头对准，并接触良好。

（2）在负荷开关合闸时，主固定触头应可靠地与主刀闸接触；分闸时，三相的灭弧刀片应同时跳离固定灭弧触头。

（3）户外高压柱上负荷开关的拉开距离应大于 175mm。

（4）户内压气式负荷开关的拉开距离应为（182+3)mm。

（5）负荷开关的固定触头一般接电源侧。垂直安装时，固定触头在上侧。

（6）灭弧筒内产生气体的有机绝缘物应完整，无裂纹，灭弧触头与灭弧筒的间隙应符合要求。

（7）负荷开关三相触头接触的同期性和分闸状态时触头间净距及拉开角度应符合产品的技术规定。

（8）负荷开关的传动装置部件应无裂纹和损伤，动作应灵活。

（9）负荷开关的拉杆应加保护环。

（10）负荷开关的延长轴、轴承、联轴器及曲柄等传动零件应有足够的机械强度，连杆轴的销钉不应焊死。

（11）带油的负荷开关的外露部分及油箱应清理干净，油箱内应注以合格油并无渗漏。

5.4　高压断路器

5.4.1　高压断路器的主要类型

按照装设地点断路器可分为户内式和户外式；按灭弧介质断路器可分为油断路器（又分多油和少油两类）、空气断路器、六氟化硫（SF_6）断路器、真空断路器、磁吹断路器和自产气断路器。目前，我国电力系统中及其他电力用户使用的高压断路器主要有油断路器、空气断路器、六氟化硫（SF_6）断路器和真空断路器。根据发展趋势，六氟化硫（SF_6）断路器和真空断路器将逐步取代其他断路器。

断路器的操作结构，按合闸能源的不同可分为手动式、电磁式、弹簧式、气动式、液压式等。

高压少油断路器的外形结构如图 5-10 所示；LN2-10 型户内式 SF_6 断路器的外形结构如图 5-11 所示。

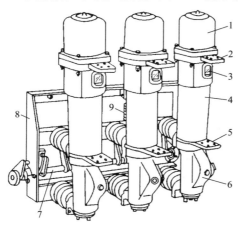

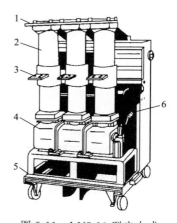

图 5-10　SN10-10 型高压
少油断路器的外形

1—铝帽；2—上接线端子；3—油标；
4—绝缘筒；5—下接线端子；
6—基座；7—主轴；8—框架；
9—断路弹簧

图 5-11　LN2-10 型户内式
SF_6 断路器的结构

1—上接线端子；2—绝缘筒（内有
气缸和触头）；3—下接线端子；
4—操动机构箱；5—小车；
6—断路弹簧

5.4.2　高压断路器的安装与调试

5.4.2.1　油断路器的安装调试

安装油断路器时，应注意以下几点。

（1）安装前要认真阅读制造厂家的《安装使用说明书》。

（2）按照说明书提供的基础尺寸（或根据设备重量、操作力、风力、地震烈度、土质耐压力等综合因素自行设计基础图纸），制作混凝土基础。

基础允许偏差：

中心距和高度偏差＜10mm；水平偏差≤5mm；地脚螺栓中心

偏差＜2mm。

（3）设备出厂 6 个月后，应检查绝缘部件受潮情况。一般应对灭弧室、提升绝缘拉杆（板）等，作烘干处理。升温速度限制在 10℃/h，最高温度不超过 85℃，烘干时间不少于 24h。

（4）三相联动操作的油断路器，各相横连杆应位于同一直线上，其偏差＜2mm；油箱间中心偏差和水平偏差＜5mm；油箱要严格垂直。

（5）断路器各密封部位应密封良好；橡胶垫无损坏。

（6）导电部分的软铜线（片）无断裂；固定螺栓齐全紧固。

（7）断路器升降机构、分合闸机构、及操作机构各转动轴承应加润滑油，动作灵活；升降机构的钢丝绳无锈蚀，并加凡士林油防腐。

（8）操作机构分合闸位置指示器及信号灯指示位置应和断路器分合闸状态吻合。

（9）各连接处的防松螺母、锁垫、顶丝、开口销等均能起到防松作用。

（10）各转动部位无卡阻，动作灵活。

（11）合闸至顶点时，支持板（扣板）与合闸滚轮应保持 1～2mm 的间隙；分闸制动板应可靠扣入，锁钩与底板轴也应保持 1～2mm 间隙；合分闸带延时的辅助触头应有足够的时限，以消除合闸"跳跃"现象。

（12）合闸电压在 80％～120％额定电压值范围内变动；分闸电压在 65％～120％额定电压值范围内变动，应均能准确合分闸。

（13）金属外壳按接地要求良好接地。

5.4.2.2　真空断路器的安装调试

安装真空断路器可按下列程序进行。

（1）一般检查　首先清除各绝缘件上的尘土，在滑动摩擦部位加上干净润滑油。其次核对产品铭牌上的数据是否符合图样要求，特别是核对分、合闸线圈的额定电压、断路器的额定电流和额定开断电流等参数是否有误。检查真空灭弧室有无异常现象，如发现灭弧室屏蔽罩氧化、变色，则说明灭弧室已经漏气，要及时更换。并检查各部分紧固件有无松动现象，特别应检查导电回路的软连接部分，是否连接紧密可靠。最后用操作把手慢合几次，检查有无卡滞现象。

（2）测量绝缘电阻　用 2500V 绝缘电阻表测量绝缘电阻值：在合闸状态，每相对地不应小于 1000MΩ；在分闸状态，动、静触头之间也不应小于 1000MΩ。

（3）耐压试验　为检查真空灭弧室的真空度，可采用工频交流耐压试验，即在分闸状态下，动、静触头间加工频电压 42kV，耐压 1min。为检查绝缘部分，在断路器合闸状态下，触头与基座间加工频电压 38kV，耐压 1min，均应合格。

（4）吊装就位并用螺母紧固　真空断路器的安装方向不受严格限制，只要操作机构在倾斜状态下能稳定工作即可。

（5）检查触头超行程和触头开距　所谓超行程是利用压缩弹簧在一定行程下的弹力，保持真空灭弧室中的触头有足够的接触压力。检查开距的目的是保证三相触头合闸不同期性不超过 1mm。真空断路器的超行程和开距均应符合有关技术要求。

（6）传动试验　先手动分、合闸 3～5 次，应无异常；再在额定操作电压下进行电动分、合闸 3～5 次，应无异常；再以 80%、110% 额定合闸电压进行合闸，以 65%、120% 额定分闸电压进行分闸，各操作 3～5 次，应无问题。最后以 30% 额定分闸电压进行操作，应不能分闸。

5.4.2.3　六氟化硫断路器的安装调试

（1）SF$_6$ 断路器不应在现场解体检查。如必须在现场解体时，应经制造厂同意，并在厂方人员指导下进行。

（2）SF$_6$ 断路器的安装应在无风沙、无雨雪的天气下进行，灭弧室检查组装时，空气相对湿度不大于 80%，并采取防尘、防潮措施。

（3）断路器的各零部件应齐全、清洁、完好，传动机构零件齐全，轴承光滑无刺，铸件无裂纹和焊接不良。

（4）绝缘部件表面应无裂缝、剥落或破损，绝缘性能良好，绝缘拉杆部连接应牢固可靠。

（5）瓷套表面应光滑、无裂缝、无缺损，外观检查有疑问时应进行探伤检查。

（6）瓷套和法兰的接合面黏合应牢固，法兰接合面平整，无外伤和铸造砂眼。

（7）安装用的螺栓、密封垫、密封脂、清洁剂和润滑脂等应符合产品的技术规定。

（8）断路器的固定应牢固可靠，底架与基础的垫片不超过 3 片，总厚度小于 10mm，片间应焊接牢固。

（9）同相各支柱瓷套的法兰面宜在同一水平面上，各支柱中心线间距离的误差不大于 5mm，相间中心距离的误差不大于 5mm。

（10）密封面应保持清洁，无划伤痕迹，不能使用已用过的密封垫。

（11）涂密封脂时，不能流入密封垫内侧与 SF_6 气体接触。

（12）断路器的接线端子的接触面应平整、清洁、无氧化膜，并涂上一薄层电力复合脂，镀银部分不能锉磨，载流部分的连接不能有折损、表面凹陷及锈蚀。

（13）位置指示器应能正确可靠地显示实际分、合状态。

（14）在使用操动机构动作前，断路器内必须充有额定压力的 SF_6 气体。

（15）对于具有慢分、慢合装置的断路器，在进行快速分、合闸前，应先进行慢分、合操作。

（16）安装后的断路器，其所有的零部件应按制造厂的规定，保持其处于应有的水平或垂直位置，各项动作参数应符合产品技术规定。

5.5　高压熔断器

5.5.1　高压熔断器的主要类型

熔断器是在电器设备中最简单并且最早使用的一种保护电器，它串联在电路中使用。

熔断器分为高压熔断器和低压熔断器。这两种熔断器的用途和工作原理几乎相同，但作用不同。

高压熔断器主要用于高压输电线路、变压器、电压互感器等电器设备的过载和短路保护。高压熔断器的作用是为高压系统提供短路保护，当运行的负荷量与熔体匹配合理时，还兼作过流保护。

高压熔断器在工作中，如果电路中的电流超过了规定的值，其自身会产生一种热量使得熔体熔断，从而断开电路保护电器。并且

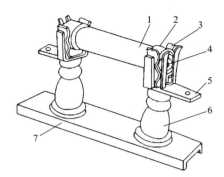

图 5-12　RN1 型和 RN2 型户内
高压管式熔断器结构

1—瓷熔管；2—金属管帽；3—弹性触座；
4—熔断指示器；5—接线端子；
6—瓷绝缘子；7—底座

经过熔体上的电流越大，熔断的速度就越快，当然熔断的时间与熔体的材料和熔断电流的大小也有一定的关系。

高压系统中应用的熔断器分为户内型和户外型两种。户内型多数与负荷开关组合，用来保护变压器，在电压互感器柜和计量柜中用来作为电压互感器的保护。

RN1 和 RN2 型户内高压熔断器的结构如图 5-12 所示；RW4 型户外高压跌落式熔断器（又称跌开式熔断器）的结构如图 5-13 所示。

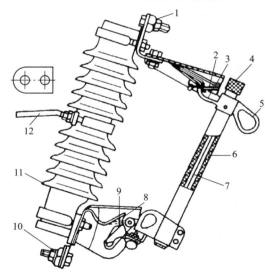

图 5-13　RW4 型户外高压跌开式熔断器结构

1—上接线端子；2—上静触头；3—上动触头；4—管帽；5—操作环；
6—熔管；7—铜熔丝；8—下动触头；9—下静触头；
10—下接线端子；11—绝缘瓷瓶；12—固定安装板

5.5.2　高压熔断器的安装

对跌落式熔断器的安装应满足产品说明书及电气安装规程的要求：

（1）熔管轴线与铅垂线的夹角一般应为 15°～30°。

（2）熔断器的转动部分应灵活，熔管跌落时不应碰及其他物体而损坏熔管。

（3）抱箍与安装固定支架连接应牢固；高压进线、出线与上接线螺钉和下接线螺钉应可靠连接。

（4）相间距离，室外安装时应不小于 0.7m；室内安装时，应不小于 0.6m。

（5）熔管底端对地面的距离，装于室外时以 4.5m 为宜；装于室内时，以 3m 为宜。

（6）装在被保护设备上方时，与被保护设备外廓的水平距离，不应小于 0.5m。

（7）各部元件应无裂纹或损伤，熔管不应有变形。

（8）熔丝应位于消弧管的中部偏上处。

5.6　成套配电柜

5.6.1　安装配电柜对土建的要求

配电柜又称开关柜，有高压开关柜与低压开关柜两种。高压开关柜有固定式和手车式之分。主要用于变配电站，作为接收和分配电能之用。低压开关柜主要有固定式和抽屉式两大类。用于发电厂、变电站和企业、事业单位，频率 50Hz、额定电压 380V 及以下的低压配电系统，作为动力、照明配电之用。常用配电柜的外形如图 5-14 所示。开关柜的型号、规格虽然很多，但安装方法及安装要求却基本相同。

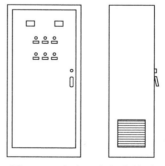

图 5-14　电力配电柜的外形

安装配电柜对土建的要求如下：

（1）屋顶、楼板施工完毕，且不渗漏。

（2）室内地坪已完工，室内沟道无积水、无杂物。门窗安装完毕，屋内粉刷已经结束。

（3）预埋件与预留孔符合设计要求，预埋件牢固。

5.6.2 基础型钢的加工

配电柜的安装通常以角钢或槽钢作基础。为便于今后维修拆换，多采用槽钢。埋设之前应先将型钢调直、除锈，按图纸要求尺寸下料钻孔（不采用螺栓固定者不钻孔）。

因为基础型钢的下料需实测柜体底座的几何尺寸、地脚螺栓的尺寸及柜的台数，所以一般采用现场制作的方法。它主要适用于多层或高层建筑中的设备层或无法设置电缆沟的场所，其作用一是支撑柜体；二是增高柜体在地面上的高度。

（1）槽钢下料。型钢可选用 10 号槽钢（高 100mm）与 20 号槽钢（高 200mm 或 300mm），一般选用 10 号槽钢。基础槽钢做成矩形，下料尺寸为：宽度＝柜体的厚度；长度＝n 个柜体的宽度总和＋柜体间隙（1～2mm）。

（2）槽钢焊接。焊接前，将槽钢的端部锯成 45°角，在平台上或较平的厚钢板上对接，对接时槽钢的腿朝里，腰朝外，较平的一腿面为上面，另一腿面为下面。一般先采用定位焊，测量其角度与水平度，其误差控制为平直度 0.5mm/m，水平度 1mm/m，全长误差不大于 0.2%。符合要求后即可进行焊接，当总长超过 3m 时应在两柜体的衔接处放置一根加强梁，如图 5-15 所示。

（3）槽钢开孔。开孔前，首先要测量在土建主体施工时预埋的地脚螺栓的纵、横间距和直径，并在槽钢的下腿面上画好地脚的开孔位置；其次是测量柜体地脚螺栓的安装尺

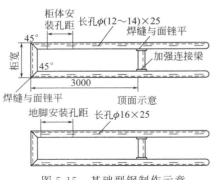

图 5-15　基础型钢制作示意

寸，并在槽钢的上腿面上画好开孔的位置。槽钢两腿的开孔位置应从同一端开始画线定位；上腿面的开孔位置应按照柜体测量进行，并考虑柜体间的 1～2mm 的余量和柜体的编号顺序的影响因素。

用电钻钻孔，并用锉刀将孔锉成长孔，开孔的孔径一般为 12～14mm，孔长为 25mm，上腿面的开孔要保证柜体的前面（垂线）和槽钢腰面（垂线）一致，其误差为±0.5mm。

（4）防腐处理。清除槽钢的焊渣及飞边，用钢丝刷将内外的铁锈除掉，槽钢的内外涂刷防锈漆一道，面漆两道（面漆的颜色应与柜体的颜色一致）。

5.6.3　基础型钢的安装

各种配电柜的基础安装都应该首先将基础槽钢校直、除锈，并放在安装位置。槽钢可以在土建浇注配电柜基础混凝土时直接预埋，也可以用基础螺栓固定或焊接在土建预埋件上，土建施工时先埋设预埋件，而电气施工时再安装槽钢。

（1）直接埋设　此种方法是在土建浇注混凝土时，直接将基础型钢埋设好。先在埋设位置找出型钢的中心线，再按图纸的标高尺寸，测量其高度和位置，并做上记号。将型钢放在所测量的位置上，使其与记号对准，用水平尺调好水平，并应使两根型钢处在同一水平面上，且平行。型钢埋设偏差不应大于表 5-1 的规定。水平调好后即可将型钢固定，并浇注混凝土。

表 5-1　基础型钢安装的允许偏差

项　　目	允许偏差	
	mm/m	mm/全长
直线度	<1	<5
水平度	<1	<5
平行度	—	<5

（2）预留沟槽埋设法　此种方法是在土建浇注混凝土时，先根据图纸要求在型钢埋设位置预埋固定基础型钢用的铁件（钢筋或钢板）或基础螺栓，同时预留出沟槽。沟槽宽度应比基础型钢宽

30mm；深度为基础型钢埋入深度减去两次抹灰层的厚度，再加深10mm作为调整裕度。待混凝土凝固后，将基础型钢放入预留沟槽内，加垫铁调平后与预埋件焊接或用基础螺栓固定。型钢周围用混凝土填实。基础型钢安装好后，其顶部宜高出抹平地面10mm（手车式柜除外）。

5.6.4 配电柜的搬运与检查

5.6.4.1 配电柜的搬运

（1）按配电柜的重量及形体大小，结合现场施工条件，由施工员决定采用吊车、汽车或人力搬运。

（2）柜体上有吊环者，吊索应穿过吊环；无吊环者，吊索最好挂拴在四角主要承力结构处。不许将吊索挂在设备部件（如开关拉杆等）上。

（3）搬运配电柜应在无雨时进行，以防受潮。

（4）运输中要固定牢靠，防止磕碰，避免元件、仪表及油漆的损坏，必要时可拆下柜上的精密仪表和继电器单独搬运。

（5）在搬运过程中，配电柜不允许倒放或侧放，而且要防止翻倒，也不能使配电柜受到冲击或剧烈振动。

5.6.4.2 安装前对配电柜的检查

配电柜（盘）到达现场后，按进度情况进行开箱检查，开箱时要小心谨慎。主要检查以下内容并填写"设备开箱检查记录"。

（1）检查有无出厂图纸及技术文件规格、型号是否与设计相符。

（2）配电柜（盘）上零件和备品是否齐全。

（3）检查所有电器元件有无损坏、受潮、生锈。

（4）对柜内仪表、继电器要重点检查，必要时可从柜上拆下送交实验室进行检查和调校，待配电柜安装固定后再装回。

5.6.5 配电柜的安装

在浇注基础型钢的混凝土凝固以后，即可将配电柜就位（俗称立柜）。立柜前，应先按照图纸规定顺序将配电柜标记，然后用人力或机械将柜轻轻平放在安装位置上。就位时应根据设计图示和现场条件确定就位次序，一般情况下是以不妨碍其他配电柜为原则，先内后外、先靠墙处后入口处，依次将配电柜安装在指定的位置上。高、低压配电柜在地坪上的安装尺寸如图 5-16 所示。

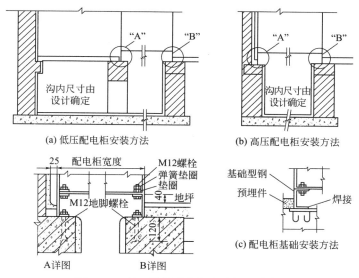

(a) 低压配电柜安装方法　　　　(b) 高压配电柜安装方法

A详图　　　　B详图

(c) 配电柜基础安装方法

图 5-16　高、低压配电柜在地坪上安装

配电柜就位后，应先调到大致水平位置，然后再进行精调。当柜较少时，先精确地调整第一台柜，再以第一台为标准逐个调整其余柜，使柜面一致、排列整齐、间隙均匀。当柜较多时，可先安装中间一台柜，将其调整好，然后安装调整两侧其余的柜。调整时可在下面加垫铁片（同一处不宜超过 3 块）。直到满足表 5-2 的要求，即可进行固定。

表 5-2　盘、柜安装的允许偏差

项　　目	允许偏差/mm	
垂直度（每米）	<1.5	
水平度	相邻两柜顶部	<2
	成列柜顶部	<5

项　目		允许偏差/mm
平面度	相邻两柜面	＜1
	成列柜面	＜5
柜间缝隙	柜间缝隙	＜12

配电柜多用螺栓固定或焊接固定。若采用焊接固定，每台柜的焊缝不应少于 4 处，每处焊缝长度约 100mm。为保持柜面美观，焊缝宜放在柜体的内侧。焊接时，应把垫于柜下的垫片也焊在基础型钢上。对于主控制盘、继电保护盘、自动装置盘不宜与基础型钢焊死，以便移迁。

装在振动场所的配电柜，应采取防振措施，一般在柜下加装厚度约 100mm 的弹性垫。

配电装置的基础型钢应作良好接地，一般采用扁钢将其与接地网焊接，且接地不应少于两处，一般在基础型钢两端各焊一扁钢与接地网相连。基础型钢露出地面的部分应涂 1 层防锈漆。

5.6.6　配电柜安装注意事项

5.6.6.1　安装抽屉式成套配电柜时应注意事项

（1）抽屉推拉应灵活轻便，无卡阻、碰撞现象，抽屉应能互换。

（2）抽屉的机械联锁或电气联锁装置应动作正确可靠，断路器分闸后，隔离触头才能分开。

（3）抽屉与柜体间的二次回路连接插件应接触良好。

（4）动触头与静触头的中心线应一致，触头接触应紧密。

（5）抽屉与柜体间的接地触头应接触紧密；当抽屉推入时，抽屉的接地触头应比主触头先接触，拉出时程序应相反。

5.6.6.2　安装手车式成套配电柜时应注意事项

（1）手车推拉应灵活轻便，无卡阻、碰撞现象。

（2）手车推入工作位置后，动触头顶部与静触头底部的间隙应符合产品要求。

（3）手车和柜体间的二次回路连接插件应接触良好。

（4）安全隔离板应开启灵活，随手车的进出而相应动作。

（5）柜内控制电缆的位置不应妨碍手车的进出，并应牢固。

（6）手车与柜体间的接地触头应接触紧密，当手车推入柜内时，其接地触头应比主触头先接触，拉出时接地触头比主触头后断开。

5.6.6.3　安装配电柜上的电器时应注意事项

（1）规格、型号应符合设计要求，外观应完整，且附件齐全、排列整齐、固定可靠、密封良好。

（2）各电器应能单独拆装更换而不影响其他电器及导线束的固定。

（3）发热元件宜安装于柜顶。

（4）熔断器的熔体规格应符合设计要求。

（5）信号装置回路应显示准确，工作可靠。

（6）柜（盘）上的小母线应采用直径不小于6mm的铜棒或铜管，小母线两侧应有标明其代号或名称的标志牌，字迹应清晰且不易脱色。

（7）柜（盘）上1000V及以下的交、直流母线及其分支线，其不同极的裸露载流部分及裸露载流部分与未经绝缘的金属体的电气间隙和漏电距离应符合表5-3的规定。

表 5-3　1000V 及以下柜（盘）裸露母线的电气间隙和漏电距离

mm

类　　别	电气间隙	漏电距离
交直流低压盘、电容屏、动力箱	12	20
照明箱	10	15

5.6.6.4　配电柜上配线时应注意事项

配电柜、盘（屏）内的配线应采用截面不小于1.5mm、电压不低于400V的铜芯导线。但对电子元件回路、弱电回路采用锡焊连接时，在满足载流量和电压降及有足够机械强度的情况下，可使用较小截面的绝缘导线。对于引进柜、盘（屏）内的控制电缆及其芯线应符合下列要求。

（1）引进盘、柜的电缆应排列整齐，避免交叉。

（2）引进盘、柜的电缆应固定牢固，不使所接的端子板受到机械应力。

（3）铠装电缆的钢带不应进入盘、柜内；铠装钢带切断处的端部应扎紧。

（4）用于晶体管保护、控制等逻辑回路的控制电缆，当采用屏蔽电缆时，其屏蔽层应予接地；当不采用屏蔽电缆时，则其备用芯线应有一根接地。

（5）橡胶绝缘芯线应外套绝缘管保护。

（6）柜、盘内的电缆芯线，应按垂直或水平有规律地配置，不得任意歪斜交叉连接。

（7）柜、盘内的电缆的备用芯线应留有适当裕度。

5.6.7　配电柜的巡视检查与验收

5.6.7.1　基础槽钢安装质量的巡视检查

基础槽钢安装质量的好坏直接影响成套配电柜的安装质量与效率，绝对不能忽视。施工图设计时，往往把基础槽钢的安装放在土建的预埋件图中，按普通预埋件的要求设置基础槽钢大小不能满足电气安装的要求。最好是在施工图会审时解决这一问题，将由土建施工时预埋连接基础槽钢的预埋件，改为由安装单位负责基础槽钢的安装。安装前应将槽钢（或角钢）校直、焊口磨平、除锈、防腐等工作做好；与预埋件焊接时应注意电流、焊接方式，防止变形，监理巡视时应密切注视基础槽钢的安装质量。对于手车柜的基础槽钢与地坪尤其需严格要求，可用水平仪等进行校正，以保证达到规范要求。

5.6.7.2　柜、屏、台、箱、盘的金属框架接地的巡视检查

首先要巡视基础槽钢的接地是否符合要求、是否可靠，且是否采用了两点以上的接地；其次要注意金属框架与它采用了什么方式连接。施工中有时采用焊接方式连接，这容易损坏柜体的油漆，影响美观与柜体强度。新规范已有明确规定，应用镀锌螺栓连接，且防松零件齐全。巡视中应按此要求严格执行。

5.6.7.3　柜（屏、台等）体组立的巡视检查

由于柜体组立时，往往垂直度、水平度及成套柜之间的缝

隙距离超过规范要求，因此安装时应用吊重锤的方式控制垂直度，用塞尺控制缝隙距离，必要时对基础槽钢与柜体作一些校正、修理。监理巡视时应携带工具进行测量，若发现误差超过规范要求时应及时通知有关人员处理，以免验收时返工，影响进度，增大损失。

5.6.7.4　对手车、抽出式成套柜安装时的巡视检查

应注意手车、抽出式成套配电柜推拉是否灵活、有无卡阻碰撞现象。动触头与静触头的中心线应一致，且触头接触紧密。投入时，接地触头应先于主触头接触；退出时，接地触头应后于主触头脱开。对于同一功能的手车柜、抽出式抽屉应有互换性，如相同的进线手车柜（进线屉）与出线手车柜（出线屉）应有互换性，以便发生故障时，可以互换使用。

5.6.7.5　柜（屏、台、箱）间配线的巡视检查

施工中配线往往不规范，电压等级与导线截面等不符合要求，电流回路的导线截面为不小于 $2.5mm^2$，其他回路不小于 $1.5mm^2$。另外应注意配线整齐、清晰、美观、绝缘良好、无损伤。

5.6.7.6　旁站

高、低压成套配电柜交接试验时，监理应在现场检查试验方法、试验仪器是否符合要求，对试验结果与记录予以确认。照明配电箱的漏电装置检测及模拟试验时监理应在现场参加并做好记录。

5.6.7.7　验收

（1）柜（屏、台、盘、箱）体安装横平竖直，连接牢固，接地可靠，符合现行的规范要求。

（2）现场配线电压等级、导线截面、类型符合要求，接线整齐、编号齐全、标识正确。

（3）盘柜内所有开关、断路器等元器件应完好无损，安装位置正确，接线正确，动作性能符合设计要求。

（4）高、低压电器交接试验符合现行规范规定。

（5）所有保护装置定值符合规定，操作及联动试验正确，声光指示正确、清晰。

（6）漏电保护模拟试验，检测数据符合要求。

（7）可接近裸露金属外框接地（PE）或接零（PEN）可靠。

5.7 电流互感器

5.7.1 电流互感器的主要类型

电流互感器是将高压系统中的电流或低压系统中的大电流，变成标准的小电流（5A 或 1A）的电器。它与测量仪表相配合时，可测量电力系统的电流；与继电器配合时，则可对电力系统进行保护。同时，它能使测量仪表和继电保护装置标准化，并与高电压隔离。

通常，电流互感器主要是根据一次绕组结构的不同，而分成不同的品种。因为它的一次绕组是串联在线路中，要求通过较大的电流，所以导线截面积较大，而匝数较少，往往只有 1 匝或几匝，有其独立的特点。

电流互感器的分类如下。

（1）按安装地点分 电流互感器按安装地点可分为户内式、户外式及装入式。

（2）按安装方法分 电流互感器按安装方法可分为穿墙式和支持式。穿墙式装在墙壁或金属结构的孔中，可节约穿墙套管；支持式则安装在平面或支柱上。

（3）按绝缘分 电流互感器按绝缘可分为干式、浇注式、油浸式和气体绝缘式等。干式用绝缘胶浸渍，适用于低压的户内电流互感器；浇注式利用环氧树脂作绝缘，浇注成型，其适用于 35kV 及以下的户内电流互感器；油浸式多为户外型设备。

（4）按一次绕组的匝数分 电流互感器按一次绕组匝数可分为单匝式和多匝式。单匝式按一次绕组形式又可分为贯穿式（一次绕组为单根铜杆或铜管）和母线式（以母线穿过互感器作为一次绕组）。

（5）按用途分 电流互感器按用途可分为测量用电流互感器和保护用电流互感器。

LMZJ1-0.5 型电流互感器的外形如图 5-17 所示；LQJ-10 型电流互感器的外形如图 5-18 所示。

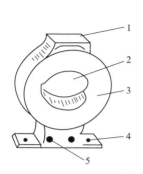

图 5-17　LMZJ1-0.5 型电流互感器

1—铭牌；2—一次母线穿孔；3—铁芯
（外绕二次绕组，环氧浇注）；
4—安装板；5—二次接线端

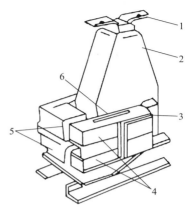

图 5-18　LQJ-10 型电流互感器

1——次接线端；2——次绕组；
3—二次接线端；4—铁芯；
5—二次绕组；6—警告牌

5.7.2　电流互感器的安装

5.7.2.1　安装前的检查

安装前，应对电流互感器进行检查。详细检查互感器的型号、规格是否符合设计图纸的要求；互感器的表面应无裂纹、无锈蚀、无机械损伤；引出端子应连接牢固、绝缘良好、标志清晰。

5.7.2.2　安装方式

电流互感器的安装方式，应视设备配置情况而定，一般有下列几种情况：

（1）将电流互感器安装在成套配电柜、金属构架上。

（2）在母线穿过墙壁或楼板的地方，将电流互感器直接用基础螺钉固定在墙壁或楼板上，或者先将角铁做成矩形框架埋入墙壁或楼板中，再将与框架同样大小的铁板（厚约 4mm），用螺钉或电焊固定在框架上，然后将电流互感器固定在铁板上。

5.7.2.3　安装注意事项

（1）电流互感器一般均安装于离地面有一定高度之处，安装时因为电流互感器本身较重，所以向上吊运时，应特别注意防止瓷瓶损坏。

（2）安装时，三个电流互感器的中心应在同一平面上，各互感器的间隔应一致，安装应牢固可靠。

（3）电流互感器的一次绕组和被测线路串联，二次绕组和电测仪表串联，接线时要注意，一、二次侧的极性端子不要接错，否则会出现测量错误或引起事故。

（4）电流互感器二次侧绝对不允许开路，否则，将产生高电压，危及设备和运行人员的安全；同时因电流互感器铁芯过热，有烧坏互感器的可能。因此二次侧不允许装设熔断器，使用过程中拆卸仪表或继电器时，应事先将二次侧短路，然后拆卸。

（5）电流互感器的二次侧和互感器的外壳应可靠接地，以保证运行安全。

（6）二次回路导线排列应整齐美观，导线与电气元件及端子排的连接螺钉必须无虚接松动现象。

5.8 电压互感器

5.8.1 电压互感器的主要类型

电压互感器是将电力系统的高电压变成标准的低电压（通常为 $100V$ 或 $100/\sqrt{3}V$）的电器。它与测量仪表配合时，可测量电力系统的电压；与继电保护装置配合时，则可对电力系统进行保护。同时，它能使测量仪表和继电保护装置标准化，并与高压电隔离。

电压互感器从结构上讲是一种小容量、大电压比的降压变压器，因而其基本原理与变压器无任何区别。

电压互感器可以分为以下几类：

（1）按用途分 电压互感器按用途可分为测量用电压互感器和保护用电压互感器。

（2）按相数分 电压互感器按相数可分为单相电压互感器和三相电压互感器。

（3）按绕组数分 电压互感器按绕组数目可分为双绕组电压互

感器、三绕组电压互感器和四绕组电压互感器。

（4）按绝缘介质分　电压互感器按绝缘介质可分为干式电压互感器、浇注式电压互感器、油浸式电压互感器和气体绝缘式电压互感器。

（5）按安装场所分　电压互感器按安装场所可分为户内电压互感器和户外电压互感器。

（6）按电压等级分　电压互感器按电压等级可分为低压电压互感器和高压电压互感器。

JDZJ-10 型电压互感器的外形如图 5-19 所示。

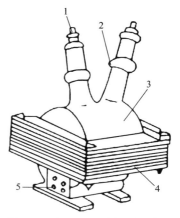

图 5-19　JDZJ-10 型电压互感器
1—一次接线端；2—高压绝缘套管；
3—一、二次绕组，环氧树脂浇注；
4—铁芯；5—二次接线端

5.8.2　电压互感器的安装

5.8.2.1　安装前的检查

电压互感器在运输过程中因受振动常发生瓷套管损坏或螺栓松动现象，故在安装前必须检查。一般情况下，只作外部检查而不作内部检查。如经过试验判断有不正常现象（如断线或直流电阻不符合规定）时，再用吊芯检查。电压互感器外部检查可按下列各项进行。

（1）检查互感器的型号、规格是否符合设计要求。

（2）检查瓷套管有无裂纹、边缘是否毛糙或损坏、瓷管与上盖间的胶合是否牢靠；用手轻轻扳动套管，套管不应活动。

（3）检查互感器的附件是否齐全。

（4）检查互感器的外壳有无锈蚀或机械损伤。

（5）二次接线板应完整，引出端子应连接牢固、绝缘良好、标志清晰。

（6）检查油浸式电压互感器的油位指示器，应无堵塞和渗油现象。油面要达到标准高度，油面太高，会使密闭式互感器内产生较大的压力；油面太低，会引起互感器过热或绝缘物质损坏。

（7）检查油浸式电压互感器的外壳有无漏油现象。如发现此类现象，应把铁芯吊出，将油放出后进行修补。用手转动油箱上的阀门，阀门应转动灵活。

电压互感器的吊芯检查方法与变压器吊芯检查基本相同，实用中可参照进行。

5.8.2.2 安装方式

电压互感器一般均直接安装于混凝土墩上，安装前混凝土墩应有一定强度。电压互感器有时也装在成套开关柜内，对这种电压互感器只需检查接线。

5.8.2.3 安装注意事项

（1）搬运电压互感器时，其倾斜角度不应超过 15°，以免内部绝缘受损。

（2）接线时应注意，接到套管上的导线，不应使套管受到拉力，以免损坏套管。

（3）电压互感器的接线应保证其正确性，一次绕组和被测电路并联，二次绕组应和所接的测量仪表、继电保护装置或自动装置的电压线圈并联，同时要注意极性的正确性。

（4）接在电压互感器二次侧负荷的容量应合适。接在电压互感器二次侧的负荷不应超过其额定容量，否则，会使互感器的误差增大，难以达到测量的正确性。

（5）电压互感器二次侧绝对不允许短路。电压互感器内阻抗很小，若二次回路短路时，会出现很大的电流，将损坏二次设备甚至危及人身安全。电压互感器可以在二次侧装设熔断器以保护其自身不因二次侧短路而损坏。在可能的情况下，一次侧也应装设熔断器以保护高压电网不因互感器高压绕组或引线故障危及一次系统的安全。

（6）为了确保人在接触测量仪表和继电器时的安全，电压互感器二次侧一端及外壳必须可靠接地，因为接地后，当一次和二次绕组间的绝缘损坏时，可以防止仪表和继电器出现高电压危及人身安全。

（7）电压互感器安装结束后即可进行交接试验，试验合格后才可投入运行。

第 ⑥ 章
低压电器的安装

6.1 低压电器概述

6.1.1 低压电器的特点

电器是指能够根据外界的要求或所施加的信号，自动或手动地接通或断开电路，从而连续或断续地改变电路的参数或状态，以实现对电路或非电对象的切换、控制、保护、检测和调节的电气设备。简单地说，电器就是接通或断开电路或调节、控制、保护电路和设备的电工器具或装置。电器按工作电压高低可分为高压电器和低压电器两大类。

低压电器通常是指用于交流 50Hz（或 60Hz）、额定电压为 1200V 及以下、直流额定电压为 1500V 及以下的电路内起通断、保护、控制或调节作用的电器。

近年来，我国低压电器产品发展很快，通过自行设计新产品和从国外著名厂家引进技术，产品品种和质量都有明显的提高，符合新国家标准、部颁标准和达到国际电工委员会（IEC）标准的产品不断增加。当前，低压电器继续沿着体积小、质量轻、安全可靠、使用方便的方向发展，主要途径是利用微电子技术提高传统电器的性能；在产品品种方面，大力发展电子化的新型控制器，如接近开关、光电开关、电子式时间继电器、固态继电器等，以适应控制系统迅速电子化的需要。

目前，低压电器在工农业生产和人们的日常生活中有着非常广泛的应用，低压电器的特点是品种多、用量大、用途广。

6.1.2　低压电器的用途与分类

　　低压电器的种类繁多、结构各异、功能多样、用途广泛，其分类方法很多。低压电器按用途可分为配电电器和控制电器两大类。配电电器主要用于低压配电系统和动力装置中，包括刀开关、转换开关、断路器和熔断器等；控制电器主要用于电力拖动及自动控制系统，包括接触器、继电器、起动器、控制器、主令电器、电阻器、变阻器和电磁铁等。

　　低压电器按用途分类见表 6-1。

表 6-1　低压电器按用途分类

电器名称		主要品种	用　　途
配电电器	刀开关	刀开关 熔断器式刀开关 开启式负荷开关 封闭式负荷开关	主要用于电路隔离，也能接通和分断额定电流
	转换开关	组合开关 换向开关	用于两种以上电源或负载的转换和通断电路
	断路器	万能式断路器 塑料外壳式断路器 限流式断路器 漏电保护断路器	用于线路过载、短路或欠压保护，也可用作不频繁接通和分断电路
	熔断器	半封闭插入式熔断器 无填料熔断器 有填料熔断器 快速熔断器 自复熔断器	用于线路或电气设备的短路和过载保护
控制电器	接触器	交流接触器 直流接触器	主要用于远距离频繁启动或控制电动机，以及接通和分断正常工作的电路
	继电器	电流继电器 电压继电器 时间继电器 中间继电器 热继电器	主要用于控制系统中，控制其他电器或作为主电路的保护

电器名称		主要品种	用 途
控制电器	起动器	电磁起动器 减压起动器	主要用于电动机的启动和正反向控制
	控制器	凸轮控制器 平面控制器 鼓形控制器	主要用于电气控制设备中转换主回路或励磁回路的接法,以达到电动机启动、换向和调速的目的
	主令电器	控制按钮 行程开关 主令控制器 万能转换开关	主要用于接通和分断控制电路
	电阻器	铁基合金电阻	用于改变电路的电压、电流等参数或变电能为热能
	变阻器	励磁变阻器 起动变阻器 频敏变阻器	主要用于发电机调压以及电动机的减压启动和调速
	电磁铁	起重电磁铁 牵引电磁铁 制动电磁铁	用于起重、操纵或牵引机械装置

6.1.3　低压电器安装前的检查

低压电器开箱检查应符合下列要求。

（1）部件完整，瓷件应清洁，不应有裂纹和伤痕。动作灵活、准确。

（2）控制器及主令控制器应转动灵活，触头有足够的压力。

（3）接触器、磁力启动器及自动开关的接触面应平整，触头应有足够的压力，接触良好。

（4）刀开关及熔断器的固定触头的钳口应有足够的压力。刀开关合闸时，各刀片的动作应一致。熔断器的熔丝或熔片应压紧，不应有损伤。

（5）变阻器的传动装置、终端开关及信号联锁接点的动作应灵活、准确。滑动触头与固定触头间应有足够的压力，接触良好。

（6）电磁铁。制动电磁铁的铁芯表面应洁净，无锈蚀。铁芯吸至最终端时，不应有剧烈的冲击。交流电磁铁在带电时应无异常的响声。

（7）绝缘电阻的测量　测量部位：触头在断开位置时，同极的进线与出线端之间；触头在闭合位置时，不同极的带电部件之间；各带电部分与金属外壳之间。

测量绝缘电阻使用的绝缘电阻表电压等级及所测得的绝缘电阻应符合 GB 50150—2006《电气装置安装工程　电气设备交接试验标准》的规定。

6.1.4　低压电器的安装原则

（1）低压电器应水平或垂直安装，特殊形式的低压电器应按产品说明的要求进行安装。

（2）低压电器应安装牢固、整齐，其位置应便于操作和检修。在振动场所安装低压电器时，应有防振措施。

（3）在有易燃、易爆、腐蚀性气体的场所，应采用防爆等特殊类型的低压电器。

（4）在多尘和潮湿及人易触碰和露天场所，应采用封闭型的低压电器。若采用开启式的低压电器应加保护箱。

（5）一般情况下，低压电器的静触头应接电源，动触头接负荷。

（6）落地安装的低压电器，其底部应高出地面 100mm。

（7）安装低压电器的盘面上，一般应标明安装设备的名称及回路编号或路别。

6.2　常用低压电器的安装

6.2.1　刀开关

刀开关也叫闸刀开关。刀开关是一种结构比较简单的开关电器，它只能进行手动操作。主要用于各种配电设备和供电线路，可作为非频繁地接通和分断容量不太大的低压供电线路之用。当能满足隔离功能要求时，刀开关也可用来隔离电源。常用的刀开关有

HD 系列单投刀开关和 HS 系列双投刀开关。常用刀开关的外形如图 6-1 所示。

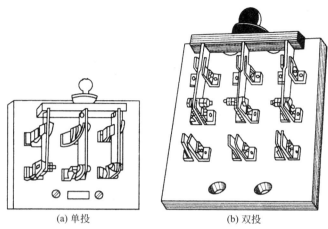

(a) 单投　　　　　　(b) 双投

图 6-1　HD、HS 系列三极刀开关

刀开关由手柄、触刀、静插座（简称插座）、铰链支座和绝缘底板组成。同一般开关电器比较，刀开关的触刀相当于动触头，而静插座相当于静触头。

安装刀开关时应注意：

（1）刀开关应垂直安装在开关板上，并要使静插座位于上方。若静插座位于下方，则当刀开关的触刀被拉开时，如果铰链支座松动，触刀等运动部件可能会在自重作用下向下掉落，同静插座接触，发生误动作而造成严重事故。

（2）电源进线应接在开关上方的静触头进线座，接负荷的引出线应接在开关下方的出线座；不能接反，否则更换熔体时易发生触电事故。

（3）动触头与静触头要有足够的压力、接触应良好，双投刀开关在分闸位置时，刀片应能可靠固定。

（4）安装杠杆操作机构时，应合理调节杠杆长度，使操作灵活可靠。

（5）合闸时要保证开关的三相同步，各相接触良好。

6.2.2 开启式负荷开关

开启式负荷开关又叫胶盖瓷底刀开关（俗称胶盖闸），是由刀开关和熔丝组合而成的一种电器。开启式负荷开关按极数分为两极和三极两种。

开启式负荷开关主要由瓷质手柄、触刀（又称动触头）、触刀座（静触头）、进线座、出线座、熔丝、瓷底座、上胶盖、下胶盖及紧固螺帽等零件装配而成。常用开启式负荷开关的结构如图6-2所示。

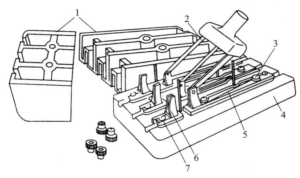

图 6-2　开启式负荷开关的结构

1—胶盖；2—闸刀；3—出线座；4—瓷底座；5—熔丝；6—夹座；7—进线座

安装开启式负荷开关时应注意如下几点。

（1）开启式负荷开关必须垂直地安装在控制屏或开关板上，并使进线座在上方（即在合闸状态时，手柄应向上），不准横装或倒装，更不允许将负荷开关放在地上使用。

（2）接线时，电源进线应接在上端进线座，而用电负载应接在下端出线座。这样当开关断开时，触刀（闸刀）和熔丝上均不带电，以保证换装熔丝时的安全。

（3）刀开关和进出线的连接螺钉应牢固可靠、接触良好，否则接触处温度会明显升高，引起发热甚至发生事故。

6.2.3 封闭式负荷开关

封闭式负荷开关又称铁壳开关（因为封闭式负荷开关的早期

产品，都带有一个铸铁外壳，所以又称为铁壳开关。目前，铸铁外壳早已被结构轻巧的薄钢板冲压外壳所取代，但其习称仍然被沿用着），简称负荷开关，它是由刀开关和熔断器组合而成的一种电器。

封闭式负荷开关主要由触头及灭弧系统、熔断器以及操作机构等三部分共装于一个防护外壳内构成。其结构主要由闸刀、夹座、熔断器、铁壳、速断弹簧、转轴和手柄等组成。常用封闭式负荷开关的外形和结构如图 6-3 所示。

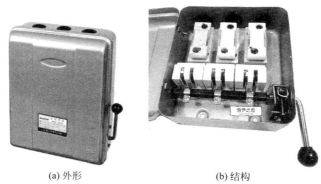

(a) 外形　　　　　　　　　　　　　(b) 结构

图 6-3　封闭式负荷开关

安装封闭式负荷开关时应注意如下几点。

（1）尽管封闭式负荷开关设有联锁装置以防止操作人员触电，但仍应当注意按照规定进行安装。开关必须垂直安装在配电板上，安装高度以安全和操作方便为原则，严禁倒装和横装，更不允许放在地上，以免发生危险。

（2）开关的金属外壳应可靠接地或接零，严禁在开关上方放置金属零件，以免掉入开关内部发生相间短路事故。

（3）开关的进出线应穿过开关的进出线孔并加装橡胶垫圈，以防检修时因漏电而发生危险。

（4）接线时，应将电源线牢靠地接在电源进线座的接线端子上。如果接错了将会给检修工作带来不安全因素。

（5）保证开关外壳完好无损，机械联锁正确。

6.2.4　组合开关

组合开关（又称转换开关）实质上也是一种刀开关，只不过一般刀开关的操作手柄是在垂直于其安装面的平面内向上或向下转动的；而组合开关的操作手柄则是在平行于其安装面的平面内向左或向右转动而已。组合开关由于其可实现多组触头组合而得名，实际上是一种转换开关。

组合开关主要由接线柱、绝缘杆、手柄、转轴、弹簧、凸轮、绝缘垫板、动触头（动触片）、静触头（静触片）等部件组成。常用组合开关的外形和结构如图 6-4 所示。

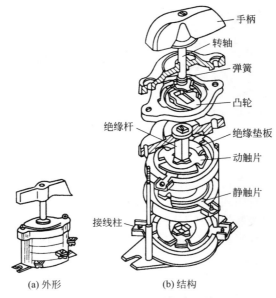

（a）外形　　　（b）结构

图 6-4　HZ10 系列组合开关

安装组合开关时应注意下列事项。

（1）组合开关安装时，应使手柄保持在水平旋转位置为宜。

（2）组合开关应安装在控制箱内，其操作手柄最好是在控制箱的前面或侧面。

（3）在安装时，应按照规定接线，并将组合开关的固定螺母拧紧。

6.2.5　熔断器

熔断器是在低压电路及电动机控制电路中作过载和短路保护用的电器，主要由熔体和安装熔体底座等组成。常用的几种低压熔断器如图 6-5 所示。

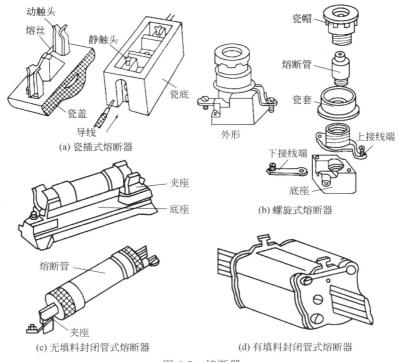

(a) 瓷插式熔断器

(b) 螺旋式熔断器

(c) 无填料封闭管式熔断器

(d) 有填料封闭管式熔断器

图 6-5　熔断器

安装熔断器时应注意下列事项。

（1）安装前，应检查熔断器的额定电压是否大于或等于线路的额定电压；熔断器的额定分断能力是否大于线路中预期的短路电流；熔体的额定电流是否小于或等于熔断器支持件的额定电流。

（2）熔断器一般应垂直安装，应保证熔体与触刀以及触刀与刀座的接触良好，并能防止电弧飞落到临近带电部分上。

（3）安装时应注意不要让熔体受到机械损伤，以免因熔体截面变小而发生误动作。

（4）安装时应注意使熔断器周围介质温度与被保护对象周围介质温度尽可能一致，以免保护特性产生误差。

（5）安装必须可靠，以免因一相接触不良，出现相当于一相断路的情况，致使电动机因断相运行而烧毁。

（6）安装带有熔断指示器的熔断器时，指示器的方向应装在便于观察的位置。

（7）熔断器两端的连接线应连接可靠，螺钉应拧紧。

（8）两熔断器间应留有手拧的空间，不宜过近。熔断器的安装位置应便于更换熔体。

（9）安装螺旋式熔断器时，熔断器的下接线板的接线端应在上方，并与电源线连接。连接金属螺纹壳体的接线端应装在下方，并与用电设备相连，这样更换熔体时螺纹壳体上就不会带电，以保证人身安全。

6.2.6 断路器

断路器曾称自动开关，断路器是一种可以自动切断故障线路的保护开关。按规定条件，断路器可以对配电电路、电动机或其他用电设备实行通断操作并起保护作用，即当电路内出现过载、短路或欠电压等情况时能自动分断电路。在正常情况下还可以用于不频繁地接通和断开电路以及控制电动机的启动和停止。

断路器按结构型式，可分为万能式（曾称框架式）和塑料外壳式（曾称装置式）。常用低压断路器的外形如图 6-6 所示。

安装低压断路器时应注意以下几点。

（1）安装前应先检查断路器的规格是否符合使用要求。

（2）安装前先用 500V 绝缘电阻表（兆欧表）检查断路器的绝缘电阻，在周围空气温度为（20±5）℃和相对湿度为 50%～70%时，绝缘电阻应不小于 10MΩ，否则应烘干。

（3）安装时，电源进线应接于上母线，用户的负载侧出线应接

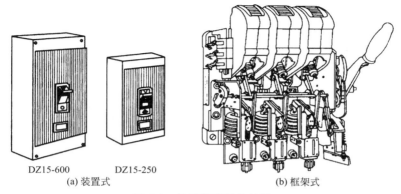

DZ15-600　　DZ15-250
(a) 装置式　　　　　　　　　(b) 框架式

图 6-6　低压断路器的外形

于下母线。

（4）安装时，断路器底座应垂直于水平位置，并用螺钉固定紧，且断路器应安装平整，不应有附加机械应力。

（5）外部母线与断路器连接时，应在接近断路器母线处加以固定，以免各种机械应力传递到断路器上。

（6）安装时，应考虑断路器的飞弧距离，即在灭弧罩上部应留有飞弧空间，并保证外装灭弧室至相邻电器的导电部分和接地部分的安全距离。

（7）在进行电气连接时，电路中应无电压。

（8）断路器应可靠接地。

（9）不应漏装断路器附带的隔弧板，装上后方可运行，以防止切断电路因产生电弧而引起相间短路。

（10）安装完毕后，应使用手柄或其他传动装置检查断路器工作的准确性和可靠性。如检查脱扣器能否在规定的动作值范围内动作；电磁操作机构是否可靠闭合；可动部件有无卡阻现象等。

6.2.7　接触器

接触器是通过电磁结构频繁地远距离自动接通和分断主电路或控制大容量电路的开关电器。接触器分交流接触器和直流接触器两大类。交流接触器的主触头用于通、断交流电路；直流接触器的主触头用于通、断直流电路。交流接触器的结构如图 6-7 所示，其主要组成部分为电磁吸引线圈、铁芯、主触头、常开辅助触头、常闭辅助触头、灭弧罩等。

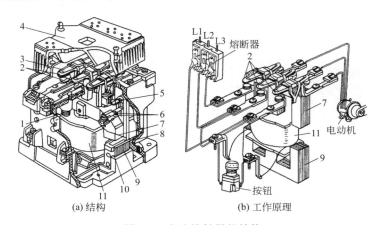

(a) 结构　　　　　　　　(b) 工作原理

图 6-7　交流接触器的结构

1—释放弹簧；2—主触头；3—触头压力弹簧；4—灭弧罩；
5—常闭辅助触头；6—常开辅助触头；7—动铁芯；
8—缓冲弹簧；9—静铁芯；10—短路环；11—线圈

6.2.7.1　接触器安装前的注意事项

（1）接触器在安装前应认真检查接触器的铭牌数据是否符合电路要求；线圈工作电压是否与电源工作电压相配合。

（2）接触器外观应良好，无机械损伤；活动部件应灵活，无卡滞现象。

（3）检查灭弧罩有无破裂、损伤。

（4）检查各极主触头的动作是否同步；触头的开距、超程、初压力和终压力是否符合要求。

（5）用万用表检查接触器线圈有无断线、短路现象。

（6）用绝缘电阻表（兆欧表）检测主触头间的相间绝缘电阻，一般应大于 10MΩ。

6.2.7.2　接触器安装时注意事项

（1）安装时，接触器的底面应与地面垂直，倾斜度应小于 5°。

（2）安装时，应注意留有适当的飞弧空间，以免烧损相邻电器。

（3）在确定安装位置时，还应考虑到日常检查和维修方便性。

（4）安装应牢固，接线应可靠，螺钉应加装弹簧垫和平垫圈，以防松脱和振动。

（5）灭弧罩应安装良好，不得在灭弧罩破损或无灭弧罩的情况下将接触器投入使用。

（6）安装完毕后，应检查有无零件或杂物掉落在接触器上或内部，检查接触器的接线是否正确，还应在不带负载的情况下检测接触器的性能是否合格。

（7）接触器的触头表面应经常保持清洁，不允许涂油。

6.2.8　中间继电器

中间继电器是一种通过控制电磁线圈的通断，将一个输入信号变成多个输出信号或将信号放大（即增大触头容量）的继电器。

中间继电器的主要作用是：当其他继电器的触头数量或触头容量不够时，可借助中间继电器来扩大它们的触头数或增大触头容量，起到中间转换（传递、放大、翻转、分路和记忆等）作用。

中间继电器的结构和原理与交流接触器类似，只是它的触头系统中没有主、辅之分，各对触头所允许通过的电流大小是相等的。由于中间继电器触头接通和分断的是交、直流控制电路，电流很小，因此一般中间继电器不需要灭弧装置。JZ7系列中间继电器的结构如图6-8所示。

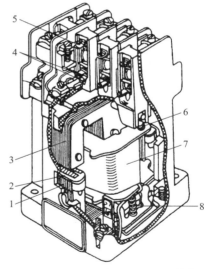

图 6-8　JZ7 系列中间继电器的结构
1—静铁芯；2—短路环；3—衔铁（动铁芯）；
4—常开（动合）触头；5—常闭（动断）
触头；6—释放（复位）弹簧；7—线圈；
8—缓冲（反作用）弹簧

中间继电器与接触器的区别如下。

（1）接触器主要用于接通和分断大功率负载电路，而中间继电器主要用于切换小功率的负载电路。

（2）中间继电器的触头对数多，且无主辅触头之分，各对触头所允许通过的电流大小相等。

（3）中间继电器主要用于信号的传送，还可以用于实现多路控制和信号放大。

（4）中间继电器常用以扩充其他电器的触头数目和容量。

因为中间继电器的结构和原理与交流接触器类似，所以中间继电器的安装注意事项可参考交流接触器，见本章 6.2.7 节。

6.2.9 时间继电器

6.2.9.1 时间继电器的用途

时间继电器是一种自得到动作信号起至触头动作或输出电路产生跳跃式改变有一定延时，该延时又符合其准确度要求的继电器，即从得到输入信号（线圈的通电或断电）开始，经过一定的延时后才输出信号（触头的闭合或断开）的继电器。时间继电器被广泛应用于电动机的启动控制和各种自动控制系统。

6.2.9.2 时间继电器的分类与特点

（1）按动作原理分类 时间继电器按动作原理可分为有电磁式、同步电动机式、空气阻尼式、晶体管式（又称电子式）等。

（2）按延时方式分类 时间继电器按延时方式可分为通电延时型和断电延时型。

① 通电延时型时间继电器接收输入信号后延迟一定的时间，输出信号才发生变化；当输入信号消失后，输出瞬时复原。

② 断电延时型时间继电器接收输入信号时，瞬时产生相应的输出信号；当输入信号消失后，延迟一定时间，输出才复原。

6.2.9.3 时间继电器的结构

（1）空气阻尼式时间继电器 空气阻尼式时间继电器又称气囊式时间继电器。空气阻尼式时间继电器的结构主要由电磁系统、延时机构和触头系统等三部分组成，如图 6-9 所示。

（2）晶体管时间继电器 晶体管时间继电器也称为半导体式时

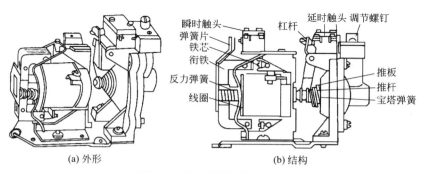

瞬时触头　　　　　　杠杆　　延时触头 调节螺钉
弹簧片
铁芯
衔铁
反力弹簧　　　　　　　　　　　　　推板
线圈　　　　　　　　　　　　　　　推杆
　　　　　　　　　　　　　　　　　宝塔弹簧

(a) 外形　　　　　　　　　　(b) 结构

图 6-9　JS7 系列时间继电器

间继电器或电子式时间继电器。它除了执行继电器外，均由电子元件组成，没有机械零件，因而具有寿命和精度较高、体积小、延时范围宽、控制功率小等优点。晶体管时间继电器按构成原理可分为阻容式和数字式两类。

晶体管时间继电器的种类很多，常用晶体管时间继电器的外形如图 6-10 所示；常用数字（数显）式时间继电器外形如图 6-11所示。

(a) JS20系列　　　　　　　　　(b) ST3P系列

图 6-10　晶体管时间继电器外形

6.2.9.4　时间继电器的安装

（1）安装前，先检查额定电流及整定值是否与实际要求相符。

（2）安装后，应在主触点不带电的情况下，使吸引线圈带电操作几次，试试继电器工作是否可靠。

(a) JS14P系列　　　　　　(b) JS14S系列

图 6-11　数字（数显）式时间继电器外形

（3）空气阻尼式时间继电器不得倒装或水平安装；不要在环境湿度大、温度高、粉尘多的场合使用，以免阻塞气道。

（4）对于时间继电器的整定值，应预先在不通电时整定好，并在试车时校正。

（5）JS7-A 系列时间继电器由于无刻度，故不能准确地调整延时时间。

6.2.9.5　数字式时间继电器的使用环境

（1）安装地点的海拔不超过 2000m；周围空气温度不超过40℃，且其 24h 内的平均温度值不超过 35℃，周围空气温度的下限为 −5℃；最高温度为 40℃时，空气的相对湿度不超过 50%；在较低的温度 20℃时，允许空气的相对湿度不超过 90%。对由于温度变化偶尔产生的凝露应采取特殊的措施。

（2）电源电压变化范围为（85%～110%）额定工作电压。

（3）在无严重振动和爆炸的介质中，且介质中无足以腐蚀金属和破坏绝缘的气体与尘埃。

（4）在雨雪侵蚀不到的地方使用。

6.2.10　热继电器

热继电器是热过载继电器的简称，它是一种利用电流的热效应来切断电路的一种保护电器，常与接触器配合使用，热继电器具有结构简单、体积小、价格低和保护性能好等优点，主要用于电动机的过载保护、断相及电流不平衡运行的保护及其他电气设备发热状态的控制。

双金属片式热继电器由双金属片、加热元件、触头系统及推杆、弹簧、整定值（电流）调节旋钮、复位按钮等组成。常用双金属片式热继电器的结构如图 6-12 所示。

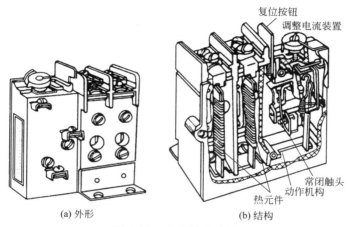

(a) 外形　　　　　　　　　　　　(b) 结构

图 6-12　JR 型热继电器

安装和使用热继电器的方法如下。

（1）热继电器必须按产品使用说明书的规定进行安装。当它与其他电器装在一起时，应将其装在其他电器的下方，以免其动作特性受到其他电器发热的影响。

（2）热继电器的连接导线应符合规定要求。

（3）安装时，应清除触头表面等部位的尘垢，以免影响继电器的动作性能。

（4）运行前，应检查接线和螺钉是否牢固可靠，动作机构是否灵活、正常。

（5）运行前，还要检查其整定电流是否符合要求。

（6）热继电器动作后必须对电动机和设备状况进行检查，为防止热继电器再次脱扣，一般采用手动复位；而对于易发生过载的场合，一般采用自动复位。

（7）对于点动、重载启动，连续正反转及反接制动运行的电动机，一般不宜使用热继电器。

（8）使用中，应定期清除污垢。双金属片上的锈斑，可用布蘸汽油轻轻擦拭。

6.2.11 按钮

按钮又称按钮开关或控制按钮，是一种短时间接通或断开小电流电路的手动控制器，一般用于电路中发出启动或停止指令，以控制电磁起动器、接触器、继电器等电器线圈电流的接通或断开，再由它们去控制主电路。按钮也可用于信号装置的控制。

控制按钮主要由按钮帽、复位弹簧、触头、接线柱和外壳等组成。按钮的种类非常多，常用控制按钮的外形如图 6-13 所示。

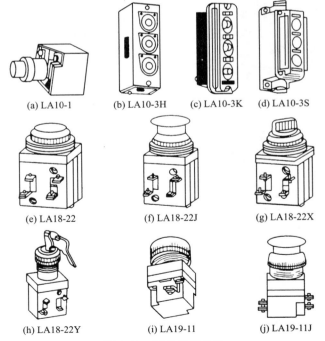

| (a) LA10-1 | (b) LA10-3H | (c) LA10-3K | (d) LA10-3S |

| (e) LA18-22 | (f) LA18-22J | (g) LA18-22X |

| (h) LA18-22Y | (i) LA19-11 | (j) LA19-11J |

图 6-13　部分按钮外形

安装与使用按钮时应注意以下几点。

（1）按钮安装在面板上时，应布置整齐、排列合理，如根据电动机启动的先后次序，从上到下或从左到右排列。

（2）同一个机床运动部件的几种不同的工作状态（如上、下、前、后、左、右、松、紧等），应使每一对相反状态的按钮安装在一组。

（3）为了应付紧急情况，当按钮板上安装的按钮较多时，应采用红色蘑菇头的总停按钮，且应安装在显眼而容易操作的地方。

（4）按钮安装时应牢固，接线时用红色按钮作停止用，绿色或黑色表示启动或通电。

（5）由于按钮的触头间距较小，如有油污等极易发生短路故障，故应经常保持触头的清洁。

6.2.12　行程开关

在生产机械中，常需要控制某些运动部件的行程，或运动一定行程使其停止，或在一定行程内自动返回或自动循环。这种控制机械行程的方式叫"行程控制"或"限位控制"。

行程开关又叫限位开关或位置开关。它是实现行程控制的小电流（5A 以下）主令电器，其作用与控制按钮相同，只是其触头的动作不是靠手按动，而是利用机械运动部件的碰撞使触头动作，即将机械信号转换为电信号，通过控制其他电器来控制运动部件的行程大小、运动方向或进行限位保护。

行程开关主要由滚轮、杠杆、转轴、凸轮、撞块、调节螺钉、微动开关和复位弹簧等部件组成。行程开关有旋转式（滚轮式）和按钮式（直动式）两种类型，其外形如图 6-14 所示。

行程开关安装与使用时应注意以下几点。

（1）行程开关安装时位置要准确，否则不能达到行程控制和限位控制的目的。

（2）行程开关安装时应注意滚轮的方向不能装反，挡铁的位置应符合控制电路的要求。

（3）碰撞压力要调整适中，碰块（挡铁）对开关的作用力及开关的动作行程不应大于开关的允许值。

 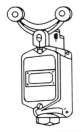 

(a) JLXK1-111单轮旋转式　(b) JLXK1-211双轮旋转式　(c) JLXK1-311按钮式

图 6-14　JLXK1 系列行程开关

（4）安装位置应能使开关正确动作，又不能阻碍机械部件的运动。

（5）限位用的开关应与机械装置配合调整，保证动作可靠，然后才能接入电路使用。

（6）由于行程开关一般都安装在生产机械的运动部分，在使用中有些行程开关经常动作，因此安装的螺钉容易松动而造成控制失灵。所以应定期进行检查螺钉是否松动。

（7）有时由于灰尘或油污进入开关，引起动作不灵活，甚至接不通电路，因此要定期检查位置开关，进行检修和清除油垢和灰尘，清理触头，经常检查动作是否灵活可靠，及时排除故障。

6.2.13　漏电保护器

漏电保护电器（通称漏电保护器）是在规定的条件下，当漏电电流达到或超过给定值时，能自动断开电路的机械开关电器或组合电器。

漏电保护器的功能是，当电网发生人身（相与地之间）触电或设备（对地）漏电时，能迅速地切断电源，使触电者脱离危险或使漏电设备停止运行，从而可以避免因触电、漏电引起的人身伤亡事故、设备损坏以及火灾。漏电保护器通常安装在中性点直接接地的三相四线制低压电网中，提供间接接触保护。当其额定动作电流在 30mA 及以下时，也可以作为直接接触保护的补充保护。

　　注意：装设漏电保护器仅是防止发生人身触电伤亡事故的一种有效的后备安全措施，而最根本的措施是防患于未然。不能过分夸大漏电保护器的作用，而忽视了根本安全措施，对此应有正确的认识。

6.2.13.1　漏电保护器的分类

　　漏电保护器按所具有的保护功能与结构特征分类，可分为以下几种。

　　（1）漏电继电器　漏电继电器由零序电流互感器（又称漏电电流互感器）和继电器组成。它只具备检测和判断功能，由继电器触头发出信号，控制断路器（或交流接触器）切断电源或控制信号元件发出声光信号。

　　（2）漏电开关　漏电开关由零序电流互感器、漏电脱扣器和主开关组成，装在绝缘外壳内，具有漏电保护和手动通断电路的功能。

　　（3）漏电断路器　漏电断路器具有漏电保护和过载保护功能，有些产品就是在断路器上加装漏电保护部分而成。

　　（4）漏电保护插座　漏电保护插座由漏电断路器或漏电开关与插座组合而成。

　　（5）漏电保护插头　漏电保护插头由漏电断路器或漏电开关与插头组合而成。

　　漏电保护器的种类非常多，常用漏电断路器的外形如图 6-15 所示。

6.2.13.2　漏电保护器安装前的检查

　　（1）检查漏电保护器的外壳是否完好；接线端子是否齐全；手动操作机构是否灵活有效等。

　　（2）检查漏电保护器铭牌上的数据是否符合使用要求；发现不相符时应停止安装使用。

6.2.13.3　漏电保护器的安装与接线

　　照明线路的插座支路及其他易发生触电危险的支路均需装漏电保护器，一般选用漏电动作电流为 30mA 的漏电保护器，潮湿场

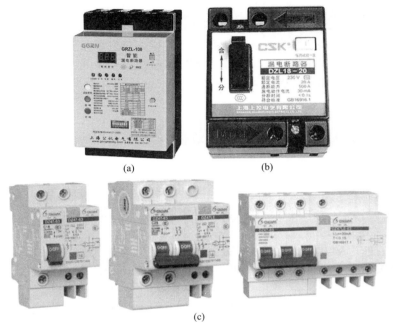

(a)　　　　　　　　　　(b)

(c)

图 6-15　常用漏电断路器的外形

所则选用漏电动作电流为 15mA 的漏电保护器。三相三线漏电保护器主要用于电动机的漏电保护，三相四线漏电保护器主要用于照明干线的漏电保护。漏电保护器的接线示意图如图 6-16 所示。

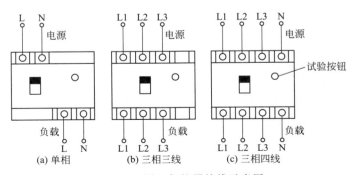

(a) 单相　　　　　　(b) 三相三线　　　　(c) 三相四线

图 6-16　漏电保护器接线示意图

漏电保护器与断路器合为一个整体时，称为漏电断路器。漏电断路器有 1P＋N、2P、3P、3P＋N、4P 等 5 种形式。1P＋N、2P用于单相线路；3P 用于三相三线线路；3P＋N、4P 用于三相四线线路。其接线原理如图 6-17 所示。

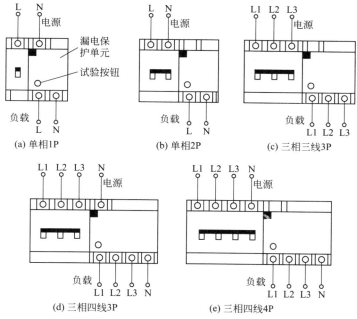

图 6-17　漏电断路器接线示意图

6.2.13.4　安装与接线时的注意事项

（1）应按规定位置进行安装，以免影响动作性能。在安装带有短路保护的漏电保护器时，必须保证在电弧喷出方向有足够的飞弧距离。

（2）注意漏电保护器的工作条件，在高温、低温、高湿、多尘以及有腐蚀性气体的环境中使用时，应采取必要的辅助保护措施，以防漏电保护器不能正常工作或损坏。

（3）注意漏电保护器的负载侧与电源侧。漏电保护器上标有负载侧和电源侧时，应按此规定接线，切忌接反。

（4）注意分清主电路与辅助电路的接线端子。对带有辅助电源的漏电保护器，在接线时要注意哪些是主电路的接线端子，哪些是辅助电路的接线端子，不能接错。

（5）注意区分工作中性线和保护线。对具有保护线的供电线路，应严格区分工作中性线和保护线。在进行接线时，所有工作相线（包括工作中性线）必须接入漏电保护器，否则，漏电保护器将会产生误动作。而所有保护线（包括保护零线和保护地线）绝对不能接入漏电保护器，否则，漏电保护器将会出现拒动现象。因此，通过漏电保护器的工作中性线和保护线不能合用。

（6）漏电保护器的漏电、过载和短路保护特性均由制造厂调整好，用户不允许自行调节。

（7）使用之前，应操作试验按钮，检验漏电保护器的动作功能，只有能正常动作方可投入使用。

6.2.13.5 对被保护电网的要求

安装漏电保护器后，对被保护电网应提出以下要求。

（1）凡安装漏电保护器的低压电网，必须采用中性点直接接地运行方式。电网的零线在漏电保护器以下不得有保护接零和重复接地，零线应保持与相线相同的良好绝缘。

（2）被保护电网的相线、零线不得与其他电路共用。

（3）被保护电网的负载应均匀分配到三相上，力求使各相泄漏电流大致相等。

（4）漏电保护器的保护范围较大时，宜在适当地点设置分段开关，以便查找故障，缩小停电范围。

（5）被保护电网内的所有电气设备的金属外壳或构架必须进行保护接地。当电气设备装有高灵敏度漏电保护器时，其接地电阻最大可放宽到 500Ω，但预期接触电压必须限制在允许的范围内。

（6）安装漏电保护器的电动机及其他电气设备在正常运行时的绝缘电阻值应不小于 $0.5M\Omega$。

（7）被保护电网内的不平衡泄漏电流的最大值应不大于漏电保护器的额定漏电动作电流的 25%。当达不到要求时，应整修线路、调整各相负载或更换绝缘良好的导线。

6.2.14　启动器

6.2.14.1　启动器的功能

启动器是一种供控制电动机启动、停止、反转用的电器。除少数手动启动器外，一般由通用的接触器、热继电器、控制按钮等电器元件按一定方式组合而成，并具有过载、失电压等保护功能。在各种启动器中，电磁启动器应用最广。

6.2.14.2　启动器的分类

（1）按启动方式可分为全压直接启动和减压启动两大类。其中，减压启动器又可再分为星-三角（Y-△）启动器、自耦减压启动器、延边三角形启动器等。

（2）按用途可分为可逆电磁启动器和不可逆启动器。

（3）按外壳防护形式可分为开启式和防护式两种。

（4）按操作方式可分为手动、自动和遥控三种。手动启动器是采用不同外缘形状的凸轮或按钮操作的锁扣机构来完成电路的分、合、转换。可带有热继电器、失压脱扣器、分励脱扣器。

6.2.14.3　启动器的结构

启动器的种类很多，常用电磁启动器（磁力启动器）的外形和结构如图 6-18 所示；常用星-三角（Y-△）启动器的外形和结构如图 6-19 所示；常用自耦减压启动器的外形和结构如图 6-20 所示。

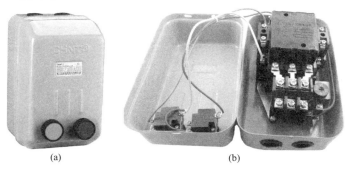

(a)　　　　　　　　　　　(b)

图 6-18　电磁启动器的外形和结构

图 6-19 星-三角启动器的外形和结构

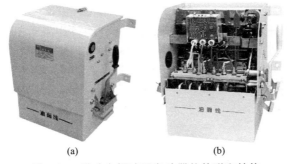

图 6-20 手动自耦减压启动器的外形和结构

6.2.14.4 启动器的安装

（1）安装前，应对启动器内各组成元器件进行全面检查与调整，保证各参数合格。

（2）检查内部接线是否正确，螺钉是否拧紧。

（3）清除元器件上的油污与灰尘，将极面上的防锈油脂擦拭干净。

（4）在转动部分加上适量的润滑油，以保证各元器件动作灵活，无卡住与损坏现象。

（5）应按产品使用说明书规定的安装方式进行安装。手动式启动器一般应安装在墙上，并保持一定高度，以利操作。

（6）充油式启动器的油箱倾斜度不得超过 50°，而且油箱内应充入质量合格的变压器油，并在运行中保持清洁，油面高度应维持在油面线以上。

（7）启动器的箱体应可靠接地，以免发生触电事故。

（8）若自装启动设备，应注意各元器件的合理布局，如热继电器宜放在其他元器件下方，以免受其他元器件的发热影响。

（9）安装时，必须拧紧所有的安装与接线螺钉，防止因零件脱落，导致短路或机械卡住事故。

（10）安装完毕后，应核对接线是否有误。

（11）对于自耦减压启动器，一般先接在65％抽头上。若发现启动困难、启动时间过长时，可改接至80％抽头。

（12）按电动机实际启动时间调节时间继电器的动作时间，应保证在电动机启动完毕后及时地换接线路。

（13）根据被控电动机的额定电流调整热继电器的动作电流值，并进行动作试验。应使电动机既能正常启动，又能最大限度地利用电动机的过载能力，并能防止电动机因超过极限容许过载能力而烧坏。

6.3　配电箱

6.3.1　安装配电箱的基本要求

（1）安装配电箱（板）所需的木砖及铁件等均应在土建主体施工时进行预埋，预埋的各种铁件都应涂刷防锈漆。挂式配电箱（板）应采用金属膨胀螺栓固定。

（2）配电箱（板）要安装在干燥、明亮、不易受振，便于抄表、操作、维护的场所。不得安装在水池或水道阀门（龙头）的上、下侧。如果必须安装在上列地方的左右时，其净距必须在1m以上。

（3）配电箱（板）安装高度，照明配电板底边距地面不应小于1.8m；配电箱安装高度，底边距地面为1.5m。但住宅用配电箱也应使箱（板）底边距地面不小于1.8m。配电箱（板）安装垂直偏差不应大于3mm，操作手柄距侧墙面不小于200mm。

（4）在240mm厚的墙壁内暗装配电箱时，其后壁需用10mm

厚石棉板及直径为 2mm、孔洞为 10mm 的钢丝网钉牢，再用 1：2 水泥砂浆抹好，以防开裂。墙壁内预留孔洞大小，应比配电箱外廓尺寸略大 20mm。

（5）明装配电箱应在土建施工时，预埋好燕尾螺栓或其他固定件。埋入铁件应镀锌或涂油防腐。

（6）配电箱（板）安装垂直偏差不应大于 3mm。暗装时，其面板四周边缘应紧贴墙面，箱体与建筑物接触部分应刷防锈漆。

（7）配电箱（板）在同一建筑物内，高度应一致，允许偏差为 10mm。箱体一般宜突出墙面 10～20mm，尽量与抹灰面相平。

（8）对垂直装设的刀开关及熔断器等，上端接电源，下端接负荷；水平装设时，左侧（面对盘面）接电源，右侧接负荷。

（9）配电箱（板）的开关位置应与支路相对应，下面装设卡片框，标明路别及容量。

（10）配电箱（板）上的配线应排列整齐并绑扎成束，在活动部位要用长钉固定。盘面引出及引进的导线应留有余量以便于检修。

（11）配电箱的金属箱体应通过 PE 线或 PEN 线与接地装置连接可靠，使人身、设备在通电运行中确保安全。

6.3.2　动力配电箱的安装

动力配电箱是作为工厂车间动力配电所用，一般分为自制动力配电箱和成套动力配电箱两大类。按其安装方式有悬挂式安装和落地式安装，其中悬挂式明装及悬挂式暗装的施工方法同照明配电箱。以下仅介绍落地式动力配电箱的安装方法。

6.3.2.1　动力配电箱安装方式

体积较大的动力配电箱或照明总配电箱应采用落地式安装。落地式动力配电箱有两种安装方式：可以直接安装在地面上；可以安装在混凝土台上。这两种形式都是用埋设地脚螺栓的方法来固定动力配电箱的。

在安装前，一般先预制一个高出地面约 100mm 的混凝土空心台，这样可以方便进、出线，不进水，保证安全运行。进入配电箱的钢管应排列整齐，管口高出基础面 50mm 以上，如图 6-21 所示。

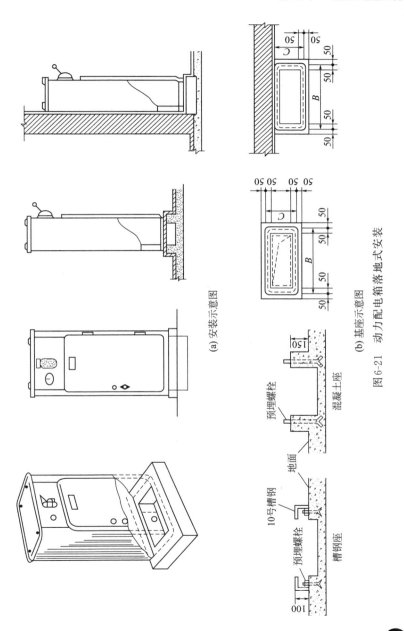

(a) 安装示意图

(b) 基座示意图

图6-21 动力配电箱落地式安装

6.3.2.2 动力配电箱安装施工

(1) 埋设地脚螺栓时，要使地脚螺栓之间的距离和配电箱的安装尺寸一致，且地脚螺栓不可倾斜，其长度要适当，使紧固后的螺栓以高出螺母 3～5 扣为宜。

(2) 配电箱安装在混凝土台上时，混凝土台的尺寸应根据贴墙或不贴墙两种安装方法而定。当其不贴墙时，四周尺寸均应超出配电箱 50mm；而当其贴墙安装时，除贴墙的一边外，其余各边应超出配电箱 50mm（超得太窄，螺栓固定点的强度不够；太宽则浪费材料，并且也不美观）。

(3) 地脚螺栓或混凝土台的养护达到设计混凝土强度后，即可将配电箱就位，并进行水平和垂直的调整。水平误差不应大于其宽度的 1/1000，垂直误差不应大于其高度的 1.5/1000，符合要求后即可将螺母拧紧固定。

(4) 箱体安装在振动场所时应采取防振措施，可在配电箱与基础间加以厚度适当的橡胶垫（一般不小于 10mm），以防由于振动使电器发生误动作，造成安全事故。

6.3.3 照明配电箱的安装

照明配电箱有标准型和非标准型两种。标准型配电箱是由工厂成套生产组装的，非标准型配电箱根据实际需要自行设计制作或定做。照明配电箱的型号繁多，按其安装方式有悬挂明装和暗装两种。悬挂式配电箱可以安装在墙上或柱子上，暗装式配电箱（嵌入式安装）通常配合土建砌墙时将箱体预埋在墙内。根据制作材料可分为铁制、木制及塑料制配电箱。

6.3.3.1 自制配电箱注意事项

盘面可采用厚塑料板、包铁皮的木板或钢板。以采用钢板做盘面为例，将钢板按尺寸用方尺量好，画好切割线后进行切割，切割后用扁锉将棱角锉平。

盘面的组装配线如下。

(1) 实物排列　先将盘面板放平，再将全部开关电器、仪表置于其上，进行实物排列。对照设计图及电器、仪表的规格和数量，选择最佳位置使之符合间距要求，并保证操作维修方便及外形美观。

（2）加工　位置确定后，首先用方尺找正，画出水平线，分均孔距；然后撤去电器、仪表，进行钻孔；钻孔后除锈，刷防锈漆及灰油漆。

（3）固定电器　油漆干后装上绝缘嘴，并将全部电器、仪表摆平、找正，用螺钉固定牢固。

（4）电盘配线　根据电器、仪表的规格、容量和位置，选好导线的截面和长度，加以剪断进行组配。盘后导线应排列整齐，绑扎成束。压头时，将导线留出适当余量，削出线芯，逐个压牢，但是多股线需用压线端子。

6.3.3.2　明装（悬挂式）配电箱的安装

明装（悬挂式）配电箱可安装在墙上或柱子上，直接安装在墙上时，应先埋设固定螺栓，固定螺栓的规格应根据配电箱的型号和重量选择。其长度为埋设深度（一般为120～150mm）加箱壁厚度以及螺帽和垫圈的厚度，再加上3～5扣的余量长度，如图6-22所示。

施工时，先量好配电箱安装孔的尺寸，在墙上划好孔位，然后打洞，埋设螺栓（或用金属膨胀螺栓）。待填充的混凝土牢固后，即可安装配电箱。安装配电箱时，要用水平尺放在箱顶上，测量箱体是否水平。如果不平，可调整配电箱的位置以达到要求。同时在箱体的侧面用吊线锤，测量配电箱上、下端面与吊线的距离是否相等；如果相等，说明配电箱装得垂直。否则应查找原因，并进行调整。

配电箱安装在支架上时，应先将支架加工好，然后将支架埋设固定在地面上或固定在墙上，也可用抱箍将支架固定在柱子上，再用螺栓将配电箱安装在支架上，并调整其水平和垂直。图6-23为配电箱在支架上固定的示意图。

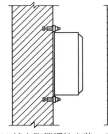

(a) 墙上胀管螺栓安装　(b) 墙上螺栓安装

图 6-22　悬挂式配电箱安装

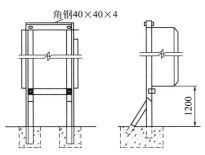

角钢40×40×4

1200

图 6-23　配电箱在支架上安装

6.3.3.3 暗装（嵌入式）配电箱的安装

暗装配电箱就是将配电箱嵌入在墙壁里。按配电箱嵌入墙体的尺寸可分为嵌入式配电箱安装和半嵌入式配电箱安装。嵌入式配电箱的安装如图 6-24 所示。当墙壁的厚度不能满足嵌入式安装时，可采用半嵌入式安装，使配电箱的箱体一半在墙外，一半嵌入墙内。

施工中应配合土建共同施工，在其主体施工时进行箱体预埋，配电箱的安装部位由放线员给出建筑标高线。安装配电箱的箱门前，抹灰粉刷工作应已结束。

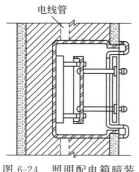

图 6-24　照明配电箱暗装

嵌入式配电箱的安装程序如下。

① 预留配电箱孔洞。一般在土建施工图样中先找到设计指定的箱体位置，当土建砌墙时就把与配电箱尺寸和厚度相等的木框架嵌在墙内，使墙上留出配电箱的孔洞。

② 安装并调整配电箱的位置。一般在土建施工结束，电气配管及配线的预埋工作结束时，就可以敲去预埋的木框架，而将配电箱嵌入墙内，并对配电箱的水平和垂直进行校正；垫好垫片将配电箱固定好，并做好线管与箱体的连接固定。

③ 配电箱与墙体之间的固定。配电箱安装并固定好后，在箱体四周填入水泥砂浆，保证配电箱与墙体之间无缝隙，以利于后期装修工作的开展。

安装半嵌入式配电箱时，使配电箱的箱体一半在墙面外，一半嵌入墙内。在 240mm 墙上安装配电箱时，箱的后壁用 10mm 厚石棉板或用 10mm×10mm 钢丝网固定，并用 1：2 水泥砂浆抹平，以防止墙体开裂。

6.3.3.4 配管与配电箱的连接

配电箱安装后，电气操作人员进行管路与配电箱的连接工作。配管进入配电箱箱体时，电源、配管应该由左到右按顺序排列，并应和各回路编号相对应。箱体各配管应间距均匀、排列整齐。入箱管路较多时要把管路固定好以防止倾斜，管入箱时应使其管口的入箱长度一致，用木板在箱内把管顶平即可。配管与箱体的连接，应根据配管的种类采用不同的方法。

①　钢管螺纹连接。钢管与配电箱采用螺纹连接时，应先将钢管口端部套螺纹，拧入锁紧螺母；然后插入箱体内，管口处再拧紧护圈帽（也可以再拧紧一个锁紧螺母，露出 2～3 扣的螺纹长度，拧上护圈帽）。若为镀锌钢管时，其与箱体的螺纹连接宜采用专用的接地线卡，用铜导线作跨接接地线；若为普通钢管时，其与箱体的螺纹连接处的两端应用圆钢焊接跨接接地线，把钢管与箱体焊接起来。

②　钢管焊接连接。暗配普通钢管与配电箱的连接采用焊接连接时，管口宜高出箱体内壁 3～5mm。在管内穿线前，在管口处用塑料内护口保护导线或用 PVC 管加工制作喇叭口插入管口处保护导线。

6.3.3.5　配电箱内盘面板的安装

（1）安装前，应对箱体的预埋质量与线管配置质量进行校验，确定符合设计要求及施工质量验收规范后再进行安装。

（2）要清除箱内杂物，检查各种元件是否齐全、牢固，并整理好配管内的电源和导线。

6.3.4　配电箱的检查与调试

配电箱安装完毕，应检查下列项目。

（1）配电箱（板）的垂直偏差、距地面高度。

（2）配电箱周边的空隙。

（3）照明配电箱（板）的安装和回路编号。

（4）配电箱的接地或接零。

（5）柜内工具、杂物等应清理出去，并将柜体内外清扫干净。

（6）电器元件各紧固螺钉应牢固，刀开关、空气开关等操作机构应灵活，不应出现卡滞现象。

（7）检查开关电器的通断是否可靠；接触面接触是否良好；辅助触点通断是否准确可靠。

（8）电工指示仪表与互感器的变比，极性应连接正确可靠。

（9）母线连接应良好，其绝缘支撑件、安装件及附件应安装牢固可靠。

（10）检查熔断器的熔芯规格选用是否正确；继电器的整定值是否符合设计要求；动作是否准确可靠。

（11）绝缘测试。配电箱中的全部电器安装完毕后，用 500V 绝缘电阻表对线路进行绝缘测试。测试相线与相线之间、相线与零线之间、相线与地线之间的绝缘电阻时，由两人进行遥测，绝缘电阻应符合现行国家施工验收规范的规定。并做好记录且存档。

（12）在测量二次回路绝缘电阻时，不应损坏其他半导体元件，测量绝缘电阻时应将其断开。

工程竣工交接验收时，应提交变更设计的证明文件和产品说明书、合格证等技术文件。

第 ⑦ 章
电动机的安装与使用

7

Chapter

7.1 电动机概述

7.1.1 电动机选择的一般原则和主要内容

7.1.1.1 电动机选择的一般原则

（1）选择在结构上与所处环境条件相适应的电动机，如根据使用场合的环境条件选用相适应的防护方式及冷却方式的电动机。

（2）选择电动机应满足生产机械所提出的各种机械特性要求。如速度、速度的稳定性、速度的调节以及启动、制动时间等。

（3）选择电动机的功率能被充分利用，防止出现"大马拉小车"的现象。通过计算确定出合适的电动机功率，使设备需求的功率与被选电动机的功率相接近。

（4）所选择的电动机的可靠性高并且便于维护。

（5）互换性能要好，一般情况尽量选择标准电动机产品。

（6）综合考虑电动机的极数和电压等级，使电动机在高效率、低损耗状态下可靠运行。

7.1.1.2 电动机选择的主要内容

根据生产机械性能的要求，选择电动机的种类；根据电动机和生产机械安装的位置和场所环境，选择电动机的结构和防护形式；根据电源的情况，选择电动机额定电压；根据生产机械所要求的转速以及传动设备的情况，选择电动机额定转速；根据生产机械所需要的功率和电动机的运行方式，决定电动机的额定功率；综合以上因素，根据制造厂的产品目录，选定一台合适的电动机。

7.1.2 电动机种类的选择

各种电动机具有的性能特点包括机械特性、启动性能、调速性能、所需电源、运行是否可靠、维修是否方便及价格高低等，这是选择电动机种类的基本知识。常用电动机最主要的性能特点见表7-1。

表 7-1 电动机最主要的性能特点

电动机种类		最主要的性能特点
直流电动机	他励、并励	机械特性硬、启动转矩大、调速性能好
	串励	机械特性软、启动转矩大、调速方便
	复励	机械特性软硬适中、启动转矩大、调速方便
三相异步电动机	普通笼型	机械特性软硬、启动转矩不太大、可以调速
	高启动转矩	启动转矩大
	多速	2～4 速
	绕线转子	启动电流小、启动转矩大、调速方法多、调速性能好
三相同步电动机		转速不随负载变化、功率因数可调
单相异步电动机		功率小、机械特性硬

7.1.3 电动机防护形式的选择

电动机的外壳防护形式分两种：第一种，防止固体异物进入电机内部及防止人体触及电机内的带电或运动部分的防护；第二种，防止水进入电机内部程度的防护。

电动机外壳防护等级的标志由字母 IP 和两个数字表示。IP 后面的第一个数字代表第一种防护形式（防尘）的等级，见表7-2；第二个数字代表第二种防护形式（防水）的等级，见表7-3。数字越大，防护能力越强。

表 7-2　电动机的外壳按防止固体异物进入内部及防止人体触及内部的带电或运动部分划分的防护等级

防护等级	简　称	定　义
0	无防护	没有专门的防护
1	防止大于 50mm 的固体进入的电动机	能防止直径大于 50mm 的固体异物进入壳内,能防止人体的某一大面积部分(如手)偶然或意外地触及壳内带电或运动部分,但不能防止有意识地接近这些部分
2	防止大于 12mm 的固体进入的电动机	能防止直径大于 12mm 的固体异物进入壳内,能防止手指、长度不超过 80mm 物体触及或接近壳内带电或运动部分
3	防止大于 2.5mm 的固体进入的电动机	能防止直径大于 2.5mm 的固体异物进入壳内,能防止厚度(或直径)大于 2.5mm 的工具、金属线等触及或接近壳内带电或转动部分
4	防止大于 1mm 的固体进入的电动机	能防止直径大于 1mm 的固体异物进入壳内,能防止厚度(或直径)大于 1mm 的导线、金属条等触及或接近壳内带电或转动部分
5	防尘电动机	能防止触及或接近机内带电或转动部分。不能完全防止尘埃进入,但进入量不足以影响电机的正常运行

表 7-3　电动机外壳按防止水进入内部程度的防护等级

防护等级	简　称	定　义
0	无防护电动机	没有专门的防护
1	防滴电动机	垂直的滴水应无有害影响
2	15°防滴电动机	与铅垂线成 15°范围内的滴水,应无有害影响
3	防淋水电动机	与铅垂线成 60°范围内的淋水,应无有害影响
4	防溅水电动机	任何方向的溅水应无有害的影响
5	防喷水电动机	任何方向的喷水应无有害的影响
6	防海浪电动机	猛烈的海浪或强力喷水应无有害的影响
7	防浸水电动机	在规定的压力和时间内浸在水中,进入水量应无有害的影响
8	潜水电动机	在规定的压力下长时间浸在水中,进入水量应无有害的影响

常用电动机的防护形式及结构特点如下。

（1）防滴式电动机　防滴式（又称防护式）电动机的机座下面有通风口，散热好，能防止水滴、沙粒和铁屑等杂物溅入或落入电动机内，但不能防止潮气和灰尘侵入，适用于比较干燥、没有腐蚀性和爆炸性气体的环境。防滴式电动机的外形如图7-1所示。

（2）封闭式电动机　封闭式电动机的机座和端盖上均无通风孔，完全封闭。封闭式又分为自冷式、自扇冷式、他扇冷式、管道通风式及密封式等。前四种电动机外部的潮气及灰尘不易进入，适用于尘土多、特别潮湿、有腐蚀性气体、易受风雨等较恶劣的环境。封闭式电动机的外形如图7-2所示。

图7-1　防滴式电动机的外形　　　图7-2　封闭式电动机的外形

（3）潜水电动机　潜水电动机是一种用于水下驱动的动力源，它常与潜水泵组装成潜水电泵机组或直接在潜水电动机的轴伸端装上泵部件组成机泵合一的潜水电泵产品，潜入井下或江、河、湖泊、海洋以及其他任何场合的水中工作。潜水电泵的外形如图7-3所示。

（4）防爆电动机　防爆电动机是在正常电机结构的基础上，进一步加强机械、电气和热保护措施，使之在过载条件下避免出现电弧、火花或高温危险，确保防爆安全性的电动机。防爆电动机适用于石油、化工、制药、煤矿及储存、输送燃料油等行业中具有易燃、易爆的气体、蒸汽的场合。防爆电动机的外形如图7-4所示。

Y系列三相异步电动机常用的外壳防护形式有IP44、IP23和IP54等几种。根据使用环境条件选用电动机可参考表7-4。

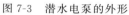

图 7-3　潜水电泵的外形

图 7-4　防爆电动机的外形

表 7-4　根据使用环境条件选用电动机示例

序号	使用环境条件	可选用的电动机系列举例
1	干燥、洁净的正常环境条件	Y（IP23）、Y（IP44）、YX、YD、YZC、YH、YCT、YCJ、YR（IP44）、YR（IP23）、YZ（IP44）、YZR（IP44）等系列
2	湿热带或潮湿场所	同 1，但电动机应进行防潮处理，具有相应的耐霉性能。电动机型号应加上特殊环境代号 TH
3	干热带或高温车间	同 1 或采用干热带型（TA）电动机
4	水滴淋漓的场所	同 1
5	粉尘较多的场所	除 Y（IP23）和 YR（IP23）外，其余同 1，但应加强电动机外壳的清扫，以免粉尘堆积
6	多粉尘，特别热的场所	同 5，但应适当降低电动机的容量使用
7	户外露天场所，有轻腐蚀性化学介质	Y-W（IP54 或 IP55）
8	户外，有腐蚀气体（中腐蚀性化学介质）	Y-WF1（IP54 或 IP55）
9	有中等和强腐蚀性化学介质的环境	中等腐蚀性环境：Y-F1（IP54 或 IP55）强腐蚀性环境：Y-F2（IP54 或 IP55）
10	有爆炸危险的场所	2 区爆炸危险场所：YA煤矿井下固定设备：YB（EXT 类）石油、化工厂：YB（EX11AT1、EX11BT1 类）
11	有火灾危险的场所	防护等级为 IP44 以上的各种 Y 系列电动机

序号	使用环境条件	可选用的电动机系列举例
12	户外,有腐蚀性及爆炸性气体的场所	可由 YB 和 Y-WF1 组合而成的 YBDF-WF 型户外、防腐、防爆电动机,防护等级为 IP54 和 IP55
13	潜水使用	YQS2 系列

电动机的冷却方式主要指电动机冷却回路的布置方式、冷却介质的性质以及冷却介质的推动方式等。一般用途的电动机用空气作为冷却介质,采用机壳表面冷却方式。

7.1.4 电动机安装形式的选择

电动机的安装形式根据电动机在生产机械中的安装方式来确定,可分为卧式安装和立式安装两种,又分为端盖有凸缘安装和端盖无凸缘安装。一般情况采用卧式安装。

电动机常见的安装形式见表 7-5。

表 7-5 电动机安装形式

名称	电动机外形图与解释
卧式安装	表 7-5 图 1　B3 型 表 7-5 图 2　B5 型

名称	电动机外形图与解释
卧式安装	 表 7-5 图 3　B35 型
立式安装	表 7-5 图 4　V1 型

7.1.5　电动机工作制的选择

　　电动机的工作制（又称工作方式或工作定额）是指电动机在额定值条件下运行时，允许连续运行的时间，即电动机的工作方式。

　　工作制是对电动机各种负载，包括空载、停机和断电，及其持续时间和先后次序情况的说明。根据电动机的运行情况，分为多种工作制。连续工作制、短时工作制和断续周期工作制是三种基本的工作制，是用户选择电动机的重要指标之一。

　　（1）连续工作制。其代号为 S1，是指该电动机在铭牌规定的额定值下，能够长时间连续运行。适用于风机、水泵、机床的主轴、纺织机、造纸机等很多连续工作方式的生产机械。

　　（2）短时工作制。其代号为 S2，是指该电动机在铭牌规定的额定值下，能在限定的时间内短时运行。我国规定的短时工作的标准时间有 15min、30min、60min、90min 四种。适用于水闸闸门启闭机等短时工作方式的设备。

（3）断续周期工作制。其代号为 S3，是指该电动机在铭牌规定的额定值下，只能断续周期性地运行。按国家标准规定每个工作与停歇的周期 $t_z = t_g + t_o \leqslant 10\text{min}$。每个周期内工作时间占的百分数称为负载持续率（又称暂载率），用 FS 表示，计算公式为：

$$FS = \frac{t_g}{t_g + t_o} \times 100\%$$

式中 t_g——工作时间；

  t_o——停歇时间。

我国规定的标准负载持续率有 15%、25%、40%、60% 四种。

断续周期工作制的电动机频繁启动、制动，其过载能力强、转动惯量小、机械强度高，适用于起重机械、电梯、自动机床等具有周期性断续工作方式的生产机械。

7.1.6　电动机绝缘等级的选择

电动机的绝缘等级（或温升）是指电动机绕组所采用的绝缘材料的耐热等级，它表明电动机所允许的最高工作温度。

绝缘等级是指电动机绕组采用的绝缘材料的耐热等级。电动机中常用的绝缘材料，按其耐热能力可分为 A、E、B、F、H 五种等级。每一绝缘等级的绝缘材料都有相应的极限允许工作温度（电动机绕组最热点的温度），见表 7-6。电动机运行时，绕组最热点的温度不得超过表 7-6 中的规定，否则，会引起绝缘材料过快老化（表征绝缘老化的现象，除电气绝缘性能降低外，绝缘材料变脆、机械强度降低，在振动、冲击和湿热条件下出现裂纹、起皱、断裂，寿命大大降低），缩短电动机寿命；如果温度超过允许值很多，绝缘就会损坏，导致电动机烧毁。

表 7-6　绝缘材料的耐热等级及极限工作温度

绝缘等级	A	E	B	F	H
极限工作温度/℃	105	120	130	155	180

电动机某部件的温度与周围介质温度（周围环境温度）之差，就称为该部件的温升。电动机在额定状态下长期运行而其温度达到

稳定时，电动机各部件温升的允许极限值称为温升限度（又称温升限值）。国家标准对电动机的绕组、铁芯、冷却介质、轴承、润滑油等部分的温升都规定了不同的限值。表 7-7 给出了适用于中小型电动机绕组温升的限值。

表 7-7　中小型电动机绕组的温升限值

绝缘等级	绝缘结构许用温度/℃	环境温度/℃	热点温差/℃	温升限值(电阻法)/℃
A	105	40	5	60
E	120	40	5	75
B	130	40	10	80
F	155	40	15	100
H	180	40	15	125

由表中数值可见，绕组的温升限值除了与各种绝缘等级的许用温度（即极限工作温度）有关外，还与环境温度、热点温差有关，表中各温度值与温升限值之间存在如下关系：

温升限值＝许用温度－环境温度－热点温差

国家标准中规定＋40℃作为环境温度。所谓热点温差是指当电动机为额定负载时，绕组最热点的稳定温度与绕组平均温度（即测得的温度）之差。测量电动机绕组温度的基本方法有三种，即电阻法、温度计法和埋置检温计法。测量温度的方法不同，会造成测得的温度与被测部件中最热点温度之间的差别（即热点温差）也不同，而被测部件中最热点的温度才是判断电动机能否长期安全运行的关键。

同一种类型的电动机，当额定功率和额定转速相同时，电动机的绝缘等级越高，则电动机的额定温升越高，而且电动机的体积越小，但是电动机的成本一般越高。因此，应根据工作需要和经济条件合理地选择电动机的绝缘等级。如果需要尽量减小机械设备的体积和重量时，应该选择绝缘等级较高的电动机。

7.1.7　电动机额定电压的选择

电动机的额定电压和额定频率应与供电电源的电压和频率相一致。如果电源电压高于电动机的额定电压太多，会使电动机烧毁；

如果电源电压低于电动机的额定电压，会使电动机的输出功率减小，若仍带额定负载运行，将会烧毁电动机。如果电源频率与电动机的额定频率不同，将直接影响交流电动机的转速，且对其运行性能也有影响。因此，电源的电压和频率必须与电动机铭牌规定的额定值相符。电动机的额定电压一般可按下列原则选用。

（1）当高压供电电源为 6kV 时，额定功率不小于 200kW 的电动机应选用额定电压为 6kV 的电动机；额定功率小于 200kW 的电动机应选用额定电压为 380V 的电动机。

（2）当高压供电电源为 3kV 时，额定功率不小于 100kW 的电动机应选用额定电压为 3kV 的电动机；额定功率小于 100kW 的电动机应选用额定电压为 380V 的电动机。

我国生产的电动机的额定电压与功率的情况见表 7-8。

表 7-8　电动机的额定电压与功率

电压/V	容量范围/kW		
	交流电动机		
	同步电动机	笼型异步电动机	绕线转子异步电动机
380	3～320	0.37～320	0.6～320
6000	250～10000	200～5000	200～500
10000	1000～10000		
	直流电动机		
110	0.25～110		
220	0.25～320		
440	1.0～500		
600～870	500～4600		

7.1.8　电动机额定转速的选择

额定功率相同的电动机，额定转速越高，电动机的体积越小，重量越轻，成本越低，效率和功率因数一般也越高。因此选用高速电动机较为经济。但是，由于生产机械对转速的要求一定，因此电动机的转速选得太高，势必加大传动机构的转速比，导致传动机构复杂化和传动效率降低。此外，电动机的转矩与"输出功率/转速"

成正比，额定功率相同的电动机，极数越少，转速就越高，但转矩将会越小。因此，一般应尽可能使电动机与生产机械的转速一致，以便采用联轴器直接传动；如果两者转速相差较多时可选用比生产机械的转速稍高的电动机，采用带传动等。

几种常用负载所需电动机的转速如下，仅供参考。

（1）泵：主要使用 2 极、4 极的三相异步电动机（同步转速为 3000r/min 或 1500r/min）。

（2）压缩机：采用带传动时，一般选用 4 极、6 极的三相异步电动机（同步转速为 1500r/min 或 1000r/min）；采用直接传动时，一般选用 6 极、8 极的三相异步电动机（同步转速为 1000r/min 或 750r/min）。

（3）轧钢机、破碎机：一般选用 6 极、8 极、10 极的三相异步电动机（同步转速为 1000r/min、750r/min 或 600r/min）。

（4）通风机、鼓风机：一般选用 2 极、4 极的三相异步电动机。

总之，选用电动机的转速需要综合考虑，既要考虑负载的要求，又要考虑电动机与传动机构的经济性等。具体根据某一负载的运行要求，进行方案设计。但一般情况下，多选同步转速为 1500r/min 的三相异步电动机。

7.1.9　电动机额定功率的选择

电动机额定功率的选择是一个很重要又很复杂的问题。电动机的额定功率选择应适当，不应过小或过大。如果电动机的额定功率选择得过小，就会出现"小马拉大车"的现象，势必使电动机过载，也就必然会使电动机的电流超过额定值而使电动机过热，电动机内绝缘材料的寿命也会缩短，若过载较多，可能会烧毁电动机；如果电动机的额定功率选择得过大，就会变成"大马拉小车"，电动机处于轻载状况下运行，其功率因数和效率均较低，运行不经济。

通常，电动机额定功率选择的步骤如下。

（1）计算负载功率 P_L。

（2）根据负载功率 P_L，预选电动机的额定功率 P_N 和其他参数。选择电动机的额定功率 P_N 大于等于负载功率 P_L。即 $P_N \geqslant P_L$，一般取 $P_N = 1.1P_L$。

（3）校核预选电动机。一般先校核温升，再校核过载倍数，必要时校核启动能力。二者都通过，预选的电动机便选定；若通不过，从第二步重新开始，直到通过为止。

在满足生产机械要求的前提下，电动机额定功率越小越经济。

7. 1. 10　电动机熔体的选择

熔丝（熔体）的选择须考虑电动机的启动电流的影响，同时还应注意，各级熔体应互相配合，即下一级熔体应比上一级熔体小。选择原则如下。

（1）保护单台电动机的熔体的选择　由于笼型异步电动机的启动电流很大，故应保证在电动机的启动过程中熔体不熔断，而在电动机发生短路故障时又能可靠地熔断。因此，异步电动机的熔体的额定电流一般可按下式计算：

$$I_{RN} = (1.5 \sim 2.5)I_N$$

式中　I_{RN}——熔体的额定电流，A；

I_N——电动机的额定电流，A。

上式中的系数（1.5～2.5）应视负载性质和启动方式而选取。对轻载启动、启动不频繁、启动时间短或降压启动者，取较小值；对重载启动、启动频繁、启动时间长或直接启动者，取较大值。当按上述方法选择系数还不能满足启动要求时，系数可大于 2.5，但应小于 3。

（2）保护多台电动机的熔体的选择　当多台电动机应用在同一系统中，采用一个总熔断器时，熔体的额定电流可按下式计算：

$$I_{RN} = (1.5 \sim 2.5)I_{Nm} + \sum I_N$$

式中　I_{RN}——熔体的额定电流，A；

I_{Nm}——启动电流最大的一台电动机的额定电流，A；

$\sum I_N$——除启动电流最大的一台电动机外，其余电动机的额定电流的总和，A。

根据上式求出一个数值后，可查熔断器技术数据，选取等于或稍大于此值的标准规格的熔体。

另外，电动机的熔体确定后，可根据熔断器技术数据，选取熔断器的额定电压和额定电流。在选择熔断器时应注意：熔断器的额定电流应大于或等于熔体的额定电流；熔断器的额定电压应大于或等于电动机的额定电压。

7.1.11　电动机绝缘电阻的测量

用绝缘电阻表测量电动机绝缘电阻的方法如图 7-5 所示，测量步骤如下。

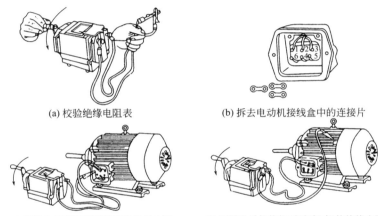

(a) 校验绝缘电阻表　　　　　　　(b) 拆去电动机接线盒中的连接片

(c) 测量电动机三相绕组间的绝缘电阻　　(d) 测量电动机绕组对地(机壳)的绝缘电阻

图 7-5　用绝缘电阻表测量电动机的绝缘电阻

（1）校验绝缘电阻表。把绝缘电阻表放平，将绝缘电阻表测试端短路，并慢慢摇动绝缘电阻表的手柄，指针应指在"0"位置上；然后将测试端开路，再摇动手柄（120r/min 左右），指针应指在"∞"位置上。测量时，应将绝缘电阻表平置放稳，摇动手柄的速度应均匀。

（2）将电动机接线盒内的连接片拆去。

（3）测量电动机三相绕组之间的绝缘电阻。将两个测试夹分别接到任意两相绕组的端点，以 120r/min 左右的匀速摇动绝缘电阻表 1min 后，读取绝缘电阻表指针稳定的指示值。

（4）用同样的方法，依次测量每相绕组与机壳的绝缘电阻。但应注意，绝缘电阻表上标有"E"或"接地"的接线柱应接到机壳上无绝缘的地方。

测量单相异步电动机的绝缘电阻时，应将电容器拆下（或短接），以防将电容器击穿。

7.2　电动机的安装

7.2.1　电动机的搬运与安装地点的选择

7.2.1.1　搬运电动机的注意事项

搬运电动机时，应注意不应使电动机受到损伤、受潮或弄脏。

如果电动机由制造厂装箱运来，在没有运到安装地点前，不要打开包装箱，宜将电动机存放在干燥的仓库内，也可以放置室外，但应有防雨、防潮、防尘等措施。

中小型电动机从汽车或其他运输工具上卸下来时，可使用起重机械；如果没有起重机械设备，可在地面与汽车间搭斜板，慢慢滑下来，但必须用绳子将机身拖住，以防滑动太快或滑出木板。

重量在100kg以下的小型电动机，可以用铁棒穿过电动机上的吊环，由人力搬运，但不能用绳子套在电动机的皮带轮或转轴上，也不要穿过电动机的端盖孔来抬电动机。搬运中所用的机具、绳索、杠棒必须牢固，不能有丝毫马虎。如果搬运中使电动机转轴弯曲扭坏，使电动机内部结构变动，将直接影响电动机使用，而且修复很困难。

7.2.1.2　安装地点的选择

（1）尽量安装在干燥、灰尘较少的地方。

（2）尽量安装在通风较好的地方。

（3）尽量安装在较宽敞的地方，以便进行日常操作和维修。

7.2.2　电动机安装前的检查

电动机安装之前应进行仔细检查和清扫。

（1）检查电动机的功率、型号、电压等应与设计相符。

（2）检查电动机的外壳应无损伤，风罩风叶应完好。

（3）转子转动应灵活，无碰卡声，轴向窜动不应超过规定的范围。

（4）检查电动机的润滑脂，应无变色、变质及硬化等现象。其性能应符合电动机工作条件。

（5）拆开接线盒，用万用表测量三相绕组是否断路。引出线鼻子的焊接或压接应良好，编号应齐全。

（6）使用绝缘电阻表测量电动机的各相绕组之间以及各相绕组与机壳之间的绝缘电阻，如果电动机的额定电压在 500V 以下，则使用 500V 兆欧表测量，其绝缘电阻值不得小于 0.5MΩ；如果不能满足要求，应对电动机进行干燥。

（7）对于绕线转子电动机需检查电刷的提升装置。提升装置应标有"启动""运行"的标志，动作顺序是先短路集电环，然后提升电刷。

电动机在检查过程中，如有下列情况时，应进行抽芯检查：出厂日期超过制造厂保证期限者；经外观检查或电气试验，质量有可疑时；开启式电动机经端部检查有可疑时；试运转时有异常情况者。

7.2.3　电动机底座基础的制作

为了保证电动机能平稳地安全运转，必须把电动机牢固地安装在固定的底座上。电动机底座的选用方法是：生产机械设备上有专供安装电动机固定底座的，电动机一定要安装在上面；无固定底座时，一般中小型电动机可用螺栓装置紧固在金属底板或槽轨上，也可以将电动机紧固在事先埋入混凝土基础内的地脚螺栓或槽轨上。

（1）电动机底座基础的建造　电动机底座的基础一般用混凝土浇注而成，底座墩的形状如图 7-6 所示。座墩的尺寸要求：H 一般为 100～150mm，具体高度应根据电动机规格、传动方法和安装条件来决定；B 和 L 的尺寸应根据底板或电动机机座尺寸来定，但四周一般要放出 50～250mm 裕度，通常外加 100mm；基础的深度一般按地脚螺栓长度的 1.5～2 倍选取，以保证埋设地脚螺栓时，有足够的强度。

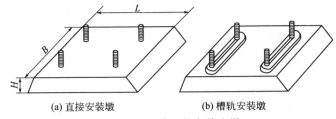

(a) 直接安装墩　　　　　　(b) 槽轨安装墩

图 7-6　电动机的安装座墩

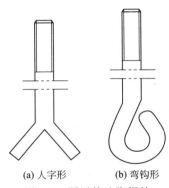

(a) 人字形　　(b) 弯钩形

图 7-7　预埋的地脚螺栓

（2）地脚螺栓的埋设方法　为了保证地脚螺栓埋得牢固，通常将地脚螺栓做成人字形或弯钩形，如图 7-7 所示。地脚螺栓埋设时，埋入混凝土的长度一般不小于螺栓直径的 10 倍，人字开口和弯钩形的长度是埋入混凝土内长度的一半左右。

（3）电动机机座与底座的安装　为了防止振动，安装时应在电动机与基础之间垫衬一层质地坚韧的木板或硬橡皮等防振物；4 个地脚螺栓上均要套用弹簧垫圈；拧紧螺母时要按对角交错次序逐步拧紧，每个螺母要拧得一样紧。

安装时还应注意使电动机的接线盒接近电源管线的管口，再用金属软管伸入接线盒内。

7.2.4　电动机的安装方法

安装电动机时，质量在 100kg 以下的小型电动机，可用人力抬到基础上；比较重的电动机，应用起重机或滑轮来安装，但要小心轻放，不要使电动机受到损伤。为了防止振动，安装时应在电动机与基础之间垫衬一层质地坚韧的木板或硬橡皮等防振物；四个地脚螺栓上均要套弹簧垫圈；拧螺母时要按对角交错次序逐个拧紧，每个螺母要拧得一样紧。电动机在基础上的安装如图 7-8 所示。

穿导线的钢管应在浇注混凝土前埋好，连接电动机一端的钢管，管口离地不得低于100mm，并应使它尽量接近电动机的接线盒，如图7-9所示。

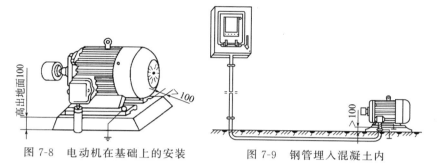

图7-8　电动机在基础上的安装　　　　图7-9　钢管埋入混凝土内

7.2.5　电动机的校正

（1）水平校正　　电动机在基础上安放好后，首先检查水平情况。通常用水准仪（水平仪）来校正电动机的纵向和横向水平。如果不平，可用0.5～5mm的钢片垫在机座下，直到符合要求为止。注意：不能用木片或竹片来代替，以免在拧紧螺母或电动机运行中木片或竹片变形碎裂。校正好水平后，再校正传动装置。

（2）带传动的校正　　用带传动时，首先要使电动机带轮的轴与被传动机器带轮的轴保持平行；其次两个带轮宽度的中心线应在一条直线上。若两个带轮的宽度相同，校正时可在带轮的侧面进行，将一根细线拉直并紧靠两个带轮的端面，如图7-10所示，若细线均接触A、B、C、D四点，则带轮已校正好，否则应进行校正。

（3）联轴器传动的校正　　以被传动的机器为基准调整联轴器，使两联轴器的轴线重合，同时使两联轴器的端面平行。

联轴器可用钢直尺进行校正，如图7-11所示。将钢直尺搁在联轴器上，分别测量纵向水平间隙a和轴向间隙b，再用手将电动机端的联轴器转动，每转90°测量一次a与b的数值。若各位置上测得的a、b值不相同，应在机座下加垫或减垫。这样重复几次，使调整后测得的a、b值在联轴器转动360°时不变即可。两联轴器容许轴向间隙b值应符合表7-9的规定。

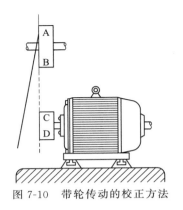

图 7-10 带轮传动的校正方法

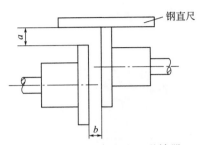

图 7-11 用钢直尺校正联轴器

表 7-9 两联轴器容许轴向间隙 *b*

联轴器直径/mm	90～140	140～260	260～500
容许轴向间隙 *b*/mm	2.5	2.5～4	4～6

（4）齿轮传动的校正 电动机轴与被传动机器的轴应保持平行。两齿轮轴是否平行，可用塞尺检查两齿轮的间隙来确定。如间隙均匀，说明两轴已平行，否则，需重新校正。一般齿轮啮合程度可用颜色印迹法来检查，应使齿轮接触部分不小于齿宽的 2/3。

7.3 三相异步电动机的使用

7.3.1 三相异步电动机的用途与分类

三相交流异步电动机，又称为三相交流感应电动机。由于三相异步电动机具有结构简单、制造容易、工作可靠、维护方便、价格低廉等优点，现已成为工农业生产中应用最广泛的一种电动机。例如，在工业方面，它被广泛用于拖动各种机床、风机、水泵、压缩机、搅拌机、起重机等生产机械；在农业方面，它被广泛用于拖动排灌机械及脱粒机、碾米机、榨油机、粉碎机等各种农副产品加工机械。

为了适应各种机械设备的配套要求，异步电动机的系列、品种、规格繁多，其分类方法也很多。三相异步电动机的主要分类见表 7-10。

表 7-10　三相异步电动机分类表

序号	分类因素	主要类别
1	输入电压	①低压电机(3000V 以下) ②高压电机(3000V 以上)
2	轴中心高等级	①微型电机(<80mm) ②小型电机(80~315mm) ③中型电机(355~560mm) ④大型电机(≥630mm)
3	转子绕组型式	①笼型转子电机 ②绕线转子电机
4	使用时的安装方式	①卧式 ②立式
5	使用环境 (防护功能)	①封闭式 ②开启式 ③防爆型 ④化工腐蚀型 ⑤防湿热型 ⑥防盐雾型 ⑦防振型
6	用途	①普通型 ②冶金及起重用 ③井用(潜油或水) ④矿山用 ⑤化工用 ⑥电梯用 ⑦需隔爆的场合用 ⑧附加制动器型 ⑨可变速型 ⑩高启动转矩型 ⑪高转差率型

7.3.2　三相异步电动机的铭牌

在电动机铭牌上标明了由制造厂规定的表征电动机正常运行状态的各种数值，如功率、电压、电流、频率、转速等，称为额定参数。异步电动机按额定参数和规定的工作制运行，称为额定运行。它们是正确使用、检查和维修电动机的主要依据。图 7-12 为一台三相异步电动机的铭牌实例，其中各项内容的含义如下。

三相异步电动机		
型号	Y132S-4	出厂编号
功率 5.5kW	电流 11.6A	
电压 380V	转速1440r/min	噪声 Lw78dB
接法△	防护等级 IP44　频率 50Hz	重量 68kg
标准编号	工作制 S1　绝缘等级 B 级	年　月
× 　　×　　电机厂		

图 7-12　三相异步电动机的铭牌

（1）型号。型号是表示电动机的类型、结构、规格及性能等的代号。

（2）额定功率。异步电动机的额定功率，又称额定容量，指电动机在铭牌规定的额定运行状态下工作时，从转轴上输出的机械功率。单位为 W 或 kW。

（3）额定电压。指电动机在额定运行状态下，定子绕组应接的线电压。单位为 V 或 kV。如果铭牌上标有两个电压值，表示定子绕组在两种不同接法时的线电压。例如，电压 220/380，接法△/Y，表示若电源线电压为 220V 时，三相定子绕组应接成三角形；若电源线电压为 380V 时，定子绕组应接成星形。

（4）额定电流。指电动机在额定运行状态下工作时，定子绕组的线电流，单位为 A。如果铭牌上标有两个电流值，表示定子绕组在两种不同接法时的线电流。

（5）额定频率。指电动机所使用的交流电源频率，单位为 Hz。我国规定电力系统的工作频率为 50Hz。

（6）额定转速。指电动机在额定运行状态下工作时，转子每分钟的转数，单位为 r/min。一般异步电动机的额定转速比旋转磁场转速（同步转速 n_s）低 2%～5%。故从额定转速也可知道电动机的极数和同步转速。电动机在运行中的转速与负载有关。空载时，转速略高于额定转速；过载时，转速略低于额定转速。

（7）接法。接法是指电动机在额定电压下，三相定子绕组 6 个首末端头的连接方法，常用的有星形（Y）和三角形（△）两种。

（8）工作制（或定额）。指电动机在额定值条件下运行时，允许连续运行的时间，即电动机的工作方式。

（9）绝缘等级（或温升）。指电动机绕组所采用的绝缘材料的耐热等级，它表明电动机所允许的最高工作温度。

（10）防护等级。电动机外壳防护等级的标志由字母 IP 和两个数字表示。IP 后面的第一个数字代表第一种防护形式（防尘）的等级；第二个数字代表第二种防护形式（防水）的等级。数字越大，防护能力越强。

7.3.3　三相异步电动机的接线

三相异步电动机的接法是指电动机在额定电压下，三相定子绕组 6 个首末端头的连接方法，常用的有星形（Y）和三角形（△）两种。

三相定子绕组每相都有两个引出线头，一个称为首端，另一个称为末端。按国家标准规定，第一相绕组的首端用 U1 表示，末端用 U2 表示；第二相绕组的首端和末端分别用 V1 和 V2 表示；第三相绕组的首端和末端分别用 W1 和 W2 表示。这 6 个引出线头引入接线盒的接线柱上，接线柱标出对应的符号，如图 7-13 所示。

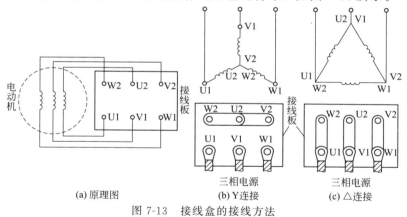

| (a) 原理图 | (b) Y 连接 | (c) △连接 |

图 7-13　接线盒的接线方法

三相定子绕组的 6 根端头可将三相定子绕组接成星形（Y）或三角形（△）。星形连接是将三相绕组的末端连接在一起，即将 U2、V2、W2 接线柱用铜片连接在一起，而将三相绕组的首端 U1、V1、W1 分别接三相电源，如图 7-13(b) 所示。三角形连接是将第一相绕组的首端 U1 与第三相绕组的末端 W2 连接在一起，再接入一相电源；将第二相绕组的首端 V1 与第一相绕组的末端 U2 连接在一起，再接入第二相电源；将第三相绕组的首端 W1 与第二相绕组的末端 V2 连接在一起，再接入第三相电源。即在接线板上将接线柱 U1 和 W2、V1 和 U2、W1 和 V2 分别用铜片连接起来，再分别接入三相电源，如图 7-13 所示。一台电动机是接成星形还是接成三角形，应视生产厂家的规定而进行，可从铭牌上查得。

三相定子绕组的首末端是生产厂家事先预定好的，绝不能任意颠倒，但可以将三相绕组的首末端一起颠倒，例如将 U2、V2、W2 作为首端，而将 U1、V1、W1 作为末端。但绝对不能单独将一相绕组的首末端颠倒，如将 U1、V2、W1 作为首端，将会产生接线错误。

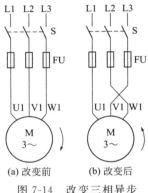

(a) 改变前　　(b) 改变后

图 7-14　改变三相异步电动机旋转方向的方法

7.3.4　改变三相异步电动机转向的方法

由三相异步电动机的工作原理可知，电动机的旋转方向（即转子的旋转方向）与三相定子绕组产生的旋转磁场的旋转方向相同。倘若要想改变电动机的旋转方向，只要改变旋转磁场的旋转方向就可实现。即只要调换三相电动机中任意两根电源线的位置，就能达到改变三相异步电动机旋转方向的目的，如图 7-14 所示。

7.3.5　三相异步电动机启动前的检查

7.3.5.1　新安装或长期停用的电动机启动前的检查

（1）用绝缘电阻表检查电动机绕组之间以及绕组对地（机壳）的绝缘电阻。通常对额定电压为 380V 的电动机，采用 500V 绝缘电阻表测量，其绝缘电阻值不得小于 $0.5M\Omega$，否则应进行烘干处理。

（2）按电动机铭牌的技术数据，检查电动机的额定功率是否合适；检查电动机的额定电压、额定频率与电源电压及频率是否相符；并检查电动机的接法是否与铭牌所标一致。

（3）检查电动机轴承是否有润滑油，滑动轴承是否达到规定油位。

（4）检查熔体的额定电流是否符合要求，启动设备的接线是否正确，启动装置是否灵活，有无卡滞现象，触头的接触是否良好。使用自耦变压器减压启动时，还应检查自耦变压器抽头是否选得合适；自耦变压器减压起动器是否缺油；油质是否合格等。

（5）检查电动机基础是否稳固，螺栓是否拧紧。

（6）检查电动机机座、电源线钢管以及启动设备的金属外壳接地是否可靠。

（7）对于绕线转子三相异步电动机，还应检查电刷及提刷装置是否灵活、正常；检查电刷与集电环接触是否良好，电刷压力是否合适。

7.3.5.2　正常使用的电动机启动前的检查

（1）检查电源电压是否正常，三相电压是否平衡，电压是否过高或过低。

（2）检查线路的接线是否可靠，熔体有无损坏。

（3）检查联轴器的连接是否牢固，传送带连接是否良好，传送带松紧是否合适，机组传动是否灵活，有无摩擦、卡住、窜动等不正常的现象。

（4）检查机组周围有无妨碍运动的杂物或易燃物品。

7.3.6　电动机启动时的注意事项

（1）合闸启动前，应观察电动机及拖动机械上或附近是否有异物，以免发生人身及设备事故。

（2）操作开关或启动设备时，应动作迅速、果断，以免产生较大的电弧。

（3）合闸后，如果电动机不转，要迅速切断电源，检查熔丝及电源接线等是否有问题。绝不能合闸等待或带电检查，否则会烧毁电动机或发生其他事故。

（4）合闸后应注意观察，若电动机转动较慢、启动困难、声音不正常或生产机械工作不正常，电流表、电压表指示异常，都应立即切断电源。待查明原因，排除故障后，才能重新启动。

（5）应按电机的技术要求，限制电动机连续启动的次数。对于Y 系列电动机，一般空载连续启动不得超过 3～5 次；满载启动或长期运行至热态，停机后又启动的电动机，不得连续超过 2～3 次，否则容易烧毁电动机。

（6）对于笼型电动机的星-三角形启动或利用补偿器启动，若是手动延时控制的启动设备，应注意启动操作顺序和控制好延时长短。

（7）多台电动机应避免同时启动，应由大到小逐台启动，以避免线路上总启动电流过大，导致电压下降太多。

7.3.7　三相异步电动机运行时的监视

正常运行的异步电动机，应经常保持清洁，不允许有水滴、油滴或杂物落入电动机内部；应监视其运行中的电压、电流、温升及可能出现的故障现象，并针对具体情况进行处理。

（1）电源电压的监视。三相异步电动机长期运行时，一般要求电源电压不高于额定电压的 10％，不低于额定电压的 5％；三相电压不对称的差值也不应超过额定值的 5％，否则应减载或调整电源。

（2）电动机电流的监视。电动机的电流不得超过铭牌上规定的额定电流，同时还应注意三相电流是否平衡。当三相电流不平衡的差值超过 10％时，应停机处理。

（3）电动机温升的监视。监视温升是监视电动机运行状况的直接可靠的方法。当电动机的电压过低、电动机过载运行、电动机缺相运行、定子绕组短路时，都会使电动机的温度不正常地升高。

所谓温升，是指电动机的运行温度与环境温度（或冷却介质温度）的差值。例如环境温度（即电动机未通电的冷态温度）为 $30℃$，运行后电动机的温度为 $100℃$，则电动机的温升为 $70℃$。电动机的温升限值与电动机所用绝缘材料的绝缘等级有关。

没有温度计时，可在确定电动机外壳不带电后，用手背去试电动机外壳温度。若手能在外壳上停留而不觉得很烫，说明电动机未过热；若手不能在外壳上停留，则说明电动机已过热。

（4）电动机运行中故障现象的监视。对运行中的异步电动机，应经常观察其外壳有无裂纹、螺钉（螺栓）是否有脱落或松动、电动机有无异响或振动等。监视时，要特别注意电动机有无冒烟和异味出现；若嗅到焦煳味或看到冒烟，必须立即停机处理。

对轴承部位，要注意轴承的声响和发热情况。当用温度计法测量时，滚动轴承发热温度不许超过 95℃，滑动轴承发热温度不许超过 80℃。轴承声音不正常和过热，一般是轴承润滑不良或磨损严重所致。

对于联轴器传动的电动机，若中心校正不好，会在运行中发出响声，并伴随着电动机的振动和联轴器螺栓、胶垫的迅速磨损。这时应重新校正中心线。

对于带传动的电动机，应注意传动带不应过松而导致打滑，但也不能过紧而使电动机轴承过热。

对于绕线转子异步电动机还应经常检查电刷与滑环间的接触及电刷磨损、压力、火花等情况。如发现火花严重，应及时整修滑环表面，校正电刷弹簧的压力。

另外，还应经常检查电动机及开关设备的金属外壳是否漏电和接地不良。用验电笔检查发现带电时，应立即停机处理。

7.4　单相异步电动机的使用

7.4.1　单相异步电动机的分类、接线与典型应用

单相异步电动机最常用的分类方法，是按启动方法进行分类的。不同类型的单相异步电动机，产生旋转磁场的方法也不同，常见的有以下几种：单相电容分相启动异步电动机；单相电阻分相启动异步电动机；单相电容运转异步电动机；单相电容启动与运转异步电动机；单相罩极式异步电动机。

常用单相异步电动机的特点和典型应用见表 7-11。常用单相异步电动机的外形如图 7-15 所示。

(a) 电容启动式　　　　　　(b) 电容启动与运转式(双值电容式)

图 7-15　常用单相异步电动机的外形

表7-11　常用单相异步电动机的特点和典型应用

电动机类型	电阻启动	电容启动	电容运转	电容启动与运转	罩极式
基本系列代号	YU(JZ,BO,BO2)	YC(JY,CO,CO2)	YY(JX,DO,DO2)	YL	YJ
接线原理图					
典型应用	具有中等启动转矩和过载能力，适用于小型车床、鼓风机、医疗机械等	具有较高启动转矩，适用于小型空气压缩机、电冰箱、磨粉机、水泵及满载启动的机械等	启动转矩较低，但有较高的功率因数和效率，体积小、重量轻，适用于电风扇、录音机及各种空载启动的机械。又称单相双值电容异步电动机。	具有较高的启动性能、过载能力，功率因数和效率，适用于家用电器、泵、小型机床等	启动转矩、功率因数和效率均较低，适用于小型风扇、电动模型及各种轻载启动的小功率电动设备

注：1.单相电容启动与运转异步电动机，又称单相双值电容异步电动机。
　　2.基本系列代号中括号内是老系列代号。

7.4.2　改变单相异步电动机转向的方法

（1）改变分相式单相异步电动机旋转方向的方法　分相式单相异步电动机旋转磁场的旋转方向与主、副绕组中电流的相位有关，由具有超前电流的绕组的轴线转向具有滞后电流的绕组的轴线。如果需要改变分相式单相异步电动机的转向，可把主、副绕组中任意一套绕组的首尾端对调一下，接到电源上即可，如图 7-16 所示。

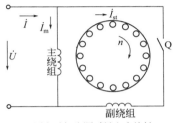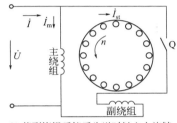

(a) 原电动机为顺时针方向旋转　　　(b) 将副绕组反接后为逆时针方向旋转

图 7-16　将副绕组反接改变分相式单相异步电动机的转向

（2）改变罩极式单相异步电动机旋转方向的方法　罩极式单相异步电动机转子的转向总是从磁极的未罩部分转向被罩部分，即使改变电源的接线，也不能改变电动机的转向。如果需要改变罩极式单相异步电动机的转向，则需要把电动机拆开，将电动机的定子或转子反向安装，如图 7-17 所示。

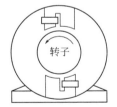

(a) 调头前转子为顺时针方向旋转　　(b) 调头后转子为逆时针方向旋转

图 7-17　将定子调头装配来改变罩极式单相异步电动机的转向

7.4.3　单相异步电动机电容器的选择

电容器电容量的选择与单相异步电动机的功率、电压、频率和设计要求有关，可由计算得出。当单相异步电动机的额定电压为

220V，额定频率为 50Hz 时，可参考表 7-12 选取。工作电容可选用额定电压为 500V 的金属纸介电容器、密封浸蜡电容器或油浸电容器；启动电容器可选用额定电压为 500V 的电解电容器，其通电时间一般不得超过 3min。

表 7-12　单相异步电动机用电容器电容量的选择

电动机功率/W	4	6	10	16	25	40	60	90	120	180	250	370	550	750
电动机极数	2/4	2/4	2/4	2/4	2/4	2/4	2/4	2/4	2/4	2/4	2/4	2/4	2/4	2/4
工作电容/μF	1	1	1	1/2	2		2	4	4	6	8			
启动电容/μF									75	75	75/100	100	150	200/150

7.4.4　单相异步电动机使用注意事项

单相异步电动机的运行与维护和三相异步电动机基本相似，可参考第 1 章。但是，单相异步电动机在结构上有它的特殊性：有启动装置，包括离心开关或启动继电器；有启动绕组及电容器；电动机的功率小，定、转子之间的气隙小。如果这些部件发生了故障，必须及时进行检修。

使用单相异步电动机时应注意以下几点。

（1）改变分相式单相异步电动机的旋转方向时，应在电动机静止时或电动机的转速降低到离心开关的触点闭合后，再改变电动机的接线。

（2）单相异步电动机接线时，应正确区分主、副绕组，并注意它们的首尾端。若绕组出线端的标志已脱落，电阻大的绕组一般为副绕组。

（3）更换电容器时，应注意电容器的型号、电容量和工作电压，应与原规格相符。

（4）拆装离心开关时，用力不能过猛，以免离心开关失灵或损坏。

（5）离心开关的开关板与后端盖必须紧固，开关板与定子绕组的引线焊接必须可靠。

（6）紧固后端盖时，应注意避免后端盖的止口将离心开关的开关板与定子绕组连接的引线切断。

7.5　直流电动机的使用

7.5.1　直流电动机的励磁方式

励磁绕组的供电方式称为励磁方式。直流电动机的励磁方式有以下几种。

（1）他励式。他励式直流电动机的励磁绕组由其他电源供电，励磁绕组与电枢绕组不相连接，其接线如图 7-18（a）所示。永磁式直流电动机亦归属这一类，因为永磁式直流电动机的主磁场由永久磁铁建立，与电枢电流无关。

（2）并励式。励磁绕组与电枢绕组并联的就是并励式。并励直流电动机的接线如图 7-18（b）所示。这种接法的直流电动机的励磁电流与电枢两端的电压有关。

（3）串励式。励磁绕组与电枢绕组串联的就是串励式。串励直流电动机的接线如图 7-18（c）所示。因此 $I_a = I = I_f$。

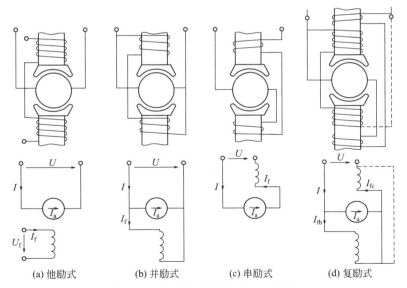

(a) 他励式　　(b) 并励式　　(c) 串励式　　(d) 复励式

图 7-18　直流电动机励磁方式分类

（4）复励式。复励式直流电动机既有并励绕组又有串励绕组，两种励磁绕组套在同一主极铁芯上。这时，并励和串励两种绕组的磁动势可以相加，也可以相减。前者称为积复励，后者称为差复励。复励直流电动机的接线如图 7-18（d）所示。图中并励绕组接到电枢可按实线接法，也可按虚线接法。前者称为短复励，后者称为长复励。事实上，长、短复励直流电动机在运行性能上没有多大差别，只是串励绕组的电流大小稍微有些不同而已。

7.5.2　改变直流电动机转向的方法

直流电动机旋转方向由其电枢导体受力方向来决定，如图 7-19 所示。根据左手定则，当电枢电流的方向和磁场的方向（即励磁电流的方向）两者之一反向时，电枢导体受力方向即改变，电动机旋转方向随之改变。但是，如果电枢电流和磁场两者方向同时改变时，则电动机的旋转方向不变。

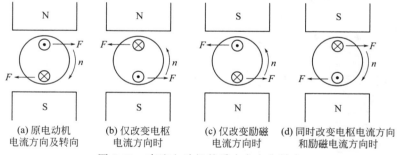

| (a) 原电动机电流方向及转向 | (b) 仅改变电枢电流方向时 | (c) 仅改变励磁电流方向时 | (d) 同时改变电枢电流方向和励磁电流方向时 |

图 7-19　直流电动机的受力方向和转向

在实际工作中，常用改变电枢电流方向的方法来使电动机反转，这是因为励磁绕组的匝数多，电感较大，换接励磁绕组端头时火花较大，而且磁场过零时，电动机可能发生"飞车"事故。

7.5.3　直流电动机启动前的准备及检查

（1）清扫电动机内部及换向器表面的灰尘、电刷粉末及污物等。

（2）检查电动机的绝缘电阻，对于额定电压为 500V 以下的电动机，若绝缘电阻低于 0.5MΩ 时，需进行烘干后方能使用。

（3）检查换向器表面是否光洁，如发现有机械损伤、火花灼痕或换向片间云母凸出等，应对换向器进行保养。

（4）检查电刷边缘是否碎裂、刷辫是否完整，有无断裂或断股情况，电刷是否磨损到最短长度。

（5）检查电刷在刷握内有无卡涩或摆动情况、弹簧压力是否合适，各电刷的压力是否均匀。

（6）检查各部件的螺钉是否紧固。

（7）检查各操作机构是否灵活，位置是否正确。

7.5.4　直流电动机使用注意事项

（1）直流电动机启动时的注意事项　直流电动机一般不宜直接启动。直流电动机的直接启动只用在容量很小的电动机中。直接启动就是电动机全压直接启动，是指不采取任何限流措施，把静止的电枢直接投入到额定电压的电网上启动。由于励磁绕组的时间常数比电枢绕组的时间常数大，为了确保启动时磁场及时建立，可采用图 7-20 的接线方式。

图 7-20 所示为并励直流电动机直接启动时的接线图。启动之前先合上励磁开关 Q1，给电动机以励磁，并调节励磁电阻 R_{fj}，使励磁电流达到最大。在保证主磁场建立后，再合上开关 Q2，使电枢绕组直接加上额定电压，电动机将启动。

（2）串励直流电动机使用注意事项　串励直流电动机空载或轻载时，$I_f = I_a \approx 0$，磁通 Φ 很小。由电路平衡关系可知，电枢只有以极高的转速旋转，才能产生足够大的感应电动势 E_a 与电源电压 U 相平衡。若负载转矩为零，串励直流电动机的空载转速从理论上讲，将达

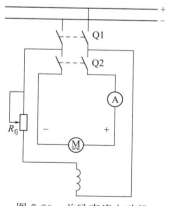

图 7-20　并励直流电动机
直接启动时的接线图

到无穷大。实际上因电动机中有剩磁，所以串励直流电动机的空载转速达不到无穷大，但转速也会比额定情况下高出很多倍，以致达到危险的高转速，即所谓"飞车"。这是一种严重的事故，会造成电动机转子或其他机械的损坏。所以，串励直流电动机不允许在空载或轻载情况下运行，也不允许采用传动带等容易发生断裂或滑脱的传动机构传动，而应采用齿轮或联轴器传动。

7.6 单相串励电动机的使用

7.6.1 单相串励电动机的特点及用途

单相串励电动机曾称单相串激电动机，是一种交直流两用的有换向器的电动机。

单相串励电动机主要用于要求转速高、体积小、重量轻、启动转矩大和对调速性能要求高的小功率电气设备中。例如电动工具、家用电器、小型机床、化工、医疗器械等。

单相串励电动机常常和电动工具等制成一体，如电锤、电钻、电动扳手等。

单相串励电动机的优点。

（1）转速高、体积小、重量轻。单相串励电动机的转速不受电动机的极数和电源频率的限制。

（2）调速方便。改变输入电压的大小，即可调节单相串励电动机的转速。

（3）启动转矩大、过载能力强。

单相串励电动机的主要缺点。

（1）换向困难，电刷容易产生火花。

（2）结构复杂，成本较高。

（3）噪声较大，运行可靠性较差。

7.6.2 单相串励电动机使用前的准备及检查

（1）清扫电动机内部及换向器表面的灰尘、电刷粉末及污物等。

（2）检查电动机的绝缘电阻，对于额定电压为 500V 以下的电动机，若绝缘电阻低于 0.5MΩ 时，需进行烘干后方能使用。

（3）检查换向器表面是否光洁，如发现有机械损伤、火花灼痕或换向片间云母凸出等，应对换向器进行保养。

（4）检查电刷边缘是否碎裂、刷辫是否完整，有无断裂或断股情况，电刷是否磨损到最短长度。

（5）检查电刷在刷握内有无卡涩或摆动情况、弹簧压力是否合适，各电刷的压力是否均匀。

（6）检查各部件的螺钉是否紧固。

（7）检查各操作机构是否灵活，位置是否正确。

7.6.3　改变单相串励电动机转向的方法

在实际应用中，如果需要改变单相串励电动机的转向，只需将励磁绕组（或电枢绕组）的首尾端调换一下即可，如图 7-21 所示。

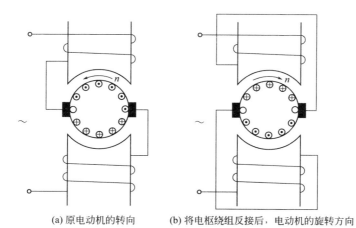

(a) 原电动机的转向　　　(b) 将电枢绕组反接后，电动机的旋转方向

图 7-21　改变单相串励电动机的转向

第 ⑧ 章
建筑弱电系统的安装

8.1　火灾报警与自动灭火系统

8.1.1　火灾报警消防的类型及功能

　　在公用建筑中，火灾自动报警与自动灭火控制系统是必备的安全设施，在较高级的住宅建筑中，一般也设置该系统。火灾报警消防系统和消防方式可分为两种。

　　（1）自动报警、人工灭火。当发生火灾时，自动报警系统发出报警信号，同时在总服务台或消防中心显示出发生火灾的楼层或区域代码，消防人员根据火警具体情况，操纵灭火器械进行灭火。

　　（2）自动报警、自动灭火。这种系统除上述功能外，还能在火灾报警控制器的作用下，自动联动有关灭火设备，在发生火灾处自动喷洒，进行灭火。并且启动减灾装置，如防火门、防火卷帘、排烟设备、火灾事故广播网、应急照明设备、消防电梯等，迅速隔离火灾现场，防止火灾蔓延；紧急疏散人员与重要物品，尽量减少火灾损失。

8.1.2　火灾自动报警与自动灭火系统的组成

　　火灾自动报警与自动灭火系统主要由两大部分组成：一部分为火灾自动报警系统；另一部分为灭火及联动控制系统。前者是系统的感应机构，用以启动后者工作；后者是系统的执行机构。火灾自动报警与自动灭火系统联动示意图如图 8-1 所示。

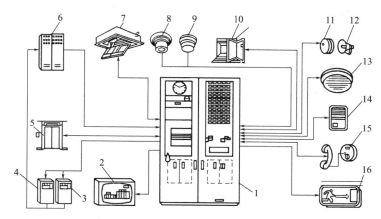

图 8-1　火灾自动报警与自动灭火系统联动示意图

1—消防中心；2—火灾区域显示；3—水泵控制盘；4—排烟控制盘；5—消防电梯；
6—电力控制柜；7—排烟口；8—感烟探测器；9—感温探测器；10—防火门；11—警铃；
12—报警器；13—扬声器；14—对讲机；15—联络电话；16—诱导灯

8.1.3　火灾探测器的选择

8.1.3.1　火灾探测器的选择原则

（1）火灾初期阴燃阶段产生大量的烟和少量的热，很少或没有火焰辐射的场所，应选用感烟探测器。

（2）火灾发展迅速，产生大量的热、烟和火焰辐射的场所，可选用感温探测器、感烟探测器、火焰探测器或其结合。

（3）火灾发展迅速，有强烈的火焰辐射和少量的热、烟的场所，应选用火焰探测器。

（4）对火灾形成特征不可预料的场所，可根据模拟试验的结果选择探测器。

（5）对使用、生产或聚集可燃气体或可燃液体蒸气的场所，应选择可燃气体探测器。

（6）装有联动装置或自动灭火系统时，宜将感烟、感温、火焰探测器组合使用。

8.1.3.2　点型火灾探测器的选择

（1）对不同高度的房间，可按表 8-1 选择点型火灾探测器。

表 8-1　探测器适合安装高度

房间高度 h/mm	感烟探测器	感温探测器			火焰探测器
		一级	二级	三极	
$12<h\leqslant20$	不适合	不适合	不适合	不适合	适合
$8<h\leqslant12$	适合	不适合	不适合	不适合	适合
$6<h\leqslant8$	适合	适合	不适合	不适合	适合
$4<h\leqslant6$	适合	适合	适合	不适合	适合
$h\leqslant4$	适合	适合	适合	适合	适合

（2）对于不同的场所，可参考表 8-2 选择点型火灾探测器。

8.1.3.3　线型火灾探测器的选择

（1）有特殊要求的场所或无遮挡大空间，宜选择红外光束感烟探测器。

表 8-2　适宜选用或不适宜选用火灾传感器的场所

类型		适宜选用的场所	不适宜选用的场所
感烟探测器	离子式	①饭店、旅馆、商场、教学楼、办公楼的厅堂、卧室、办公室等 ②电子计算机房、通信机房、电影或电视放映室等 ③楼梯、走道、电梯机房等 ④书库、档案库等 ⑤有电器火灾危险的场所	①相对湿度长期大于 95% ②气流速度大于 5m/s ③有大量粉尘、水雾滞留 ④可能产生腐蚀性气体 ⑤在正常情况下有烟滞留 ⑥产生醇类、醚类、酮类等有机物质
	光电式		①可能产生黑烟 ②大量积聚粉尘 ③可能产生蒸气和油雾 ④在正常情况下有烟滞留
感温探测器		①相对湿度经常高于 95% ②可能发生无烟火灾 ③有大量粉尘 ④在正常情况下有烟和蒸气滞留 ⑤厨房、锅炉房、发电机房、茶炉房、烘干车间等 ⑥吸烟室、小会议室等 ⑦其他不宜安装感烟探测器的厅堂和公共场所	①可能产生阴燃火或发生火灾不及时报警将造成重大损失的场所，不宜选择感温探测器 ②温度在 0℃ 以下的场所，不宜选用定温探测器 ③温度变化较大的场所，不宜选用差温探测器

续表

类型	适宜选用的场所	不适宜选用的场所
火焰探测器（感光探测器）	①火灾时有强烈的火焰辐射 ②无阴燃阶段的火灾 ③需要对火焰作出快速反应	①可能发生无焰火灾 ②在火焰出现前有浓烟扩散 ③探测器的镜头易被污染 ④探测器的"视线"易被遮挡 ⑤探测器易受阳光或其他光源直接或间接照射 ⑥在正常情况下有明火作业以及 X射线、弧光等影响
可燃气体探测器	①使用管道煤气或天然气的场所 ②煤气站和煤气表房以及存储液化石油气罐的场所 ③其他散发可燃气体和可燃蒸气的场所 ④有可能产生一氧化碳气体的场所,宜选择一氧化碳气体探测器	除适宜选用场所之外的所有场所

（2）下列场所或部位，宜选择缆式线型定温探测器。

① 电缆竖井、电缆隧道、电缆夹层、电缆桥架等。

② 配电装置、开关设备、变压器等。

③ 控制室、计算机室的闷顶内、地板下及重要设施隐蔽处等。

④ 各种皮带输送装置。

⑤ 其他环境恶劣不适合点型探测器安装的危险场所。

（3）下列场所宜选择空气管式线型差温探测器。

① 可能产生油类火灾且环境恶劣的场所。

② 不易安装点型探测器的夹层及闷顶。

8.1.4　火灾探测器的安装

8.1.4.1　火灾探测器安装位置的确定

火灾探测器的安装位置应符合下列规定。

（1）探测区域内每个房间至少应设置一只火灾探测器。根据火灾特点、房间用途和环境选择探测器，一般已在设计阶段确定，在施工中实施，但施工发现现场环境和条件与原设计有出入，须提出设计修改变更。火灾探测器适合安装高度见表 8-1。

（2）火灾探测器保护面积 A、保护半径 R 以及地面面积 S 计算示例如图 8-2 所示。感烟、感温火灾探测器的保护面积和保护半径应按表 8-3 确定。

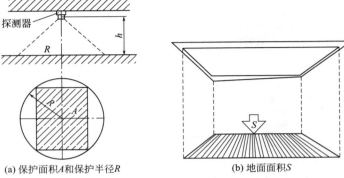

(a) 保护面积 A 和保护半径 R　　　　(b) 地面面积 S

图 8-2　计算示例

表 8-3　感烟、感温火灾探测器的保护面积 A 和保护半径 R

火灾探测器的种类	地面面积 $S/\mathrm{m^2}$	房间高度 h/m	探测器的保护面积 A 和保护半径 R					
			屋顶坡 θ					
			$\theta\leqslant 15°$		$15°<\theta\leqslant 30°$		$\theta>30°$	
			$A/\mathrm{m^2}$	R/m	$A/\mathrm{m^2}$	R/m	$A/\mathrm{m^2}$	R/m
感烟探测器	$S\leqslant 80$	$h\leqslant 12$	80	6.7	80	7.2	80	8.0
	$S>80$	$6<h\leqslant 12$	80	6.7	100	8.0	120	9.9
		$h\leqslant 6$	60	5.8	80	7.2	100	9.0
感温探测器	$S\leqslant 30$	$h\leqslant 8$	30	4.4	30	4.9	30	5.5
	$S>30$	$h\leqslant 8$	20	3.6	30	4.9	40	6.3

（3）一个探测区域内所需设置的探测器数量，应按下式计算和核定，即：

$$N\geqslant\frac{S}{KA}$$

式中　N——一个探测区域内所需设置的探测器数量，只，N 取整数；

S——一个探测区域的面积，m^2；

A——探测器的保护面积；

K——修正系数，重点保护建筑取 $0.7 \sim 0.9$，非重点保护建筑取 1.0。

8.1.4.2　火灾探测器的方式

各种探测器的安装固定方式，因安装位置的建筑结构不同而不同。按接线盒安装方式分为埋入式、外露式、架空式三种，如图 8-3 所示。

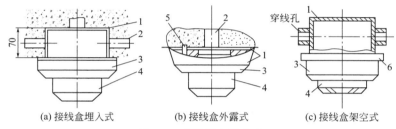

(a) 接线盒埋入式　　(b) 接线盒外露式　　(c) 接线盒架空式

图 8-3　探测器安装方式

1—接线盒；2—穿线管；3—底座；4—探测器；5—固定螺杆；6—防尘罩

探测器安装在底座上，底座安装在接线盒上，接线盒有方形、圆形两种，底座都是圆盘形状。埋入式的接线盒又称预埋盒，要求土建工程预先留下预埋孔，放好穿线管，引出线从接线盒进入。接线盒与底座之间应加绝缘垫片，保证两者间绝缘良好。底座安装完毕后，要仔细检查，不能有接错、短路、虚焊情况。应注意安装时要保证将探测器外罩上的确认灯对准主要入口处方向，以方便人员观察。

8.1.4.3　火灾探测器在顶棚上的安装

感烟火灾探测器、感温火灾探测器在房间顶棚上安装时应注意以下几点：

（1）当顶棚上有梁时，梁的间距净距小于 $1m$ 时，视为平顶棚。

（2）在梁凸出顶棚的高度小于 $200mm$ 的顶棚上设置感烟、感温探测器时，可不考虑对探测器保护面积的影响。

（3）当梁凸出顶棚的高度为 200～600mm 时，应按图 8-4 和表 8-4确定探测器的安装位置。

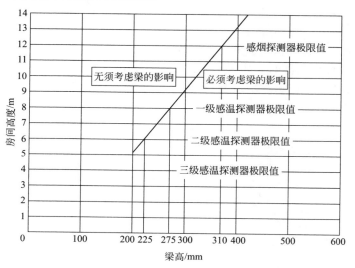

图 8-4　不同房间高度下梁高对探测器设置的影响

表 8-4　按梁间区域面积确定一只探测器能够保护的梁间区域的个数

探测器的保护面积 A/m^2	梁隔断的梁间区域面积 Q/m^2	一只探测器保护的梁间区域的个数
感温探测器		
20	$Q>12$	1
	$8<Q\leqslant12$	2
	$6<Q\leqslant8$	3
	$4<Q\leqslant6$	4
	$Q\leqslant4$	5
30	$Q>18$	1
	$12<Q\leqslant18$	2
	$9<Q\leqslant12$	3
	$6<Q\leqslant9$	4
	$Q\leqslant6$	5

续表

探测器的保护面积 A/m^2	梁隔断的梁间区域面积 Q/m^2	一只探测器保护的 梁间区域的个数
感烟探测器 60	$Q>36$	1
	$24<Q\leqslant36$	2
	$18<Q\leqslant24$	3
	$12<Q\leqslant18$	4
	$Q\leqslant12$	5
80	$Q>48$	1
	$32<Q\leqslant48$	2
	$24<Q\leqslant32$	3
	$16<Q\leqslant24$	4
	$Q\leqslant16$	5

从图 8-4 中可以看出，随房间顶棚高度增加，火灾探测器能影响的火灾规模明显增大。因此，探测器需按不同的顶棚高度划分三个灵敏度级别，即Ⅰ级灵敏度探测器的动作温度为 62℃，Ⅱ级为 70℃，Ⅲ级为 78℃，较灵敏的探测器（例如Ⅰ级探测器）适用于较大的顶棚高度上。从图 8-4 中还可知感温探测器和感烟探测器的极限值。当房间高度大于 12m 小于 20m 时，应采用火焰探测器或红外光束感烟探测器。

（4）当梁凸出顶棚的高度超过 600mm 时，被梁隔断的每个梁间区域应至少设置一只探测器。当被梁隔断的区域面积超过一只探测器的保护面积时，则应将被隔断的区域视为一个探测区域，并应按有关规定计算探测器的设置数量。

（5）在宽度小于 3m 的内走道顶棚上设置探测器时，宜居中布置。感温探测器的安装间距不应超过 10m，感烟探测器的安装间距不应超过 15m。探测器至端墙的距离，不应大于探测器安装间距的一半。

（6）房间被书架、设备或隔断等分隔，其顶部至顶棚或梁的距离小于房间净高的 5% 时，则每个被隔开的部分应至少安装一只探测器，如图 8-5 所示。

（7）探测器的安装位置与其相邻墙壁或梁之间的水平距离应不小于 0.5m，如图 8-6 所示，且探测器安装位置正下方和它周围 0.5m 范围内不应有遮挡物。

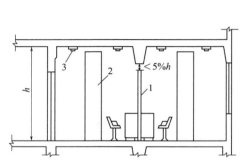

图 8-5　房间被分隔，探测器设置示意图
1—隔断；2—书架；3—探测器

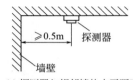

(a) 探测器与相邻墙的水平距离

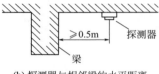

(b) 探测器与相邻梁的水平距离

图 8-6　探测器与相邻墙、梁的允许最小距离示意图

（8）在有空调房间内，探测器的位置要靠近回风口，远离送风口，探测器至空调送风口边缘的水平距离应不小于 1.5m，如图 8-7 所示。当探测器装设于多孔送风顶棚时，探测器至多孔送风顶棚孔口的水平距离应不小于 0.5m。

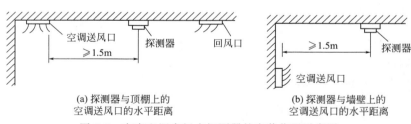

(a) 探测器与顶棚上的
空调送风口的水平距离

(b) 探测器与墙壁上的
空调送风口的水平距离

图 8-7　在有空调房间内探测器的安装位置示意图

（9）当房屋顶部有热屏障时，感温火灾探测器直接安装在顶棚，感烟火灾探测器下表面至顶棚的距离 d 应当符合表 8-5 的规定。

表 8-5 感烟火灾探测器下表面至顶棚的距离 d

探测器的安装高度 h/m	感烟探测器下表面距离顶棚（或屋顶）的距离 d/mm					
	顶棚（或屋顶）坡度 θ					
	$\theta \leqslant 15°$		$15° < \theta \leqslant 30°$		$\theta > 30°$	
	最小	最大	最小	最大	最小	最大
$h \leqslant 6$	30	200	200	300	300	500
$6 < h \leqslant 8$	70	250	250	400	400	600
$8 < h \leqslant 10$	100	300	300	500	500	700
$10 < h \leqslant 12$	150	350	350	600	600	800

（10）锯齿形屋顶和坡度大于 15°的人字形屋顶，应在每个屋脊处设置一排探测器，如图 8-8 所示。探测器下表面距屋顶最高处的距离，也应符合表 8-5 的规定。

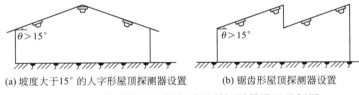

(a) 坡度大于15°的人字形屋顶探测器设置　　(b) 锯齿形屋顶探测器设置

图 8-8　人字形屋顶和锯齿形屋顶探测器设置示例图

（11）探测器在顶棚宜水平安装，如必须倾斜安装时，应保证探测器的倾斜角 $\theta \leqslant 45°$。若倾斜角 $\theta \geqslant 45°$，应采用木台座或其他台座水平安装，如图 8-9 所示。

（12）在厨房、开水房、浴室等房间连接点走廊安装探测器时，应避开其入口边缘 1.5m。

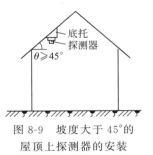

图 8-9　坡度大于 45°的屋顶上探测器的安装

（13）在电梯井、升降机井及管道井设置探测器时，其位置宜在井道上方的机房顶棚上。未按每层封闭的管道井（竖井）安装火灾报警器时，应在最上层安装。隔层楼板高度在三层以下且完全处于水平警戒范围内的管道井（竖井）可以不安装。

（14）火灾探测器的报警确认灯应面向便于人员观察的主要入口方向。

8.1.4.4　火灾探测器与其他设施的安装间距的确定

安装在顶棚上的感烟火灾探测器、感温火灾探测器的边缘与其他设施的水平间距应符合下列规定：

（1）探测器与照明灯具的水平净距离不应小于0.2m。

（2）感温探测器与高温光源灯具（如碘钨灯、容量大于100W的白炽灯等）之间的净距离不应小于0.5m。感光探测器与光源之间的距离应大于1m。

（3）探测器与电风扇之间的净距不应小于0.1m。

（4）探测器与不突出的扬声器之间的净距不应小于1.5m。

（5）探测器与各种自动喷水灭火喷头之间的净距不应小于0.3m。

（6）探测器与防火门、防火卷帘的间距，一般在1～2m的适当位置。

8.1.4.5　安装可燃气体火灾探测器的注意事项

可燃气体火灾探测器应安装在可燃气体容易泄漏处的附近、泄漏出来的气体容易流经的场所或容易滞留的场所。

探测器的安装位置应根据被测气体的密度、安装现场的气流方向、湿度等各种条件来确定。密度大、比空气重的气体，探测器应安装在泄漏处的下部；密度小、比空气轻的气体，探测器应安装在泄漏处的上部。

煤气探测器分墙壁式和吸顶式两种。墙壁式煤气探测器应装在距煤气灶4m以内，距地面高度为0.3m，如图8-10（a）所示；探测器吸顶安装时，应装在距煤气灶8m以内的屋顶板上。当屋内有排气口，煤气探测器允许装在排气口附近，但位置应距煤气灶8m以上，如图8-10（b）所示；如果房间内有梁，且高度大于0.6m时，探测器应装在有煤气灶的梁的一侧，如图8-10（c）所示；探测器在梁上安装时距屋顶不应大于0.3m，如图8-10（d）所示。

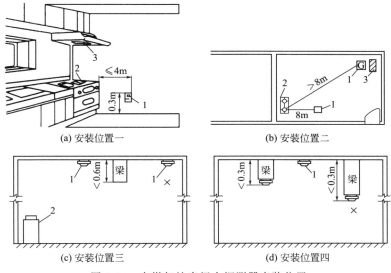

(a) 安装位置一　　　　　　(b) 安装位置二

(c) 安装位置三　　　　　　(d) 安装位置四

图 8-10　有煤气灶房间内探测器安装位置

1—气体探测器；2—煤气灶；3—排气口

8.1.4.6　安装红外光束感烟探测器的注意事项

线型光束感烟探测器的安装如图 8-11 所示，安装时应注意以下几点。

（1）红外光束感烟探测器应选择在烟最容易进入的光束区域位置安装，不应有其他障碍遮挡光束或不利的环境条件影响光束，发射器和接收器都必须固定可靠，不得松动。

（2）光束感烟探测器的光束轴线与顶棚之间的垂直距离以 0.3～1.0m 为宜，距地面高度不宜超过 20m。通常在顶棚高度 $h \leqslant 5m$ 时，取其光束至顶棚的垂直距离为 0.3m；顶棚高度 $h = 10～20m$ 时，取其光束轴线至顶棚的垂直距离为 1m。

（3）当房间高度为 8～14m 时，除在贴近顶棚下方墙壁的支架上设置外，最好在房间高度 1/2 的墙壁或支架上也设置光束感烟探测器。当房间高度为 14～20m 时，探测器宜分 3 层设置。

（4）红外光束感烟探测器的发射器与接收器之间的距离应参考产品说明书的要求安装，一般要求不超过 100m。

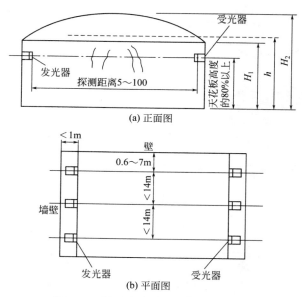

(a) 正面图

(b) 平面图

图 8-11 线型光束感烟探测器的布置

h—顶棚板倾斜的高度，$h = (H_1 + H_2)/2$

（5）探测器与侧墙之间的水平距离应不小于 0.5m，但也应不超过 7m。相邻两组红外光束感烟探测器之间的水平距离应不超过 14m。

线型红外光束感烟探测器的保护面积 A，可按下式近似计算：

$$A = 14L$$

式中 L——光发射器与光接收器之间的水平距离，m。

8.1.5 手动报警按钮的安装

手动报警器与自动报警控制器相连，是向火灾报警控制器发出火灾报警信号的手动装置，它还用于火灾现场的人工确认。每个防火分区内至少应设置一只手动报警器，从防火分区内的任何位置到最近的一只手动报警器的步行距离不应超过 30m。

为便于现场与消防控制中心取得联系，某些手动报警按钮盒上同时设有对讲电话插孔。

　　手动报警器的接线端子的引出线接到自动报警器的相应端子上，平时，它的按钮是被玻璃压下的；报警时，需打碎玻璃，使按钮复位，线路接通，向自动报警器发出火警信号。同时，指示灯亮，表示火警信号已收到。图 8-12 所示为手动报警器的工作状态。

　　在同一火灾报警系统中，手动报警按钮的规格、型号及操作方法应该相同。手动报警器还必须和相应的自动报警器相配套才能使用。

　　手动报警器应在火灾报警控制器或消防控制室的控制盘上显示部位号，并应区别于火灾探测器部位号。

　　手动报警器应装设在明显、便于操作的部位。安装在墙上距地面 1.3～1.5m 处，并应有明显标志。图 8-13 所示为手动报警器的安装方法。

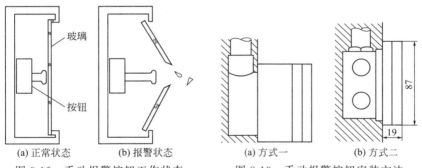

(a) 正常状态　　　　(b) 报警状态　　　　(a) 方式一　　　　(b) 方式二

图 8-12　手动报警按钮工作状态　　　　图 8-13　手动报警按钮安装方法

8.1.6　报警控制器的安装

8.1.6.1　安装火灾报警控制器的基本要求

　　（1）控制器应安装牢固，不得倾斜。安装在轻质墙上时应采取加固措施。

　　（2）控制器应接地牢固，并有明显标志。

　　（3）竖向的传输线路应采用竖井敷设；每层竖井分线处应设端子箱；端子箱内的端子宜选择压接或带锡焊接的端子板；其接线端子上

应有相应的标号。分线端子除作为电源线、火警信号线、故障信号线、自检线、区域信号线外，宜设两根公共线供给调试作为通信联络用。

（4）消防控制设备在安装前应进行功能检查，不合格则不得安装。

（5）消防控制设备的外接导线，当采用金属软管作套管时，其长度不宜大于 2m 且应采用管卡固定。其固定点间距不应大于 0.5m。金属软管与消防控制设备的接线盒（箱）应采用锁母固定，并应根据配管规定接地。

（6）消防控制设备外接导线的端部应有明显标志。

（7）消防控制设备盘（柜）内不同电压等级、不同电流类别的端子应分开，并有明显标志。

（8）控制器（柜）接线牢固、可靠，接触电阻小，而线路绝缘电阻要求保证不小于 20MΩ。

8.1.6.2　火灾报警控制器的安装

集中火灾报警控制器一般为落地式安装，柜下面有进出线地沟，如图 8-14（a）所示。

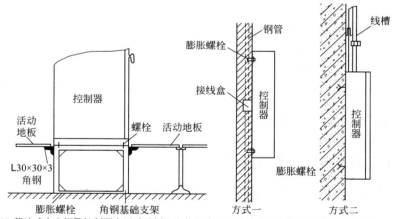

（a）落地式火灾报警控制器在活动地板上安装方法　（b）壁挂式火灾报警控制器安装方法

图 8-14　集中火灾报警控制器安装

集中火灾报警控制箱（柜）、操作台的安装，应将设备安装在型钢基础底座上，一般采用 8～10 号槽钢，也可以采用相应的角钢。

报警控制设备固定好后，应进行内部清扫，同时应检查机械活动部分是否灵活，导线连接是否紧固。

一般设有集中火灾报警器的火灾自动报警系统的规模都较大。竖向传输线路应采用竖井敷设，每层竖井分线处应设端子箱，端子箱内最少有 7 个分线端子，分别作为电源负载线、故障信号线、火警信号线、自检线、区域信号线、备用 1 和备用 2 分线。两根备用公共线是供给调试时作为通信联络用。由于楼层多、距离远，因此必须使用临时电话进行联络。

区域火灾报警控制器一般为壁挂式，可直接安装在墙上，如图 8-14(b)所示，也可以安装在支架上。

控制器安装在墙面上可采用膨胀螺栓固定。如果控制器质量小于 30kg，使用 $\phi 8 \times 120$ 膨胀螺栓固定；如果质量大于 30kg，则采用 $\phi 10 \times 120$ 的膨胀螺栓固定。

如果报警控制器安装在支架上，应先将支架加工好，并进行防腐处理，支架上钻好固定螺栓的孔眼，然后将支架装在墙上，控制器装在支架上。

8.1.6.3 安装火灾报警控制器的注意事项

(1) 火灾报警控制器（以下简称控制器）在墙上安装时，其底边距地（楼）面高度宜为 $1.3 \sim 1.5m$；落地安装时，其底宜高出地平 $0.1 \sim 0.2m$。

(2) 控制器靠近其门轴的侧面距离不应小于 0.5m，正面操作距离不应小于 1.2m。落地式安装时，柜下面有进出线地沟；若需要从后面检修时，柜后面板距离不应小于 1m；当有一侧靠墙安装时，另一侧距离不应小于 1m。

(3) 控制器的正面操作距离：当设备单列布置时不应小于 1.5m；双列布置时不应小于 2m。

8.1.7 火灾自动报警系统的构成

以微型计算机为基制的现代消防系统，其基本结构及原理如图 8-15 所示。火灾探测器和消防控制设备与微处理器间的连接必须通过输入输出接口来实现。

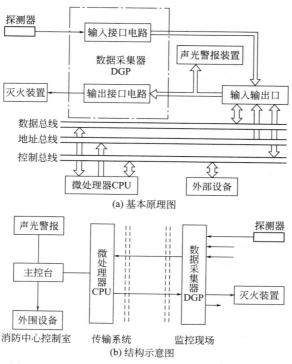

(a) 基本原理图

(b) 结构示意图

图 8-15 以微型计算机为基制的火灾自动报警系统

数据采集器 DGP 一般多安装于现场，它一方面接收探测器传来的信息，经变换后，通过传输系统送进微处理器进行运算处理；另一方面，它又接收微处理器发来的指令信号，经转换后向现场有关监控点的控制装置传送。显然，DGP 是微处理器与现场监控点进行信息交换的重要设备，是系统输入输出接口电路的部件。

传输系统的功用是传递现场（探测器、灭火装置）与微处理器之间的所有信息，一般由两条专用电缆线构成数字传输通道，它可以方便地加长传输距离，扩大监控范围。

对于不同型号的微机报警系统，其主控台和外围设备的数量、种类也是不同的。通过主控台可校正（整定）各监控现场正常状态值（即给定值），并对各监控现场控制装置进行远距离操作，显示设备各种参数和状态。主控台一般安装在中央控制室或各监控区域的控制室内。

外围设备一般应设有打印机、记录器、控制接口、警报装置等。有的还具有闭路电视监控装置，对被监视现场火情进行直接的图像监控。

8.1.8　自动灭火系统的构成

（1）消火栓灭火系统　消火栓系统主要由消火栓泵（消防泵）、管网、高位水箱、室内消火栓箱、室外的露天消火栓以及水泵接合器等组成。室内消火栓的供水管网与高位水箱（一般在建筑物的屋顶上）相连，高位水箱的水量可供火灾初期消防泵投入前的 10min 消防用水，10min 以后消防用水要靠消防泵从低位贮水池（或市区管网）把水注入消防管网。

由于最初消防用水量由屋顶高位水箱保证，在靠近屋顶的高层区的消火栓可能出水压力达不到消防规定要求，因此，有的建筑物在高层区装有消防加压泵，以维持最初 10min 内的高层区消火栓的消防水压力。

消火栓的数量根据建筑物的要求设置，室内一般都在各层若干地点设有消防栓箱。在消防栓箱内左上角或左侧壁上方设置消防按钮，按钮上面有一玻璃面板，作为遥控启动消防水泵用，此种消防按钮为打破玻璃启动式的专用消防按钮，消防按钮的安装如图 8-16 所示。

消防按钮动作后，消防泵应自动启动投入运行。消防控制室的信号盘上应有声光显示，表明火灾地点和消防泵的运行状态，以便值班人员迅速处理，也便于灾后提醒值班人员将动作的消防按钮复原。

（2）自动喷水灭火系统　自动喷水灭火系统主要用来扑灭初期的火灾并防止火灾蔓延。其主要由自动喷头、管路、报警阀和压力水源四部分组成。按照喷头形式，可分为封闭式和开放式两种喷水灭火系统；按照管路形式，可分为湿式和干式两种喷水灭火系统。

用于高层建筑中的喷头多为封闭型，它平时处于密封状态，启动喷水由感温部件控制。常用的喷头有易熔合金式、玻璃球式和双金属片式等。

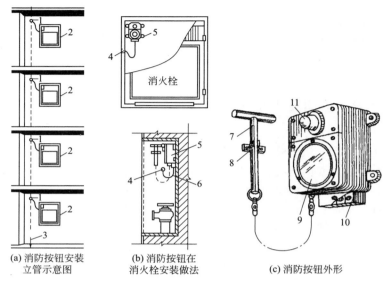

(a) 消防按钮安装
立管示意图

(b) 消防按钮在
消火栓安装做法

(c) 消防按钮外形

图 8-16　消防按钮的安装

1—接线盒；2—消火栓箱；3—引至消防泵房管线；4—出线孔；
5—消防按钮；6—塑料管或金属软管；7—敲击锤；8—锤架；
9—玻璃窗；10—接线端子；11—指示灯

　　湿式管路系统中平时充满具有一定压力的水，封闭型喷头一旦启动，水就立即喷出灭火。其喷水迅速且控制火势较快，但在某些情况下可能因漏水而污损内装修，它适用于冬季室温高于 0℃ 的房间或部位。

　　干式管路系统中平时充满压缩空气，使压力水源处的水不能流入。发生火灾时，当喷头启动后，首先喷出空气，随着管网中的压力下降，水即顶开空气阀流入管路，并由喷头喷出灭火。它适用于寒冷地区无采暖的房间或部位，并且不会因水的渗漏而污染、损坏装修。但空气阀较为复杂且需要空气压缩机等附属设备，同时喷水也相应较迟缓。

　　此外，还有充水和空气交替的管路系统，它在夏季充水而冬季充气，兼有以上二者的特点。

常用自动喷水灭火系统如图 8-17 所示。当灭火发生时，由于火场环境温度的升高，因此封闭型喷头上的低熔点合金（薄铅皮）熔化或玻璃球炸裂，喷头打开，即开始自动喷水灭火。由于自来水压力低不能用来灭火，因此建筑物内必须有另一路消防供水系统用水泵加压供水。当喷头开始供水时，加压水泵自动开机供水。

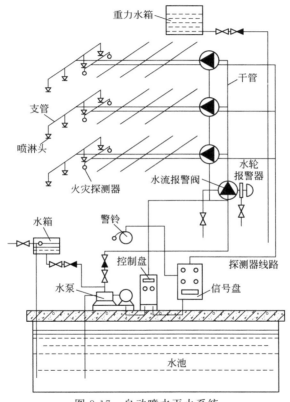

图 8-17　自动喷水灭火系统

（3）二氧化碳气体自动灭火系统　二氧化碳气体自动灭火系统也有全淹没系统和局部喷射系统之分：全淹没系统喷射的二氧化碳能够淹没整个被防护空间；局部喷射系统只能保护个别设备或局部空间。

二氧化碳气体自动灭火系统原理如图 8-18 所示。当火灾发生时，通过现场的火灾探测器发出信号至执行器，它便打开二氧化碳气体瓶的阀门，放出二氧化碳气体，使室内缺氧而达到灭火的目的。

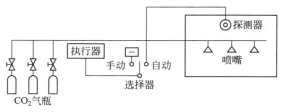

图 8-18　二氧化碳气体自动灭火系统原理

8.1.9　火灾报警与自动灭火系统的调试

为了保证新安装的火灾报警和自动灭火系统能安全可靠地投入运行，性能达到设计的技术要求，在系统安装施工过程中和投入运行前，要进行一系列的调整试验工作。

在系统安装完毕以后，监理员需要求施工单位及时组织人员进行系统联动调试前的所有调试工作，调试时监理员需旁站。调试的主要内容包括线路测试、单体功能试验、系统的接地测试和整个系统的开通调试。

8.1.9.1　调试的准备

监理员通常要求施工单位和生产厂家组成联合调试小组，编写调试方案并准备相关的资料和测试仪表。同时要协调好与其他专业的关系，做到有步骤有计划地调试。

（1）火灾自动报警系统的调试，应在建筑内部装修和系统施工结束后进行。

（2）调试前，应认真阅读施工布线图、系统原理图，了解火警设备的性能及技术指标，对有关数据的整定值、调整技术指标必须做到心中有数。

（3）应按设计要求查验设备的规格、型号、数量、备品备件等。

（4）对属于施工中出现的问题，应会同有关单位协商解决，并有文字记录。

8.1.9.2　线路测试

（1）对所有的接线进行检查、校对；对错线、开路、虚焊和短路等应进行处理。

（2）对各回路进行测试，绝缘电阻值不小于 20MΩ。

8.1.9.3　单体调试

（1）对火灾探测器的要求　要求火灾探测器动作准确无误，误报率、漏报率在误差允许范围内。

① 对于点型和线型探测器、图像型火灾探测器，采用专用的检测仪器或模拟火灾的方法进行火灾探测器的报警功能检查。

② 对于红外光束感烟探测器，用减光率为 0.9dB 的减光片遮挡光路，探测器应不报警；用生产企业设定减光率（1.0～10dB）的减光片遮挡光路，探测器应报警；用减光率为 11.5dB 的减光片遮挡光路，探测器应报警或发出故障信号。

③ 通过管路采样的吸气式探测器，在采样孔加入试验烟，探测器或其控制器应在 120s 内发出报警信号。

（2）报警控制器功能的检查要点　报警控制器功能检查包括：火灾报警自检功能检查；消声、复位功能检查；故障报警功能检查；火灾优先功能检查；报警记忆功能检查；电源自动转换及备用电源的自动充电功能检查；备用电源的欠压、过压报警功能检查等。其检查要点如下。

① 使控制器和探测器之间线路短路或断路，控制器应在 100s 内发出报警信号；在故障状态下，处于非故障线路的探测器报警时，控制器应在 1min 内发出报警信号。

② 使控制器和备用电源之间线路短路或断路，控制器应在 100s 内发出报警信号。

③ 使任一回路上不少于 10 只火灾探测器同时处于报警状态，检查控制器的负载功能。

（3）消防联动控制器的调试要点

① 使控制器和探测器之间线路短路或断路，控制器应在 100s 内发出报警信号；在故障状态下，处于非故障线路的探测器报警时，控制器应在 1min 内发出报警信号。

② 使控制器和备用电源之间线路短路或断路，控制器应在 100s 内发出报警信号。

③ 使至少 50 个输入/输出模块同时处于动作状态（模块总数

少于 50 个时，使全部模块动作），检查控制器的最大负载功能。

④ 使控制器分别处于自动和手动状态，按照逻辑关系或设定关系，检查受控设备的动作情况。

（4）火灾显示盘的调试　在 3s 内应能正确接收控制器发出的火灾报警信号。

（5）可燃气体报警控制器的调试要点

① 使控制器和探测器之间线路短路或断路，控制器应在 100s 内发出报警信号；在故障状态下，处于非故障线路的探测器报警时，控制器应在 1min 内发出报警信号。

② 使控制器和备用电源之间线路短路或断路，控制器应在 100s 内发出报警信号。

③ 使至少 4 个可燃气体探测器同时处于报警状态（探测器总数少于 4 个时，使全部处于报警状态），检查控制器的最大负载功能。

（6）可燃气体探测器的调试　对探测器施加达到响应浓度值的可燃气体标准样气，探测器应在 30s 内响应，撤去可燃气体，探测器应在 60s 内恢复正常监视状态；对于线型可燃气体探测器，还需做试验：将发射器发出的光全部遮挡，探测器相应的控制装置应在 100s 内发出故障信号。

（7）系统备用电源的调试　使备用电源放电终止后再充电 48h，断开设备主电源，备用电源应保证设备工作 8h。

（8）消防应急电源的调试要点

① 主电源和应急电源切换时间应小于 5s。

② 如果配接三相交流负载，当任一相缺相时，应急电源应能保证其他两相正常工作，并发出声、光报警。

③ 使应急电源充电回路与电池之间、电池与电池之间连线断线，应急电源应在 100s 内发出声、光故障报警信号，且该信号能手动消除。

（9）消防控制中心图形显示装置的调试　应能显示完整区域的覆盖模拟图和平面图，界面应为中文。当有联动控制信号或报警信号时，在 3s 内应能正确显示物理位置。

（10）气体灭火控制器的调试　当模拟启动设备反馈信号，控制器应在 10s 内接收并显示。控制器的延时应 0～30s 可调。

（11）防火卷帘控制器的调试要点

① 用于疏散的防火卷帘控制器应有两步关闭功能；当控制器接收到首次火灾报警信号后应使防火卷帘自动关闭到中位处停止；接收到二次报警信号后，使卷帘延续关闭到全闭状态，并向消防联动控制器发出反馈信号。

② 用于防火分区的防火卷帘控制器接收到防火分区内任一火灾报警信号后，应使卷帘关闭到全闭状态，并向消防联动控制器发出反馈信号。

8.1.9.4　联动系统的调试开通

火灾自动报警系统调试，应先分别对探测器、区域报警控制器、集中报警控制器、火灾报警装置和消防控制设备等逐个进行单机通电检查，正常后方可进行系统调试。

（1）对消防对讲系统，主要检查语音质量。

（2）对应急广播系统，主要查看与背景音乐的强切试验，以及模拟火灾发生时，对应的楼层广播动作是否正常。

（3）对防火门、防排烟阀、正压送风、自动喷水、气体灭火、消火栓系统的联动，主要查看动作是否可靠，返回信号是否及时准确。

（4）火灾自动报警系统在连续无故障运行 120h 后才可以填写调试记录。

在各种设备系统连接和试运转过程中，应由有关厂家参加协调，进行统一系统调试，发现问题及时解决，并做好详细记录。经过调试无误后，再请有关监督部门进行验收，确认合格，办理交接手续，交付使用。

8.2　安全防范系统

8.2.1　安全防范系统的保护功能

安全防范是公安保卫部门的专门术语，是指以维护社会公共安全为目的的防入侵、防被盗、防破坏、防火、防爆和安全检查等措施。安全防范系统的基本任务之一就是通过采用安全技术防范产品和防护设施保证建筑内部人身、财产的安全。

随着现代建筑的高层化、大型化和功能的多样化，安全防范系统已经成为现代化建筑，尤其是智能建筑非常重要的系统之一。在许多重要场所和要害部门，不仅要对外部人员进行防范，而且要对内部人员加强管理。对重要的部位、物品还需要特殊的保护。从防止罪犯入侵的过程上讲，安全防范系统应提供以下三个层次的保护。

（1）外部侵入保护。外部侵入是指罪犯从建筑物的外部侵入楼内，如楼宇的门、窗及通风道口、烟道口、下水道口等。在上述部位设置相应的报警装置，就可以及时发现并报警，从而在第一时间采取处理措施。外部侵入保护是保安系统的第一级保护。

（2）区域保护。区域保护是指对大楼内某些重要区域进行保护。如陈列展厅、多功能展厅等。区域保护是保安系统的第二级保护。

（3）目标保护。目标保护是指对重点目标进行保护。如保险柜、重要文物等。目标保护是保安系统的第三级保护。

8.2.2 安全防范系统的组成

不同建筑物的安全防范系统的组成内容不尽相同，但其子系统一般有：视频安防（闭路电视、电视）监控系统、入侵（防盗）报警系统、出入口控制（门禁）系统、安保人员巡更管理系统、停车场（库）管理系统、安全检查系统等。安全防范系统所包括的子系统见表 8-6。

表 8-6 安全防范系统内容

项　　目	说　　明
视频安防（闭路电视、电视）监控系统	采用各类视频摄像机，对建筑物内及周边的公共场所、通道和重要部位进行实时监视、录像，通常和报警系统、出入口控制系统等实现联动 视频监控系统通常分模拟式视频监控系统和数字式视频监控系统，后者还可网络传输、远程监视
入侵（防盗）报警系统	采用各类探测器，包括对周界防护、建筑物内区域/空间防护和某些实物目标的防护 常用的探测器有：主动红外探测器、被动红外探测器、双鉴探测器、三鉴探测器、振动探测器、微波探测器、超声探测器、玻璃破碎探测器等。在工程中还经常采用手动报警器、脚挑开关等作为人工紧急报警器件

项　　目	说　　明
出入口控制(门禁)系统	采用读卡器等设备,对人员的进、出,放行、拒绝、记录和报警等操作的一种电子自动化系统 根据对通行特征的不同辨识方法,通常有密码、磁卡、IC 卡,或根据生物特征,如指纹、掌纹、瞳孔、脸形、声音,甚至是 DNA 等对通行者进行辨识
巡更管理系统	是人防和技防相结合的系统。通过预先编制的巡逻软件,对保安人员巡逻的运动状态(是否准时、遵守顺序巡逻等)进行记录、监督,并对意外情况及时报警 巡更管理系统通常分为离线式巡更管理系统和在线式(或联网式)巡更管理系统 在线式巡更管理系统通常采用读卡器、巡更开关等识别。采用读卡器时,读卡器安装在现场往往和出入口(门禁)管理系统共用,也可由巡更人员持手持式读卡器读取信息
停车场(库)管理系统	对停车场(库)内车辆的通行实施出入控制、监视以及行车指示、停车计费等的综合管理。停车场管理系统主要分内部停车场、对外开放的临时停车场,以及两者共用的停车场
安全检查系统	是对出入建筑物或建筑物内一些特定通道(如机场、码头等)实现 X 射线安全检查与磁检查,以保障建筑物、公共活动场所的安全 安全防范系统的其他子系统,如访客对讲系统等在住宅、智能化小区中已得到广泛应用

8.2.3　防盗报警系统的安装与调试

8.2.3.1　防盗报警系统的组成

防盗报警系统负责建筑物内重要场所的探测任务,包括点、线、面和空间的安全保护。

防盗报警系统一般由探测器、区域报警控制器和报警控制中心等部分组成,其基本结构如图 8-19 所示。系统设备分三个层次,最低层次是现场探测器和执行设备,它们负责探测非法人员的入侵,向区域报警控制器发送信息。区域控制器负责下层设备的管理,同时向报警控制中心传送报警信息。报警控制中心是管理整个系统工作的设备,通过通信网络总线与各区域报警控制器连接。

对于较小规模的系统,由于监控点少,故也可采用一级控制方案,即由一个报警控制中心和各种探测器组成。此时,无区域控制

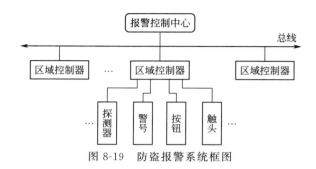

图 8-19　防盗报警系统框图

中心或中心控制器之分。

8.2.3.2　防盗探测器的选择

各种防盗报警器的主要差别在于探测器，探测器选用依据主要有以下几个方面：

（1）保护对象的重要程度。对于保护对象必须根据其重要程度选择不同的保护，特别重要的应采用多重保护。

（2）保护范围的大小。根据保护范围选择不同的探测器，小范围可采用感应式报警器或发射式红外线报警器；要防止人从门、窗进入，可采用电磁式探测报警器；大范围可采用遮断式红外线报警器等。

（3）防范对象的特点和性质。如果主要是防范人进入某区域活动，则采用移动探测报警器，可以考虑微波报警器或被动式红外线报警器，或者采用微波与被动式红外线两者结合的双鉴探测报警器。

8.2.3.3　门磁开关的安装

通常把干簧管安装在门（或窗、柜、仪器外壳、抽屉等）框边上，而把条形永久磁铁安装在门扇（或窗扇等）边上，如图 8-20 所示。门被（或窗等）关闭后，两者平行地靠在一起，干簧管两端的金属片被磁化而吸合在一起（即干簧管内部的常开触点闭合），于是把电路接通。当门（或窗等）被打开时，干簧管触点在自身弹性的作用下便会立即断开，使报警电路动作。所以，由这种探测器（传感器）可构成电磁式防盗报警器。

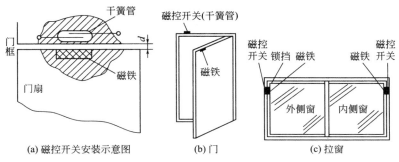

(a) 磁控开关安装示意图　　　(b) 门　　　(c) 拉窗

图 8-20　门磁开关安装示意图

d—磁控开关安装距离（5～15mm）

门磁开关可以多个串联使用，把它们安装在多处门、窗上，采用图 8-21 所示的方式，将多个干簧管的两端串联起来，再与报警控制器相连，组成一个报警体系，任何一处门、窗被入侵者打开，控制器均发出报警信号。

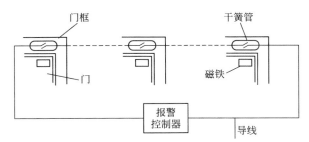

图 8-21　门磁开关的串联

安装门磁开关（磁控开关）时应注意以下几个问题：

（1）干簧管与磁铁之间的距离应按选购产品的要求正确安装。如有些门磁开关控制距离一般只有 1～1.5cm，而某些产品控制距离可达几厘米。显然，控制距离越大对安装准确度的要求就越低。因此，应根据使用场合合理安装门磁开关。例如卷帘门上使用的门磁开关的控制距离至少大于 4cm。

（2）一般的门磁开关不宜在金属物体上直接安装。必须安装时，应采用钢门专用型门磁开关或改用微动开关及其他类型的开关。

（3）门磁开关的产品大致分为明装式（表面安装式）和暗装式（隐蔽安装式）两种。应根据防范部位的特点和防范要求加以选择。一般情况，特别是人员流动性较大的场合最好采用暗装，即把开关嵌装入门、窗框里，引出线也应加以伪装，以免遭犯罪分子破坏。

8.2.3.4　玻璃破碎探测器的安装

玻璃破碎探测器有导电簧片式、水银开关式、压电检测式、声响检测式等多种类型。不同类型的探测范围（即有效监视范围）不同，安装方式也有所不同。导电簧片式玻璃破碎探测器的结构与安装方式，如图 8-22 所示。

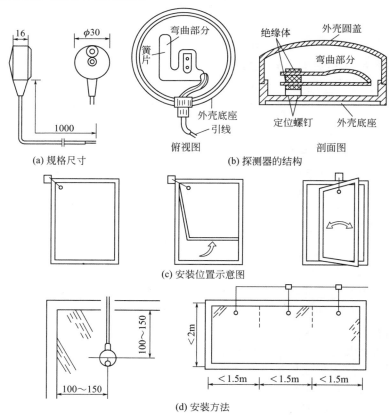

图 8-22　导电簧片式玻璃破碎探测器的结构与安装方式

安装玻璃破碎报警器时应注意以下几点：

（1）安装时，应将声电传感器正对着警戒的主要方向。传感器部分可适当加以隐蔽，但在其正面不应有遮挡物。也就是说，探测器对防护玻璃面必须有清晰的视线，以免影响声波的传播，降低探测的灵敏度。

（2）安装时要尽量靠近所要保护的玻璃，尽可能地远离噪声干扰源，以减少误报警。例如像尖锐的金属撞击声、铃声、汽笛的啸叫声等均可能会产生误报警。实际上，声控型玻璃破碎报警器对外界的干扰因素已做了一定的考虑。只有声强超过一定的阈值，频率处于带通放大器的频带之内的声音信号才可以触发报警。显然这就起到了抑制远处高频噪声源干扰的作用。

实际应用中，探测器的灵敏度应调整到一个合适的值。一般只要能探测到距离探测器最远的被保护玻璃即可。灵敏度过高或过低，都可能会产生误报或漏报。

（3）不同种类的玻璃破碎报警器，根据其工作原理的不同，有的需要安装在窗框旁边（一般距离框 5cm 左右），有的可以安装在玻璃附近的墙壁或天花板上，但要求玻璃与墙壁或天花板之间的夹角不得大于 90°，以免降低其探测力。

（4）也可以用一个玻璃破碎探测器安装在房间的天花板上，并应与几个被保护玻璃窗之间保持大致相同的探测距离，以使探测灵敏度均衡。

（5）窗帘、百叶窗或其他遮盖物会吸收玻璃破碎时发出的部分能量，特别是厚重的窗帘将严重阻挡声音的传播。在此情况下，探测器应安装在窗帘背面的门窗框架上或门窗的上方。

（6）探测器不要装在通风口或换气扇的前面，也不要靠近门铃，以确保工作可靠性。

8.2.3.5 主动式红外线探测器的安装

主动式红外报警器可根据防范要求、防范区的大小和形状的不同，分别构成警戒线、警戒网、多层警戒等不同的防范布局方式。

根据红外发射机及红外接收机设置位置的不同，主动式红外报警器又可分为对向型安装方式及反射型安装方式两类。

（1）红外发射机与红外接收机对向放置，一对收、发机之间可形成一道红外警戒线，如图 8-23 所示。图 8-24(a) 所示两对收、发装置分别相对，是为了消除交叉误射；多光路构成警戒面如图 8-24(b)所示。

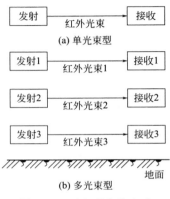

图 8-23　对向型安装方式

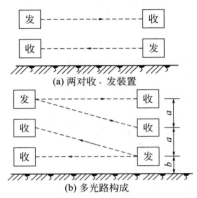

图 8-24　两对收、发装置分别相对
$a = 0.4 \sim 0.5 m$；$b = 0.3 \sim 0.5 m$

（2）一种多光束组成警戒网形式如图 8-25 所示。

（3）根据警戒区域的形状不同，只要将多组红外发射机和红外接收机合理配置，就可以构成不同形状的红外线周界封锁线。利用四组主动红外发射与接收设备构成一个矩形周界警戒线，如图 8-26 所示。

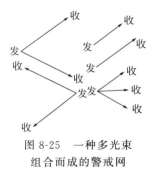

图 8-25　一种多光束
组合而成的警戒网

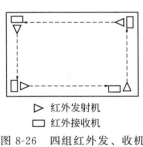

图 8-26　四组红外发、收机
构成的周界警戒线

当需要警戒的直线距离较长时，也可采用几组收、发设备接力的形式，如图 8-27 所示。

图 8-27　用接力方式加长探测距离

（4）红外接收机并不是直接接收发射机发出的红外光束，而是接收由反射镜或适当的反射物（如石灰墙、门板表面光滑的油漆层等）反射回的红外光束，这种方式为反射型安装方式，如图 8-28 所示。

当反射面的位置和方向发生变化，或红外入射光束和反射光束之一被阻挡而使接收机接收不到红外反射光束时，都会发出报警信号。

采用这种方式，一方面可缩短红外反射机与接收机之间的直线距离，便于就近安装、管理；另一方面也可通过反射镜的多次反射，将红外光束的警戒线扩展成红外警戒面或警戒网，如图 8-29 所示。

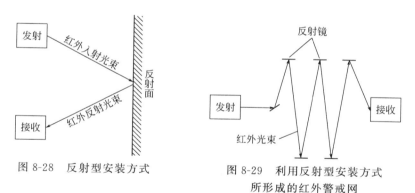

图 8-28　反射型安装方式

图 8-29　利用反射型安装方式所形成的红外警戒网

8.2.3.6　被动式红外线探测器的安装

被动式红外探测器根据视场探测模式，可直接安装在墙上、天花板上或墙角，如图 8-30 和图 8-31 所示，其布置和安装原则如下：

（1）选择安装位置时，应使报警器具有最大的警戒范围，使可能的入侵者都能处于红外警戒的光束范围之内。

（2）要使入侵者的活动有利于横向穿越光束带区，这样可以提

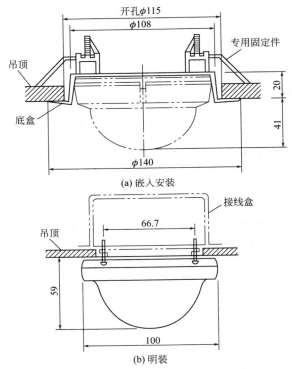

(a) 嵌入安装

(b) 明装

图 8-30　顶装被动式红外探测器安装方法

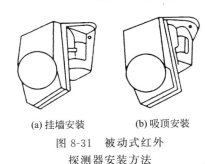

(a) 挂墙安装　　(b) 吸顶安装

图 8-31　被动式红外
探测器安装方法

高探测灵敏度。因为探测器对横向切割（即垂直于）探测区方向的人体运动最敏感，故安装时应尽量利用这一特性达到最佳效果。

（3）布置时，要注意探测器的探测范围和水平视角。如图 8-32 所示，可以安装在顶棚上（也是横向切割方式），也可以安装在墙面或墙角，但要注意探测器的窗口（透镜）与警戒的相对角度，防止出现"死角"。

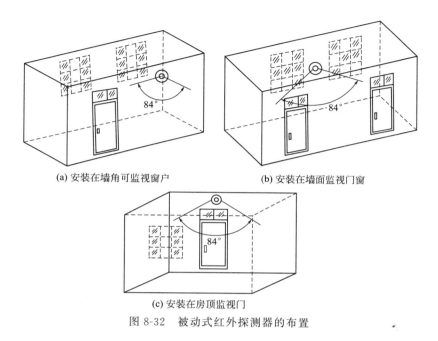

(a) 安装在墙角可监视窗户　　　　　　(b) 安装在墙面监视门窗

(c) 安装在房顶监视门

图 8-32　被动式红外探测器的布置

（4）被动式红外探测器永远不能安装在某些热源（如暖气片、加热器、热管道等）的上方或附近，否则会产生误报警。警戒区内最好不要有空调或热源；如果无法避免热源，则应与热源保持至少1.5m 的间隔距离。

（5）为了防止误报警，不应将被动式红外探测器的探头对准任何温度会快速改变的物体，诸如电加热器、火炉、暖气、空调器的出风口、白炽灯等强光源以及受到阳光直射的门窗等热源，以免由于热气流的流动而引起误报警。

（6）警戒区内注意不要有高大的遮挡物和电风扇叶片的干扰。

（7）被动式红外探测器的产品多数是壁挂式的，需安装在墙面或墙角。一般而言，墙角安装比墙面安装的感应效果好。安装高度通常为 2～2.5m。

8.2.3.7　超声波探测器的安装

频率超过 2 万赫兹（20kHz）的声波就是人耳听不到的超声

波。根据多普勒效应，超声波可用来侦察闭合空间内的入侵者。探测器由发送器、接收器及电子分析电路等组成。从发送器发射出去的超声波被监测区的空间界限及监测区内的物体反射回来，并由接收器接收。如果在监测区域内没有物体运动，那么反射回来的信号频率正好与发射出去的频率相同；但如果有物体运动，则反射回来的信号频率就会发生变化。超声波探测器的基本作用范围长为 9～12m，宽为 5～7.5m。

安装超声波探测器要注意使发射角对准入侵者最可能进入的场所，这样可提高探测的灵敏度。当入侵者向着或背着超声波收、发机的方向行走时，可使超声波产生较大的多普勒频移。使用超声波探测器，不能有过多的门窗，且均需关闭。收、发机不应靠近空调器、排风扇、风机、暖气等，即要避开通风的设备和气体的流动。由于超声波对物体没有穿透性能，因此要避免室内的家具挡住超声波而形成探测盲区。超声波探测器安装示意图如图 8-33 所示。

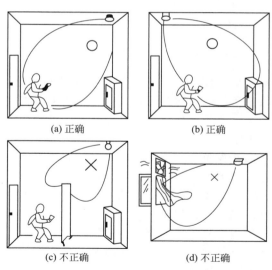

(a) 正确　　　　　　　　　(b) 正确

(c) 不正确　　　　　　　　(d) 不正确

图 8-33　超声波探测器安装示意图

8.2.3.8　微波探测器的安装

微波探测器是利用微波的多普勒效应设计的防盗报警装置。它具有微波发射与接收（收发两用机）的功能。探测器的振荡源向覆盖区域发射电磁波（微波），当接收者相对于振荡源不动时，则接收与发射的频率相同；但如果接收者与发射源有相对运动时，则接收与发射的频率将有个差数，此频率差数称为多普勒频率。因此，只要检测出多普勒频率，就可以获得人体运动的信息，达到检测运动目标的目的，完成报警传感的功能。

微波探测器的安装方法如图 8-34 所示。

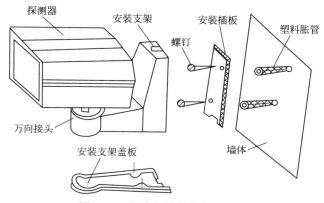

图 8-34　微波探测器安装示意图

安装微波探测器应尽可能覆盖出入口，这样入侵者就会向着或者背着探测器运动，可获得高的探测率。微波探测器的探头不应对着大型金属物体或具有金属镀层的物体（如金属档案柜等），否则这些物体可能将微波反射到墙外或窗外的人行道或马路上。当行人或车辆通过时，经它们反射回的微波信号，又可能通过这些金属物体再次反射给探头，从而引起误报。安装时还要注意，微波探测器的探头不应对准可能会活动的物体，如门帘、电风扇、排风扇或门窗等可能会振动的部位，否则这些物体可能会成为移动的目标而引起误报。微波探测器的探头也不应对准日光灯、水银灯等气体放电光源。日光灯产生的 100 Hz 的调制信号，尤其是发生闪烁故障的日光灯更容易引起干扰，因为灯内的电离气体更易成为微波运动的反射体而造成误报警。

8.2.3.9　双鉴探测报警器的安装

双鉴探测报警器又称双技术报警器、复合式报警器及组合式报警器。它是将两种探测技术组合在一起，以相与的关系来触发报警，即只有当两种探测器同时或相继在短暂时间内都探测到目标时，才可发出报警信号。常用的双鉴探测报警器有：超声波-被动红外、超声波-微波、微波-被动红外等几种。由于组件内有两根独立的探测技术作双重鉴证，因此避免了单技术因受环境干扰而导致的误报警。

在安装时要使两种探测器的灵敏度都达到最佳状态是难以做到的，采用折中的办法，使两种探测器的灵敏度在防范区内尽可能保持均衡即可。例如，被动红外探测器对横向切割探测区的人体最敏感，微波探测器则对轴向（或径向）移动的物体最敏感。在安装时就应使探测区正前方的轴向方向与入侵者最有可能穿越的方向成45°左右，以便使两种探测器均能处于较灵敏的状态。

8.2.3.10　防盗报警系统的检查与调试

（1）检查探测器的安装角度、探测范围，并进行步行测试；检查周界报警探测装置形成的警戒范围有无盲区。

（2）检查探测器独立防拆保护功能。

（3）检查防盗报警控制器的自检功能、编程功能、布防和旁路功能。

（4）检查防盗报警控制器发生报警后的声光显示和记录功能。

（5）当有报警联动要求时，检查相应的灯光、摄像、录像设备的联动功能。

（6）对区域型公共安全防范网络系统，检查其联网与响应功能。

（7）检查防盗报警系统与计算机集成系统的联网接口，以及该系统对防盗报警的集中控制与管理能力。

8.2.4　门禁系统的安装与调试

8.2.4.1　门禁系统的组成

门禁管制系统（简称门禁系统）又称出入口控制系统，它的功能是对出入主要管理区的人员进行认证管理，将不应该进入的人员拒之门外。

　　门禁系统是在建筑物内的主要管理区的出入口、电梯厅、主要设备控制机房、贵重物品的库房等重要部位的通道口安装门磁开关、电控锁或读卡机等控制装置，由中心控制室监控。系统采用多重任务的处理，能够对各通道口的位置、通行对象及时间等进行实时监控或设定程序控制。

　　门禁系统的基本结构方框图如图 8-35 所示，其主要包括三个层次的设备：

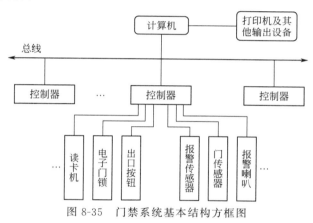

图 8-35　门禁系统基本结构方框图

　　（1）低层设备。低层设备是指设在出入口处，直接与通行人员打交道的设备，包括读卡机、电子门锁、出口按钮、报警传感器和报警扬声器等。它们用来接收通行人员输入的信息，将这些信息转换成电信号送到控制器中，同时根据来自控制器的反馈信号，完成开锁、闭锁等工作。

　　（2）控制器。控制器接收到低层设备发来的有关人员的信息后，同已存储的信息进行比较并做出判断，然后对低层设备发出处理的信息。单个控制器可以组成一个简单的门禁系统，用来管理一个或几个门。多个控制器通过网络同计算机连接起来就组成了整个建筑物的门禁系统。

　　（3）计算机。计算机装有门禁系统的管理软件，它管理着系统中所有的控制器，向它们发送控制命令，对它们进行设置，接收其发来的信息，完成系统中所有信息记录、存档、分析、打印等处理工作。

图 8-36 所示为用户磁卡门禁系统示意图；图 8-37 所示为活体指纹识别门禁系统示意图；图 8-38 所示为可视对讲防盗系统示意图。

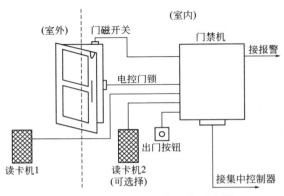

图 8-36　用户磁卡门禁系统示意图

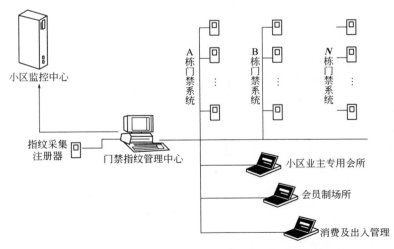

图 8-37　小区活体指纹识别门禁及监控系统示意图

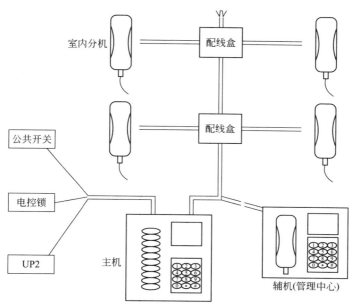

图 8-38 可视对讲防盗系统示意图

8.2.4.2 门禁及对讲系统的安装

（1）管路和线缆的敷设

① 应符合设计图纸的要求及有关标准和规范的规定。有隐蔽工程的，应办隐蔽验收。

② 线缆回路应进行绝缘测试并有记录，绝缘电阻大于 $20M\Omega$。

③ 地线、电源线应按规定连接。电源线与信号线应分槽（或管）敷设，以防干扰。采用联合接地时，接地电阻小于 1Ω。

（2）读卡机（IC 卡机、磁卡机、出票读卡机、验卡票机）的安装

① 应安装在平整、坚固的水泥墩上，保持水平，不能倾斜。

② 一般安装在室内；安装在室外时，应考虑采用防水措施及防撞装置。

③ 读卡机与闸门机安装的中心间距一般为 $2.4\sim2.8m$。

（3）楼宇对讲系统对讲机的安装 图 8-39、图 8-40 所示为楼宇对讲系统对讲机的安装方法，对讲机的安装高度中心距地面 1.3～

1.5m。室外对讲门口主机安装时，主机与墙之间为防止雨水进入，要用玻璃胶堵缝隙。

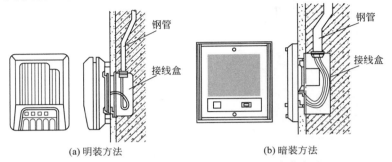

(a) 明装方法　　　　　　　　(b) 暗装方法

图 8-39　楼宇对讲系统对讲门口主机的安装方法

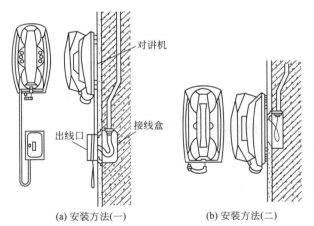

(a) 安装方法(一)　　　　　　(b) 安装方法(二)

图 8-40　楼宇对讲系统室内对讲机的安装方法

8.2.4.3　门禁系统的检查与调试

（1）指纹、视网膜、掌纹和复合技术等识别系统应按产品技术说明书和设计要求进行调试。

（2）检查系统与计算机集成系统的联网接口以及该系统对出入口（门禁）控制系统的集中管理和控制能力。

（3）检查微处理器或计算机控制系统，是否具有时间、逻辑、区域、事件和级别分档等判别及处理功能。

（4）对每一次有效地进入，检查主机是否能储存进入人员的相关信息；对非有效进入或被胁迫进入应有异地报警功能。

（5）检查各种鉴别方式的出入口控制系统工作是否正常，并按有效设计方案达到相关功能要求。

（6）检查系统防劫、求助、紧急报警是否工作正常，是否具有异地声光报警与显示功能。

8.2.5　巡更保安系统的安装与调试

8.2.5.1　巡更保安系统的类型与特点

现代大型楼宇中（如办公楼、宾馆、酒店等），出入口很多，来往人员复杂，需经常有保安人员值勤巡逻，较重要的场所还设有巡更站，定时进行巡逻，以确保安全。

巡更保安系统由巡更站、控制器、计算机通信网络和微机管理中心组成，如图 8-41 所示。巡更站的数量和位置由楼宇的具体情况决定，一般在几十个点以上，巡更站可以是密码台，也可以是电锁。巡更站安在楼内重要场所。

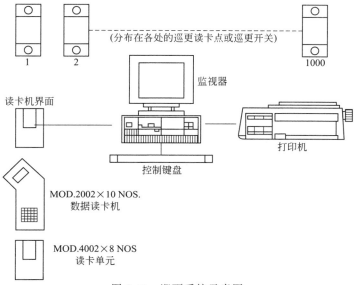

图 8-41　巡更系统示意图

（1）**有线巡更系统** 有线巡更系统由计算机、网络收发器、前端控制器、巡更点等设备组成。保安人员到达巡更点并触发巡更点开关 PT，巡更点将信号通过前端控制器及网络收发器送到计算机。巡更点主要设置在各主要出入口、主要通道、各紧急出入口、主要部门等处。该系统及巡更点设置示意图如图 8-42 所示。

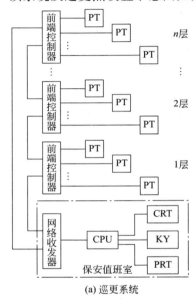

(a) 巡更系统

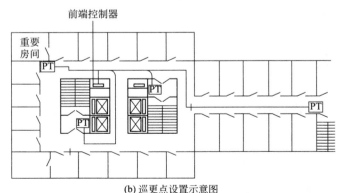

(b) 巡更点设置示意图

图 8-42　有线巡更系统及巡更点设置示意图

（2）无线巡更系统　无线巡更系统由计算机、传送单元、手持读取器、编码片等设备组成。编码片安装在巡更点处代替巡更点，保安人员巡更时手持读取器读取巡更点上的编码片资料；巡更结束后将手持读取器插入传送单元，使其存储的所有信息输入到计算机，记录各种巡更信息并可打印各种巡更记录。

8.2.5.2　巡更保安系统应满足的要求

（1）巡更系统必须可靠连续运行，停电后应能维持 24h 工作。

（2）备有扩展接口，应配置报警输出接口和输入信号接口。

（3）有与其他子系统之间可靠通信的联网能力，且具备网络防破坏功能。

（4）应具有先进的管理功能，主管可以根据实际情况随时更改巡更路线、行走方向以及到达巡更点的时间，使外部人员摸不清巡更规律。

（5）在巡更间隔时间内可调用巡更系统的巡更资料，并进行统计、分析和打印等。

巡更保安系统可以用微处理机组成独立的系统，也可纳入大楼设备监控系统。如果大楼已装设管理计算机系统，应将巡更保安系统与其合并在一起，这样比较经济合理。

8.2.5.3　巡更保安系统的安装

（1）有线式电子巡更系统应在土建施工时同步进行。每个电子巡更站点需穿 RVS（或 RVV）$4\times0.75mm^2$ 铜芯塑料线。

无线式电子巡更系统不需穿管布线，系统设置灵活方便。每个电子巡更站点设置一个信息钮。信息钮应有唯一的地址信息。

设有门禁系统的安防系统，一般可用门禁读卡器作为电子巡更站点。

（2）有线巡更信息开关或无线巡更信息钮，应按设计要求安装在各出入口主要通道或其他需要巡更的站点上，其离地面高度宜在 1.3～1.5m 处。

（3）安装应牢固、端正，户外应有防水措施。

8.2.5.4　巡更保安系统的检查与调试

（1）读卡式巡更系统应保证巡更用的读卡机在读巡更卡时正确无误。检查实时巡更是否和计划巡更相一致，若不一致应能发出报警。

（2）采用巡更信息钮（开关）的信息应正确无误，数据能及时收集、统计、打印。

（3）按照巡更路线图检查系统的巡更终端、读卡机的响应功能。

（4）检查巡更管理系统对任意区域或部位按时间线路进行任意编程修改的功能以及撤防、布防的功能。

（5）检查系统的运行状态、信息传输、故障报警和指示故障位置的功能。

（6）检查巡更管理系统对巡更人员的监督和记录情况、安全保障措施和对意外情况及时报警的处理手段。

（7）对在线联网的巡更管理系统还需要检查电子地图上的显示信息、遇有故障时的报警信号以及和电视监视系统等的联动功能。

（8）巡更系统的数据存储记录保存时间应满足管理要求。

8.2.6 自动门的安装

8.2.6.1 自动门的类型与特点

自动门按门的规格分类，有摆动式、滑动式和转动式等。

自动门按监控方式分类，有雷达开关自动门、电动席垫自动门、触摸式开关自动门、红外线开关自动门、光电管开关自动门、超声波开关自动门、卡片开关自动门、脚踏开关自动门和拉式开关自动门。

常用自动门的特点如下。

（1）席垫开关自动门 在大门入口处内外两侧的地毯下面各设一个专门席垫，开关就装在席垫上，当有人压在上面时就自动开门。饭店和咖啡厅常用席垫开关自动门。

（2）触摸式开关自动门 触摸式开关装置隐蔽在门的旋钮内。机械式触摸开关自动门只需用很轻的推力便可使门自动开启；而电子式触摸开关是通过电磁传感器将信号输出，使门自动开启。饭店和商场常用这种自动门。

（3）卡片开关自动门 卡片是按规定的信号预先写入 IC 卡或磁卡中，电子锁内装设鉴别单元，可以识别核准卡片信息而自动开门。宾馆、计算机房等常用这种自动门。

（4）红外线开关自动门 红外线开关自动门由探头、运算放大器、单稳态触发器、出口继电器等组成；当有人靠近探头时便自动将门开启。它适用于高级宾馆、酒店的入口大门上。

8.2.6.2　自动门的安装

自动门的驱动机构有气动式和电动式两种。电动式自动门能耗低、噪声小、使用方便，已得到广泛使用。

自动门的伺服电动机、控制器和传动机构均安装在门的上方过梁上。如果为旋转式自动门，控制器设在门侧。

在自动门内侧附近的房间内（如值班室），设置一个容量与之相适应的电源开关，并从该开关引线，通过钢管暗敷方式，接至自动门上方的过梁端头或门侧的墙上即可，其余管线敷设则需在取得产品说明书后，在现场配合施工。

8.2.7　停车场管理系统的安装与调试

8.2.7.1　停车场（库）管理系统的组成

停车场管理系统主要由以下几部分组成。

（1）车辆出入的检测与控制。通常采用环形感应线圈方式或光电检测方式。

（2）车位和车满的显示与管理。可采用车辆计数方式和有无车位检测方式等。

（3）计时收费管理。根据停车场特点有无人自动收费和人工收费等。

停车场管理系统的组成如图 8-43 所示，典型的停车场管理系统示意图如图 8-44 所示。

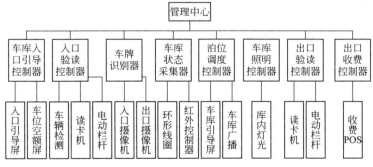

图 8-43　停车场管理系统组成

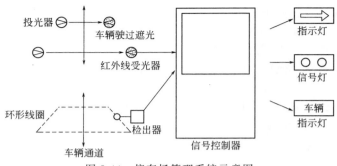

图 8-44　停车场管理系统示意图

8.2.7.2　停车场（库）管理系统的安装

（1）线缆敷设注意事项

① 感应线圈埋设深度距地表面不小于 0.2m，长度不小于 1.6m，宽度不小于 0.9m。感应线圈至机箱处的线缆应采用金属管保护，并且固定牢固。感应线圈应埋设在车道居中位置，并与读卡机、闸门机的中心间距保持在 0.9m 左右，且保证环形线圈 0.5m 平面范围内不能有其他金属物，严防碰触周围金属。

② 管路、线缆敷设应符合设计图纸的要求及有关标准和规范的规定。有隐蔽工程的应办隐蔽验收。

（2）闸门机和读卡机（IC 卡机、磁卡机、出票读卡机、验票机）安装注意事项

① 应安装在平整、坚固的基础上，保持水平，不能倾斜。

② 一般安装在室内。当安装在室外时，应考虑防水措施及防撞装置。

③ 闸门机与读卡机的安装中心间距一般为 2.4～2.8m。

（3）信号指示器安装注意事项

① 车位状况信号指示器应安装在车道出入口的明显位置，其底部离地面高度保持在 2.0～2.4m。

② 车位状况信号指示器一般安装在室内；安装在室外时，应考虑防水措施。

③ 车位引到显示器应安装在车道中央上方，便于识别引到信号，其离地面高度保持在 2～2.4m；显示器的规格一般不小于长

1m、宽 0.3m。

④ 出入口信号灯与环形线圈或红外装置的距离至少为 5m，10～15m 为宜。

（4）红外光电式检测器的安装　安装红外光电式检测器时，除了收、发装置相互对准外，还应注意接收装置（受光器）不可让太阳光直射到，红外光电式检测器的安装如图 8-45 所示。

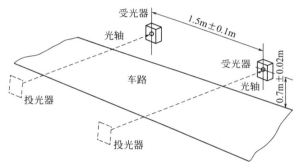

图 8-45　红外光电式检测器的安装

（5）环形线圈的安装　在环形线圈埋入车路的施工时，应特别注意有无碰触周围金属，环形线圈 0.5m 平面范围内不可有其他金属物。环形线圈的安装如图 8-46 所示。

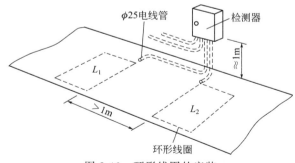

图 8-46　环形线圈的安装

8.2.7.3　停车场（库）管理系统的检查与调试

（1）检查感应线圈的位置和响应速度是否正确。

（2）检查车库管路系统的车辆进入、分类收费、收费指示牌、导向指示是否正确。

（3）检查闸门机工作是否正常，进/出口车牌号复核等功能应达到设计要求。

（4）检查读卡器正确刷卡后的响应速度是否达到设计或产品技术标准要求。

（5）检查闸门的开放和关闭的动作时间是否符合设计和产品技术标准要求。

（6）检查按不同建筑物要求而设置的不同管理方式的车库管理系统是否正常工作，且应符合设计要求；检查通过计算机网络和视频监控及识别技术，是否能实现对车辆的进出行车信号指示、计费、保安等方面的综合管理。

（7）检查入口车道上各设备（自动发票机、验卡机、自动闸门机、车辆感应检测器、入口摄像机等）和各自完成 IC 卡的读/写、显示、自动闸门机起落控制、入口图像信息采集，以及与收费主机的实时通信等功能，均应符合设计和产品技术性能标准的要求。

（8）检查出口车道上各设备（读卡机、验卡机、自动闸门机、车辆感应检测器等）和各自完成 IC 卡的读/写、显示、自动闸门机起落控制以及与收费主机的实时通信等功能，应符合设计和产品技术标准。

（9）检查收费管理处的设备（收费管理主机、收费显示屏、打印机、发/读卡机、通信设备等）和各自完成车道设备实时通信、车道设备的监视与控制、收费管理系统的参数设置、IC 卡发售、挂失处理及数据收集、统计汇总、报表打印等功能，应符合设计与产品技术标准。

（10）检查系统与计算机集成系统的联网接口以及该系统对车库管理系统的集中管理和控制能力。检查各子系统的输入/输出是否能在集成控制系统中实现输入/输出功能，以及其显示和记录是否能反映各子系统的相关关系。

8.2.8　闭路电视监控系统的安装与调试

8.2.8.1　闭路电视监控系统的组成

电视监控系统一般由摄像、传输、控制、显示与记录四部分组成。典型的电视监控系统结构组成如图 8-47 所示。

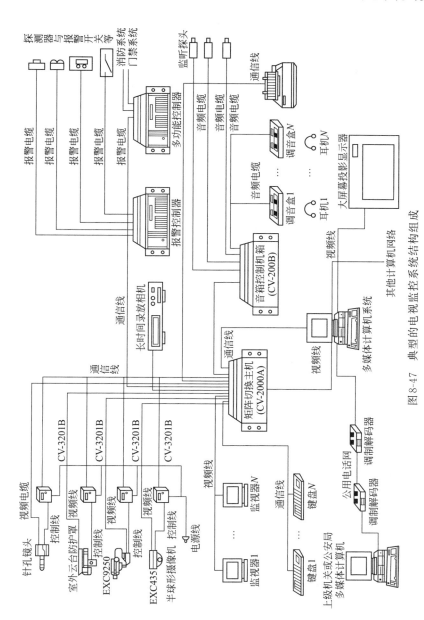

图 8-47　典型的电视监控系统结构组成

（1）摄像部分 摄像部分是安装在现场的设备，它的作用是对所监视区域的目标进行摄像，把目标的光、声信号变成电信号，然后送到系统的传输部分。

摄像部分包括摄像机、镜头、防护罩、云台（承载摄像机可进行水平和垂直两个方向转动的装置）及支架。摄像机是摄像部分的核心设备，它是光电信号转换的主体设备。

摄像部分是电视监控系统的"眼睛"，一般布置在监视现场的某一部位，使其视角能覆盖被监视的范围。假如加装可遥控的电动变焦距镜头和可遥控的电动云台，则摄像机能覆盖的角度就更大，观察的距离更远，图像也更清晰。

（2）传输部分 传输部分的任务是把现场摄像机发出的电信号传送到控制中心，它一般包括线缆、调制与解调设备、线路驱动设备等。传输的方式有两种：一是利用同轴电缆、光纤这样的有线介质进行传输；二是利用无线电波这样的无线介质进行传输。

电视监控系统的监视现场和控制中心之间有两种信号传输：一种信号传输是将摄像机得到的图像信号传到控制中心；另一种信号传输是将控制中心发出的控制信号传输到监控现场。即传输系统包括电视信号和控制信号的传输。

（3）显示与记录部分 显示与记录部分是把从现场传送来的电信号转换成图像在监视设备上显示并记录，它包括的设备主要有监视器、录像机、视频切换器、画面分割器等。

（4）控制部分 电视监控系统需要控制的内容有：电源控制（包括摄像机电源、灯光电源及其他设备电源）、云台控制（包括云台的上下、左右及自动控制）、镜头控制（包括变焦控制、聚焦控制及光圈控制）、切换控制、录像控制、防护罩控制（防护罩的雨刷、除霜、加热、风扇降温等）。

控制部分一般安放在控制中心机房，通过有关的设备对系统的摄像、传输、显示与记录部分的设备进行控制与图像信号进行处理，其中对系统的摄像、传输部分进行的是远距离的遥控。被控制的主要设备有电动云台、云台控制器和多功能控制器等。

8.2.8.2 电视监控系统的配置

电视监控系统配置前，首先要明确系统的规模、监视的范围和系统形式，对所需监视的范围和目标要做总体考虑，做到心中有数，对系统的技术指标和功能要求也必须明确；然后设计和确定系统的组成及设备配置。

（1）根据摄像机配置的数量确定控制台所需的输入回路数和监视器的数量。比如采用 4：1 方式配置，如果系统设置 20 台摄像机，则配置 5 台监视器，根据监视器的数量就可决定控制台的输出路数。

（2）根据监控范围内要害地点的数目选择录像机台数。当需要连续录像时，要选用长时间录像机。当系统中摄像机比较多时，可考虑采用"多画面分割器"或装设多画面处理器。

（3）根据摄像机所用的镜头要求决定控制台是否应有对应的控制功能，如变焦、聚焦、光圈控制等。

（4）根据摄像机是否使用云台决定控制台是否应有对应的控制功能，如云台的水平、垂直运行控制等。

（5）根据系统内摄像机的多少和摄像机离控制中心的距离等实际情况，确定控制台输出控制命令的方式，如直接控制或采用解码器的通信编码间接控制等。

（6）根据系统内设备分布情况和监控范围内的风险等级要求等因素，确定是采用集中电源还是分散配置电源，是否需要配置不间断电源以及电源容量。

8.2.8.3 云台的安装

（1）**手动云台的安装** 图 8-48 为一种半固定式手动云台，这种云台采用四个螺栓将云台底板固定在建筑物梁、屋架或自制的钢支架上，使云台保持水平；将云台固定好后，旋松底板上面的三个螺母，可以调节摄像机的水平方位；当水

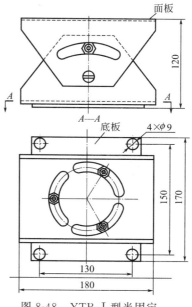

图 8-48　YTB-Ⅰ型半固定
云台安装尺寸

平方位调节好后，便旋紧三个固定螺母。

为了调节摄像机的俯仰角度，可以松开云台侧面螺母；调节完毕后即旋紧侧面螺母，使摄像机固定在要求的位置上。

这种手动云台的摄像机固定面板上有若干个固定孔，可以供多种摄像机及其防护罩使用。

除了半固定式手动云台以外，还有悬挂式手动云台和横臂式手动云台。这两种云台的特点是将手动云台与悬吊支架、壁装支架制作成为一体化产品，安装简单，使用方便，特别适用于轻型监视用固体摄像机的安装。

几种手动云台的安装与应用，如图 8-49 所示。悬挂式手动云台主要安装在顶棚上，但必须固定在顶棚上面的承重主龙骨上，也可安装在平台上，如图 8-49(a) 所示。横臂式手动云台则安装在垂直的柱、墙面上，如图 8-49(b) 所示。半固定式手动云台安装于平台或凸台上，如图 8-49(c) 所示。

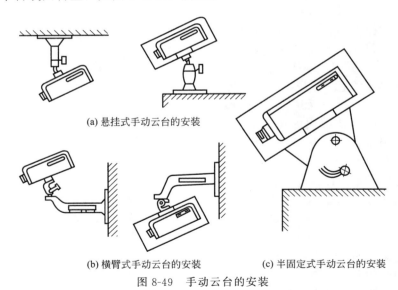

(a) 悬挂式手动云台的安装

(b) 横臂式手动云台的安装　　　(c) 半固定式手动云台的安装

图 8-49　手动云台的安装

（2）电动云台的安装　　电动云台分为室内和室外两种类型，图 8-50 所示为 YT-Ⅰ 型室内电动云台，用它可以带动摄像机寻找

固定或活动目标，具有转动灵活、平稳的特点。它可以水平旋转
320°，垂直旋转±45°，可以直接将摄像机安装在云台上或通过摄
像机的防护罩后再安装摄像机。

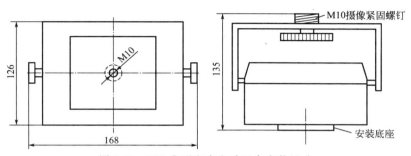

图 8-50　YT-Ⅰ型室内电动云台安装尺寸

8.2.8.4　摄像机的选择

根据系统对摄像机的功能要求和实际情况，选择摄像机色彩和
监视器。摄像机镜头也要根据系统要求和实际情况选择。要根据视
场角大小和镜头到监视目标的距离确定其焦距。

（1）对于固定目标，可选用定焦距镜头。

（2）摄取远距离目标，可采用望远镜头。

（3）摄取小视距、大视角目标，可采用广角镜头。

（4）摄取大范围画面，可采用带全景云台的摄像机，并根据监
控区域的大小选用 6 倍以上的电动遥控变焦距镜头。

（5）隐蔽安装的摄像机，根据情况可采用针孔镜头等。

8.2.8.5　摄像机的安装

摄像机是系统中最精密的设备。安装前，建筑物内的土建、装
修工程应已结束，各专业设备安装基本完毕。系统的其他项目均已
施工完毕后，在安全、整洁的环境条件下方可安装摄像机。

摄像机的安装应注意以下各点。

（1）安装前摄像机应逐一接电进行检测和调整，使摄像机处于
正常工作状态。

（2）检查云台的水平、垂直转动角度和定值控制是否正常，并
根据设计要求整定云台转动起点和方向。

（3）从摄像机引出的电缆应至少留有 1m 的余量，以利于摄像机的转动。不得利用电缆插头和电源插头承受电缆的重量。

（4）摄像机宜安装在监视目标附近不易受到外界损伤的地方，室内安装高度以 2.5～5m 为宜；室外安装高度以 3.5～10m 为宜。电梯轿箱内的摄像机应安装在轿箱的顶部。摄像机的光轴应与电梯轿箱的两个面壁成 45°角，并且与轿箱顶棚成 45°俯角。

（5）摄像机镜头应避免强光直射，应避免逆光安装；若必须逆光安装，应选择将监视区的光对比度控制在最低限度范围内。

（6）在高温多尘的场合，对目标实行远距离监视控制和集中调度的摄像机，要加装风冷防尘保护设施。

8.2.8.6　机柜和监控台的安装

在监控室装修完成且电源线、接地线、各视频电缆、控制电缆敷设完毕，方可将机柜及监控台运入安装。

（1）机柜的安装

① 机柜的底座应与地面固定。

② 机柜安装应竖直平稳，垂直偏差不得超过 1‰。

③ 几个机柜并排在一起时，面板应在同一平面上并与基准线平行，前后偏差不得大于 3mm，两个机柜中间缝隙不大于 3mm。

④ 对于相互有一定间隔而排成一列的设备，其面板前后偏差不大于 5mm。

（2）监控台的安装　为了监视方便，通常将监视器、视频切换器、控制器等组装在一个监控台上。这种监控台通常设置在控制室内，其外形如图 8-51 所示。有的监控台还设有录像机、打印机、数码显示器和报警器等。

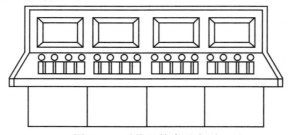

图 8-51　系统监控台示意图

① 监控台应安装在室内有利于监视的位置，要使监视器不面向窗户，以免阳光射入，影响图像质量。

② 监控柜正面与墙的净距应不小于 1.2m，侧面与墙或其他设备的净距在主要走道不小于 1.5m，次要走道不小于 0.8m。

③ 监控柜背面和侧面距离墙的净距不小于 0.8m。

④ 监控柜内的电缆理直后应成捆绑扎，在电缆两端留适当余量，并标示明显的永久性标记。

8.2.8.7　电视监控系统的调试

电视监控系统的调试顺序一般分为单体调试、系统调试。

（1）单体调试　调试时，接通视频电缆对摄像机进行调试。合上控制器、监视器电源，若设备指示灯亮，则合上摄像机电源，监视器屏幕上便会显示图像。图像清晰时，可遥控变焦，遥控自动光圈，观察变焦过程中图像的清晰度。如果出现异常情况便应做好记录，并将问题妥善处理。若各项指标都能达到产品说明书所列的数值，便可遥控电动云台带动摄像机旋转。若在静止和旋转过程中图像清晰度变化不大，则认为摄像机工作情况正常，可以使用。若云台运转情况平稳、无噪声，电动机不发热，速度均匀，可认为能够进行安装。

（2）系统调试　当各种设备单体调试完毕，便可进行系统调试。此时，按照施工图对每台设备（摄像机、云台等）进行编号，合上总电源开关，监控室同监视现场之间利用对讲机进行联系，做好准备工作，再开通每一摄像回路，调整监视方位，使摄像机能准确地对准监视目标或监视范围，通过遥控方式变焦、调整光圈、旋转云台、扫描监视范围。如图像出现阴暗斑块，则应调整监视区域灯具位置和亮度，提高图像质量。在调试过程中，每项试验应做好记录，及时处理安装时出现的问题。

8.3　电话通信系统

8.3.1　电话通信系统概述

电话信号的传输与电力传输和电视信号传输不同，电力传输和电视信号传输是共用系统，一个电源或一个信号可以分配给多个用户，而电话信号是独立信号，两部电话机之间必须有两根导线直接连接。因此，有一部电话机，就有两根（一对）电话线。从各用户到电话交换机的电话线路数量很大，这不像供电线路，只要几根导线就可以连接许多用户。一台交换机可以接入电话机的数量用门计算，如 200 门交换机、800 门交换机等。

交换机之间的线路是公用线路，由于各种电话机不会都同时使用线路，因此，公用线路的数量要比电话机的门数少得多，一般只需要 10% 左右。由于这些线路是公用的，因此就会出现没有空闲线路的情况，就是占线。

如果建筑物内没有交换机，那么进入建筑物的就是接各种电话机的线路。楼内有多少部电话机，就需要有多少对线路引入。

科学技术的迅速发展及人类社会新鲜化的快速需求，推动着现代通信技术不断地向更高水平迈进。物业小区内部的通信系统是以数字程控交换机为控制中心的通信网络。它可以用于小区或物业大厦用户的内部通话，还可以通过中继线进入公用电话网，与全国乃至世界各地通话；它不仅能为用户提供普通电话通信服务，还可以利用网络为用户提供数据交换、多媒体通信等多种信息交换服务。例如，可以与传真机、个人电脑及各种自动化设备连接，实现外围设备与数据信息共享，其综合业务网如图 8-52 所示。

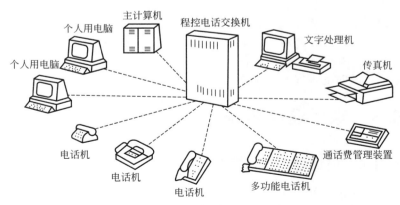

图 8-52　程控电话综合业务网示意图

8.3.2　电话系统常用材料

电话信号是独立信号，两部电话机之间必须有两根导线直接连接。因此，有一部电话机，就有两根（一对）电话线。建筑物内到各用户电话机的电话线路数量很大。如果建筑物内有电话交换机，那么进入建筑物的线路就大大减少。交换机之间的线路是公用线路，一般只需要电话机数量的 10% 左右。一台交换机可以接入电话机的数量用门计算，如 200 门交换机。

建筑物内电话系统的组成如图 8-53 所示。

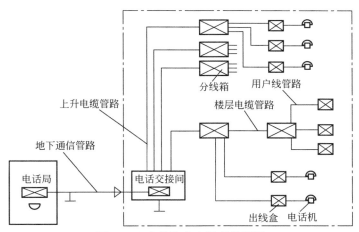

图 8-53　建筑物内电话系统框图

（1）通信电缆和电话线　通信电缆是传输电气信息用的电缆。按其用途分为市内电话电缆、长途通信电缆、局内配线架到机架或机架之间连接的局用电缆、用作电话设备连接线的电话软线、综合通信电缆、共用天线电视电缆、射频电缆及光缆。用于电话通信线路、综合布线系统、电缆电视系统。

室内常用电话电缆主要有两类：HYA 型综合护层塑料绝缘市内电话电缆和 HPVV 铜芯全聚氯乙烯配线电缆。HYA 型综合护层塑料绝缘市内电话电缆可在室外直埋或穿管敷设；室内可架空或沿墙敷设。HPVV 铜芯全聚氯乙烯配线电缆为室内使用的电缆，可穿管或沿墙敷设。主要标称截面规格有：$0.4mm^2$、$0.5mm^2$、$0.6mm^2$。HYA 型电缆对数有：10；20；30；50；100；200；400；600；900；1200；1800；2400。HPVV 型电缆对数有：5；10；15；20；25；30；50；80；100；150；200；300。例如：电话电缆规格标注为 HYV-10($2×0.5$)，其中 HYV 为电缆型号，10 表示电缆内有 10 对电话线，$2×0.5$ 表示每对线为 2 根，每根的标称截面为 $0.5mm^2$。

电话线就是电话的进户线，它是连接用户电话机的导线。管内暗敷设使用的电话线是 RVB 型塑料并行软导线，或 RVS 型塑料双绞线，规格为 $2×0.2～2×0.5mm^2$。

电话线常见规格有 2 芯和 4 芯。一般家庭如果是现在市话使用模式的话，2 芯足够使用。如果是公司或部分集团电话使用的话，考虑到电话宽带使用需要，建议使用 4 芯电话线；如果使用的是数字电话，则建议用 6 芯的电话线。

（2）光缆 光纤是光导纤维的简写。由于光在光导纤维的传导损耗比电在电线传导的损耗低得多，光纤被用作长距离的信息传递。光导纤维通信是一种崭新的信号传输手段，它利用激光通过超纯石英（或特种玻璃）拉制成的光导纤维进行通信。

光纤是光通信的基本单元，实用传输线路需要将光纤制成光缆。光缆一般由缆芯（缆芯由一定数量的光纤按照一定方式组成）、加强钢丝、填充物和护套等几部分组成，另外根据需要还有防水层、缓冲层等构件。

光缆是用以实现光信号传输的一种通信线路。光缆既可用于长途干线通信，传输近万路电话以及高速数据，又可用于中小容量的短距离室内通信、交换机之间以及闭路电视、计算机终端网络的线路中。光纤通信不仅通信容量大、中继距离长，而且性能稳定、可靠性高、缆芯小、重量轻、曲挠性好便于运输和施工，并且可根据用户需要插入不同信号线或其他线组，组成综合光缆。

（3）电缆交接箱 交接箱是设置在用户线路中用于主干电缆和配线电缆的接口装置，主干电缆线对在交接箱内按一定的方式用跳线与配线电缆线对连接，可做调配线路等工作。交接箱主要由接线模块、箱架结构和机箱组装而成。交接箱按安装方式可分为落地式、架空式和壁挂式三种。交接箱的主要指标是其容量，交接箱的容量是指进、出接线端子的总对数。按行业标准规定，交接箱的容量系列为 300、600、900、1200、1800、2400、3000、3600 对等规格。

落地式又分为室内和室外两种。落地式适用于主干电缆、配线电缆都是地面下敷设或主干电缆是地面下敷设，配线电缆是架空敷设的情况。落地式交接箱的外形如图 8-54 所示。

架空式交接箱适用于主干电缆和配线电缆都是空中杆架设的情况，它一般安装于电线杆上。300 对以下的交接箱一般用单杆安装，600 对以上的交接箱安装在双杆上。

壁挂式交接箱的安装是将其嵌入在墙体内的预留洞中，适用于主干电缆和配线电缆敷设在墙内的场合。

（4）电话分线箱　分线箱是电缆分线设备，一般用在配线电缆的分线点，配线电缆通过分线箱与用户引入线相连。建筑物内的分线箱暗装在楼道中，高层建筑安装在电缆竖井配电小间中。分线箱的接线端对数有 20、30 等。分线箱内装有接线端子板，一端接干线电缆；另一端接用户电话线。分线箱的内部结构如图 8-55 所示。

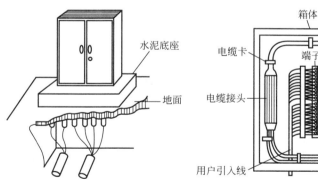

图 8-54　落地式交接箱的外形

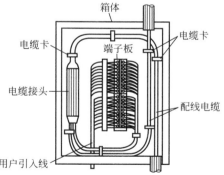

图 8-55　分线箱的内部结构

（5）用户出线盒　用户出线盒是用户引入线与电话机带的电话线的连接装置。出线盒面板规格与电器开关插座的面板规格相同。面板分为无插座型和有插座型。无插座型出线盒面板只是一个塑料面板，在中央留直径 1cm 的圆孔，如图 8-56 所示。线路电话线与

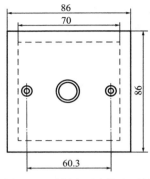

图 8-56　无插座型出线盒面板

用户电话机线在盒内直接连接，适用于电话机位置较远的用户，用户可以用 RVB 导线作室内线，连接电话机接线盒。

有插座型出线盒面板分为单插座和双插座，面板上为通信设备专用 RJ-11 插口，要使用带 RJ-11 插头专用导线与之连接。使用插座型面板时，线路导线直接接在面板背面的接线螺钉上。插座上有四条线，只用中间的两条线，如图 8-57 所示。

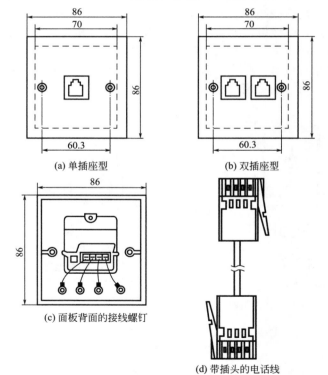

(a) 单插座型　　　(b) 双插座型

(c) 面板背面的接线螺钉

(d) 带插头的电话线

图 8-57　有插座型出线盒面板

8.3.3 光缆的敷设

8.3.3.1 光缆架空敷设

光缆架空敷设与架空线路基本相同，但必须做到以下几点。

（1）光缆在横担上必须经专用塑料或木制滑轮穿越，不得使用金属滑轮。专用滑轮悬挂时应检查其外观质量，滑轮灵活，无阻无卡；悬挂时必须紧固、可靠。

（2）光缆在横担、杆体、塔架上应用专用金具固定，专用金具必须与光缆配套，一般为同一家厂商的产品。金具安装时应进行检查。

（3）架设架空光缆时，宜先将光缆吊线固定在电杆上，再用光缆挂钩把光缆卡挂在吊线上；挂钩的间距宜为 0.5～0.6m。

（4）架空光缆应在杆下设置伸缩余兜，其数量应根据所在冰凌负荷区级别确定，对重负荷区宜每杆设一个；中负荷区每2～3 根杆宜设一个；轻负荷区可不设，但中间不得绷紧。光缆余兜的宽度宜为 1.5～2m；深度宜为 0.2～0.25m，如图 8-58 所示。

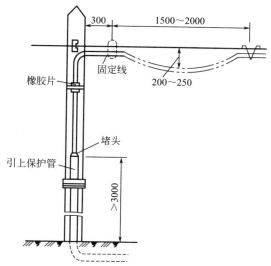

图 8-58　光缆的余兜及引上线钢管保护

（5）在桥上敷设光缆时，宜采用牵引机终点牵引和中间人工辅助牵引。光缆在电缆槽内敷设不应过紧；当遇到桥身伸缩接口处时，应作"S"弯，并每处宜预留 0.5m。

（6）当穿越铁路桥面时，应外加金属管保护。

（7）架空光缆的接头应设在杆旁 1m 以内。

（8）光缆架设完毕，应将余缆端头用塑料胶带包扎，盘成圈置于光缆预留盒中；预留盒应固定在杆上。

（9）地下光缆引上电杆，必须采用钢管保护，如图 8-58 所示。

8.3.3.2 光缆穿管埋地敷设

（1）光缆穿管埋地敷设应穿硬质塑料管，塑料管的接口处应密封处理，光缆井盖必须设防水防灌装置。

（2）敷设管道电缆，应符合下列要求。

① 敷设管道电缆之前应先清刷管孔。

② 管孔内预设一根镀锌铁线。

③ 穿放电缆时宜涂抹黄油或滑石粉。

④ 管口与电缆间应衬垫铅皮，铅皮应包在管口上。

⑤ 进入管孔的电缆应保持平直，并应采取防潮、防腐蚀、防鼠等处理措施。

（3）管道电缆或直埋电缆在引出地面时，均应采用钢管保护。钢管伸出地面不宜小于 2.5m；埋入地下宜为 0.3～0.5m。

（4）管道光缆敷设时，无接头的光缆在直道上敷设应由人工逐个入孔同步牵引。

（5）预先做好接头的光缆，其接头部分不得在管道内穿行。

（6）光缆端头应用塑料胶带包好，并盘成圈放置在托架高处。

8.3.3.3 光缆直埋敷设

（1）直埋敷设与电缆基本相同，但沿径必须设立标志，穿越道路、铁路时必须设置厚壁钢管保护。光缆连接处应设光缆井。

（2）直埋电缆的埋深不得小于 0.8m，并应埋在冻土层以下。

（3）紧靠电缆处应用沙或细土覆盖，其厚度应大于 0.1m，且上压一层砖石保护。

（4）通过交通要道时，应穿钢管保护。

（5）应采用具有铠装的直埋电缆，不得用非直埋式电缆作直接埋地敷设。

（6）转弯地段的电缆，地面上应有电缆标志。

穿管或埋地敷设时必须遵守使用光缆展放器和光缆接线仪的规定。

8.3.3.4　光缆敷设注意事项

（1）光缆敷设前，应使用光时域反射计和光纤衰耗测试仪检查光纤是否有断点，以及衰耗值是否符合设计要求。

（2）光缆的展放必须用光缆展放机进行，展放过程中不得拖地或碰击其他物体，并派人监督，不得强拉硬拉。

（3）根据设计图上各段线路的长度来选配电缆。宜避免电缆的接续。

（4）光缆的接续应由受过专门训练的人员操作，接续时应采用光功率计或其他仪器进行监视，使接续损耗达到最小；接续后应做好接续保护，并安装好光缆接头护套。

（5）光缆敷设完毕，应检查光纤有无损伤，并对光缆敷设损耗进行抽测。

（6）在光缆的接续点和终端应作永久性标志。

（7）敷设光缆时，其弯曲半径不应小于光缆外径的 20 倍。光缆的牵引端头应做好技术处理；可采用牵引力自动控制性能的牵引机进行牵引。牵引力应加于加强芯上，其牵引力不应超过 150N；牵引速度宜为 10m/min；一次牵引的直线长度不宜超过 1km。

8.3.4　电话线路的敷设

8.3.4.1　线路敷设的基本要求

（1）电话线严禁与强电线敷设在同一线管、线槽及桥架内，也不可以同走一个线井。如果无法分开，则电话系统的线缆与强电线缆应间隔 60cm 以上。

（2）在对电话系统进行施工时，要注意不要超过电缆所规定的拉伸张力。张力过大会影响电缆抑制噪声的能力，甚至影响电话线的质量，改变电缆的阻抗。

（3）在对电话系统进行施工操作时，要避免电话线的过度弯曲，防止电话线的断裂情况。

（4）在对电话系统施工操作时，应避免成捆电话线的缠绕。

8.3.4.2　电话线接线的工艺要求

（1）电话线的接头不要使用电工绝缘胶带缠绕，应使用热塑套封装。

（2）线槽及管道内的电话线不得有接头，应将电话线的接头设置在接线端子的附近。

（3）对电话系统的每一根连接线都应在两端标记上同一编号，以便于住户内的电话线的连接。

8.3.4.3　电信暗管的敷设

（1）多层建筑物宜采用暗管敷设方式；高层建筑物宜采用电缆竖井与暗管敷设相结合的方式。

（2）一根电缆管一般只穿放一根电缆，不得再穿放用户电话引入线等。

（3）每户设置一根电话线引入管，户内各室之间宜设置电话线联络暗管，以便于调节电话机安装位置。

（4）暗管直线敷设长度超过 30m 时，电缆暗管中间应加装过路箱。

（5）暗管必须弯曲敷设时，其长度应小于 15m，且该段内不得有 S 弯。连续弯曲超过两次时，应加装过路箱（盒）。

（6）电缆暗管弯曲半径应不小于该管外径的 8 倍，在管子弯曲处不应有皱折纹和坑瘪，以免损伤电缆。

（7）在易受电磁干扰的场所，暗管应采用钢管并可靠接地。

（8）暗管必须穿越沉降缝或伸缩缝时，应做好沉降或伸缩处理。

（9）地下通信管道与其他地下管线及建筑物最小净距应符合表 8-7 的规定。

表 8-7　暗配线管与其他管线的最小净距　　　　　mm

其他管线 相互关系	电力 线路	压　缩 空气管	给水管	热力管 （不包封）	热力管 （包封）	煤气管	备注
平行净距	150	150	150	500	300	300	间距不足时应加绝缘 层,应尽量避免交叉
交叉净距	50	20	20	500	300	20	

注：采用钢管时，与电力线路允许有交叉接近，钢管应接地。

（10）建筑物内暗配管路应随土建施工预埋，应避免在高温、高压、潮湿及有强烈振动的位置敷设。

8.3.4.4　楼内电话暗配线的注意事项

（1）建筑物内暗配线宜采用直接配线方式，同一条上升电缆线对不递减。

（2）建筑物内暗配线电缆应采用铝塑综合护套结构的全塑电缆。

（3）分接设备的接续元件宜为卡接式或旋转式等定型产品。

（4）在改扩建工程中，暗管敷设确有困难时，楼内配线电缆和用户电话线可利用明线槽、吊顶、底板、踢脚板等再起内部敷设。

8.3.4.5　楼内电信上升通道的设置

（1）电信竖井宜单独设置，其宽度不宜小于 1m，深度宜为 0.3～0.4m，操作面不小于 0.8m，电缆竖井的外壁在每层都应装设阻燃防火操作门，门的高度不低于 1.85m，宽度与电缆竖井相当。

（2）电信竖井的内壁应设电缆铁架，其上下间隔宜为 0.5～1m，每层楼的楼面洞口应按消防规范设防火隔板。同时电信竖井也可与其他弱电缆线综合考虑设置。

（3）若设置专用竖井有困难，应在综合竖井内与其他管线保持 0.8m 以上间距，并采取相应的保护措施。强电线路与弱电线路应分别布置在竖井两侧，以防止强电对弱电的干扰。

8.3.5　电话设备的安装

8.3.5.1　电话交接间安装应满足的要求

（1）每栋住宅楼必须设置一个专用电话交接间。电话交接间宜设在住宅楼底层，靠近竖向电缆管道的上升点，且应设在线路网中心，靠近电话局或室外交接间一侧。

（2）交接间使用面积，高层不应小于 $6m^2$，多层不应小于 $3m^2$。室内净高不小于 2.4m，通风良好，有保安措施，设置宽度为 1m，为外开门。

（3）电话交接间内可设置落地式交接箱。落地式电话交接箱可以横向也可以竖向放置。

（4）楼梯间电话交接间也可安装壁龛交接箱。

（5）交接间内应设置照明灯及 220V 电源插座。

（6）交接间内通信设备可用住宅楼综合接地线作保护接地（包括电缆屏蔽接地），其综合接地时电阻不宜大于 1Ω，独立接地时其接地电阻应不大于 5Ω。

8.3.5.2 落地式交接箱的安装

（1）落地式交接箱应和交接箱基座、人孔、手孔配套安装。

（2）交接箱基础底座的高度不应小于 200mm，在底座的四个角上应预埋 4 个镀锌地脚螺栓，用来固定交接箱，且在底座中央留置适当的长方洞，作为电缆及电缆保护管的出入口，如图 8-59 所示。

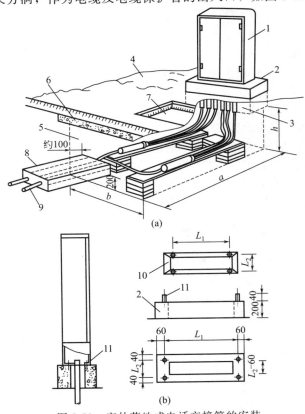

图 8-59　室外落地式电话交接箱的安装

1—交接箱；2—混凝土底座；3—成端接头（气闭接头）；4—地面；5—手孔；6—手孔上覆；
7—手孔口圈；8—电缆管道；9—电缆；10—交接箱底面；11—M10×100 镀锌螺栓

（3）将交接箱放在底座上，箱体下边的地脚孔应对正地脚螺栓，且拧紧螺母加以固定。

（4）将箱体底边与基础底座四周用水泥砂浆抹平，以防止水流进底座。

8.3.5.3　架空式交接箱的安装

（1）安装架空式交接箱必须注意不要影响附近房屋的采光。

（2）交接箱应设在远离电力线，并对安装和维护都方便的地方。

（3）为了维修方便，交接箱最好安装在"H"形水泥电杆上，如图 8-60 所示。两根水泥杆相距 1.3m。

（4）为了放置交接箱和便于安装和维护，在电杆距地面 3.3m 处，应设交接箱工作台。

（5）为了防雨和日光照射，应在距工作台上 2m 处加装罩棚。

（6）电缆引上钢管固定在杆间横梁上，引上管在人（手）孔的内壁入口，要打成喇叭口。

（7）为了工作的方便，在交接箱左侧电杆上安装爬梯。

（8）交接箱应装设保护线。

8.3.5.4　电话壁龛的安装

（1）壁龛可设置在建筑物的底层或二层，且安装高度应为其底边距地面 1.3m。

（2）壁龛安装与电力、照明线路及设施最小距离应为 300mm；与煤气、热力管道等最小净距不应小于 300mm。

（3）壁龛与管道应随土建墙体施工预埋，如图 8-61 所示。

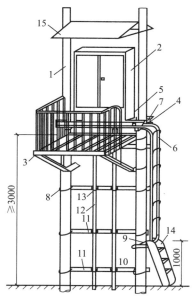

图 8-60　架空式交接箱的结构

1—水泥电杆；2—交接箱；3—操作站台；4—抱箍；5—槽钢；6—折梯上部；7—穿钉；8,13—U 形卡；9—折梯穿钉；10—角钢；11—上杆管固定架；12—上杆管；14—折梯下部；15—防雨棚等附件

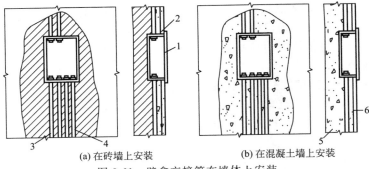

(a) 在砖墙上安装　　　　　　　　(b) 在混凝土墙上安装

图 8-61　壁龛交接箱在墙体上安装

1—贴脸；2—卡环固定；3—PVC 电缆管；4—PVC 用户线管；

5—混凝土墙体；6—内墙面粉层

（4）接入壁龛内部的管子，管口光滑，在壁龛内露出长度为 10～15mm。钢管端部应有丝扣，且用锁紧螺母固定。

（5）壁龛主进线管和出线管，一般应敷设在箱内的两对角线的位置上，各分支回路的出线管应布置在壁龛底部和顶部的中间位置上。

8.3.5.5　电话分线箱（盒）和出线盒的安装

（1）电话分线箱及分线盒的安装形式无论暗装还是明装，均应标记该箱的线区编号、箱盒的编号以及线序，与图样上的编号一致，以便检修。

（2）住宅楼房电话分线箱安装高度，其上边距顶棚为 0.3m。

（3）明装分线箱距离地板高度为不低于 2.5m。如果住宅室内净高不够，可酌情降低。

（4）如果在电杆上安装分线箱，通常要求安装在电杆上的方位为朝电话局的方向。

（5）用户出线盒安装高度，其底边距地面为 0.3～0.4m。若采用地板式电话出线盒，宜设在人行通道以外的隐蔽处，其盒口应与地面平齐。

8.3.6　电话插座和电话机的安装

8.3.6.1　电话插座的安装

（1）电话插座的安装方法与电源插座的安装方法基本相同，一般暗装于墙内。暗装插座的底边距地面高度一般为 0.3m。

（2）当插座上方位置有暖气管时，其间距应大于 200mm；下方有暖气管时，其间距应大于 300mm。

（3）一般电话机不需要电源，但如果使用无绳电话机，在主机和副机处都要留有电源插座。电话插座与电源插座要间距 0.5m。所以要安排好各插座在墙面上的位置。

（4）插座、组线箱等设备应安装牢固，位置准确。

（5）清理箱（盒）。在导线连接前清洁箱（盒）内的各种杂物，箱（盒）收口平整。

（6）接线。将预留在盒内的电话线留出适当长度，引出面板孔，用配套螺钉固定在面板上，同时走平，标高应一致。

（7）若面板在地面出口采用插接方式，将导线留出一定余量，剥去绝缘层，把线芯分别压在端子上，并做好标记。若导线在组线箱内，剥去绝缘层，把线芯分别压在组线箱的端子排上，且做好标记。组线箱门应开启灵活，油漆完好。

（8）校对导线编号。根据设计图纸按组线箱内导线的编号，用对讲机核对各终端接线。核对无误后，同时做好标记。

8.3.6.2　电话机的安装

（1）电话机不能直接同线路接在一起，而是通过电话出线盒（即接线盒）与电话线路连接。

（2）室内线路明敷时，采用明装接线盒，即两根进线、两根出线。电话机两条线无极性区别，可以任意连接。

（3）将本机专用外插线，水晶头一端插入相对应的外线插口，另一端接入外线接线盒。

（4）将手柄曲线一端水晶头插入送话器下端的插口，另一端水晶头插入座机左侧插口。

8.3.7　电话通信系统的调试

8.3.7.1　调试前的检查与测试

（1）检查外部线路是否存在混接、短路、断路等现象。

（2）检查各分线箱、交接箱内电缆配线是否正确，接线是否符合要求。

（3）测试交流稳压电源一次侧电压、二次侧电压；测量充电机一、二次侧电压；测量蓄电池单个电压。各项电压值均应满足设计和设备本身技术要求。

（4）测量系统接地电阻是否符合设计要求，各设备接地应良好。

8.3.7.2 交换机的调试步骤

（1）硬件测试　交换机通电前应测量主电源电压，确认正常后方可进行以下通电测试。

① 各种硬件设备必须按厂家提供的操作程序逐级加上电源。

② 设备通电后检查所有变换器的输出电压均应符合规定。

③ 各种外围终端设备齐全、自测正常。

④ 各种报警装置应工作正常。

⑤ 时钟装置应工作正常，精度符合要求。

⑥ 装入测试程序通过人机命令或自检，对设备进行测试检查，确认硬件系统无故障。

（2）系统设定流程　开通主机，经检测系统各显示、测量数值均正常时，说明主机可以工作、电源完好，具备进行系统设定的条件，符合系统设定流程。

（3）系统初始化　有些交换机在使用前必须先进行系统初始化操作，否则系统不能正常工作。初始化操作后系统即为原始设定状态，这时用户可根据需要再做其他系统设定。如果系统设定出错，导致机器不能正常运行，也可以做初始化操作。

（4）系统设定与显示　各项参数及工作状态可通过话务台设定，多数设定都必须先按下主机"SET ENABLE"程序锁定开关，才能由话务台进行系统设定。待全部参数设定完后释放该开关。

（5）分机功能调试。

（6）话务台功能调试。

（7）计费系统的设定与操作。

各种程控交换机所具有的基本功能是一样的，操作也基本相同，只是数据显示有些格式方面的差异。在进行调试之前，须详细阅读所调试程控交换机的用户技术手册等调试资料，以便掌握正确的调试方法。经过检查调试确认无误后，即可进行试运转，试运转时间不少于三个月。

8.4　卫星接收及有线电视系统

8.4.1　卫星电视接收系统的组成

卫星电视接收系统是专门接收卫星电视信号的装置，一般由抛物面天线、高频头（室外单元）和卫星电视接收机（室内单元）三部分组成，如图 8-62 所示。

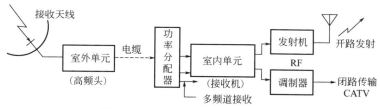

图 8-62　卫星电视接收系统配置图

在图 8-62 中，只画出了一套电视节目的接收情况，而一般一个卫星转发器可以转发多套节目。当接收多套节目时，要将高频头的输出信号用功率分配器分成多个支路传送给多个接收机。

卫星电视接收系统中各部分的作用如下。

（1）抛物面接收天线　由于卫星转发器的功率较小，因此发射到地面上的电视信号极其微弱。为了使用户获得满意的收看效果，卫星电视接收系统必须设置具有较高增益的接收天线。

卫星电视广播发射的电波为 GHz 级频率，电磁波具有拟光性。由于卫星远离接收天线，电磁波可近似看作一束平行光线，因此，卫星接收天线一般采用抛物面的聚光性，将卫星电磁波能量聚集在一点送入波导，获得较强的电视信号。抛物面天线口径越大，集中的能量就越大，也就是说增益越高，接收效果就越好。

（2）高频头（室外单元）　天线接收到高频电视信号后，通过馈线送至高频头。图 8-63 是卫星电视接收高频头的方框图。天线接收来的卫星微波信号经低噪声微波放大器放大后，送入第一次混频电路，混频以及中频放大后输出 $0.9 \sim 1.4 \mathrm{GHz}$ 的中频信号。通过电缆引入室内单元（卫星电视接收机）。

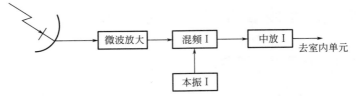

图 8-63 高频头（室外单元）的组成

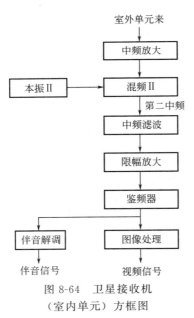

图 8-64 卫星接收机
（室内单元）方框图

（3）卫星电视接收机 卫星电视接收机的主要功能是将高频头送来的中频信号解调还原成具有标准接口电平的视频图像信号和音频伴音信号。卫星接收机（室内单元）方框图如图 8-64 所示。

卫星电视接收系统按技术性能分为可供收转或集体接收用的专业型和直接接收用的普及型（见图 8-65）。

必须指出：普通电视机是调幅制，而卫星接收是采用调频制。所以普通电视接收机收不到卫星电视的图像。收看卫星电视节目必须在电视机（监视器）打开之前接入卫星接收机。

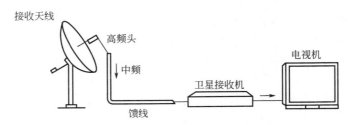

图 8-65 卫星电视直接接收系统的组成

8.4.2　有线电视系统的构成

有线电视系统由信号源接收系统、前端系统、信号传输系统和分配系统四个主要部分组成。图 8-66 是有线电视系统的原理方框图，该图表示出了各个组成部分的相互关系。

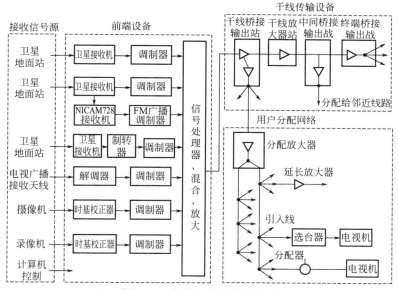

图 8-66　有线电视系统的构成

8.4.2.1　接收信号源

（1）卫星地面站接收到的各个卫星发送的卫星电视信号，有线电视台通常从卫星电视频道接收信号纳入系统送到千家万户。

（2）由当地电视台的电视塔发送的电视信号称为"开路信号"。

（3）城市有线电视台用微波传送的电视信号源。MMDS（多路微波分配系统）电视信号的接收须经一个降频器将 2.5～2.69GHz 信号降至 UHF 频段之后，即可等同"开路信号"直接输入前端系统。

（4）自办电视节目信号源。这种信号源可以是来自录像机输出的音/视频（A/V）信号；由演播室的摄像机输出的音/视频信号；

或者是由采访车的摄像机输出的音/视频信号等。

8.4.2.2　前端设备

前端设备是整套有线电视系统的心脏。由各种不同信号源接收的电磁信号须经再处理为高品质、无干扰杂讯的电视节目，混合以后再馈入传输电缆。

8.4.2.3　干线传输系统

它把来自前端的电视信号传送到分配网络，这种传输线路分为传输干线和支线。干线可以用电缆、光缆和微波三种传输方式，在干线上相应地使用干线放大器、光缆放大器和微波发送接收设备。支线以用电缆和线路放大器为主。微波传输适用于地形特殊的地区，如穿越河流或禁止挖掘路面埋设电缆的特殊状况以及远郊区域与分散的居民区。

8.4.2.4　用户分配网络

从传输系统传来的电视信号通过干线和支线到达用户区，需用一个性能良好的分配网使各家用户的信号达到标准。分配网有大有小，视用户分布情况而定，在分配网中有分支放大器、分配器、分支器和用户终端。

8.4.3　有线电视系统使用的主要设备和器材

共用天线电视系统是指利用电视天线和卫星天线接收电视信号，并通过电缆系统将电视信号传输分配到用户电视机的系统。共用天线电视系统分为含有天线设备的共用天线电视系统（CATV系统）和不含天线设备的有线电视系统（YSTV系统）。

有线电视系统使用的主要设备和器材包括宽带放大器和分配器等。

（1）宽带放大器　电视信号要想进行传输，就要克服传输过程中的衰减。因此需要使用放大器把信号电平提高到一定水平。能放大所有频道信号而不失真的放大器叫宽带放大器。

放大器的参数有两个：一个是增益，一般为20～40dB；另一个是最高输出电平，为90～120dB。

（2）分配器　分配器是将一路输入信号均等地分为几路输出的器件，其信号是以相同的强度输出到各个端口的。分配器有多种类型。按工作场合可分为野外过流型分配器、防雨型分配器、室内分配器；按其分出信号的路数可分为二分配器、三分配器、四分配器、六分配器、八分配器等。其中最基本的为二分配器和三分配器。

信号在分配器上要有衰减，衰减量是一个支路 2dB。也就是说二分配器衰减 4dB，三分配器衰减 6dB。

（3）分支器　分支器也是一种把信号分开连接的器件，与分配器不同的是，分支器是串接在干线里，从干线上分出几个分支线路，干线还要继续传输。分支器按其工作场合分为室内型、室外防水型、普通型及馈电型；按其分出信号的路数可分为一分支器、二分支器、三分支器和四分支器等。

干线通过分支器有 2dB 衰减，其他分支器的衰减量按需要进行选择。分支器安装在楼道内的分支器箱内。

（4）用户盒　用户盒面板安装在用户墙上预埋的接线盒上，或带盒体明装在墙上。

用户盒分两种，一种是用户终端盒，盒上只有一个进线口，一个用户插座。用户插座有时是两个插口，其中一个输出电视信号，接用户电视机；另一个是 FM 接口，用来接调频收音机。用户终端盒要与分支器和分配器配合使用，如图 8-67 所示。

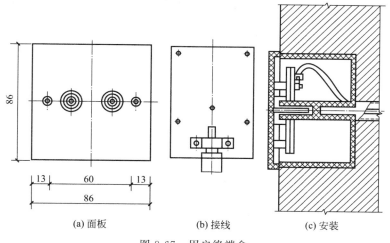

(a) 面板　　　　　(b) 接线　　　　　(c) 安装

图 8-67　用户终端盒

另一种叫串接分支单元盒，实际是一个一分支器与插座的组合，这种盒有一个进线口、一个出线口和一个用户插座，进线从上一户来，出线到下一户去。由于这种盒上带有分支器，因此有分支衰减。可以根据线路信号情况选择不同衰减量的盒，如图 8-68 所示。

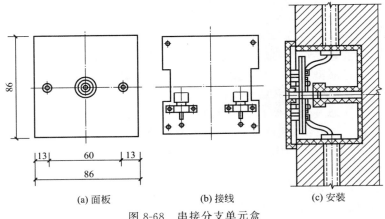

| (a) 面板 | (b) 接线 | (c) 安装 |

图 8-68　串接分支单元盒

（5）工程用高频插头　与各种设备连接所用的插头叫工程用高频插头，俗称 F 头。安装时，将电缆外护套及铜网、铝膜割去 10mm，将内绝缘割去 8mm，留出 8mm 芯线，将卡环套到电缆上，把电缆头插入 F 头中，F 头的后部要插在铜网里面，铜网与 F 头紧密接触，一定要让铜网包在 F 头外面，插紧后，把卡环套在 F 头后部的电缆外护套上用钳子夹紧，以不能把 F 头拉下为好。铜网与 F 头接触不良，会影响低频道电视节目收看效果。如果电缆较粗，在插头组件上有一根转换插针，把粗线芯变细以便与设备连接。高频插头的安装方法如图 8-69 所示。

卡环式 F 头存在着屏蔽性能差、容易脱落的现象。目前使用较多的是套管型 F 头，压接时，要使用专用压接钳。

（6）与电视机连接用插头　接电视机的插头是 75Ω 插头，使用时先将电缆护套剥去 10mm，留下铜网，去掉铝膜，再剥去约 8mm 内绝缘，把铜芯插入插头芯并用螺钉压紧，把铜网接在插头外套金属筒上，一定要接触良好。

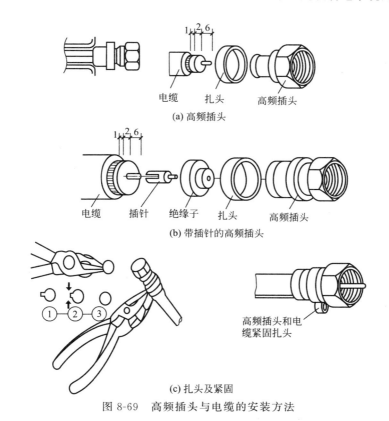

电缆　扎头　高频插头

(a) 高频插头

电缆　插针　绝缘子　扎头　高频插头

(b) 带插针的高频插头

高频插头和
电缆紧固扎头

(c) 扎头及紧固

图 8-69　高频插头与电缆的安装方法

（7）同轴电缆　天线信号要使用专门的同轴电缆传输，同轴电缆也是一种导线，但与普通的导线不同，它的结构是中心为圆形铜导线，称为线芯。线芯外紧密包裹线芯的绝缘材料，称为内绝缘层。内绝缘层外面又包有金属丝编织的金属网或金属箔，称为屏蔽层。最外面一层是塑料护套，其外形和结构如图 8-70 所示。

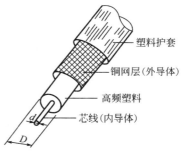

塑料护套

铜网层(外导体)

高频塑料

芯线(内导体)

图 8-70　同轴电缆

同轴电缆,特性阻抗为 75Ω 和 50Ω,在共用天线系统中用 75Ω 同轴电缆与各种设备连接。电缆对电视信号的衰减除了与信号的频率有关外,还与电缆的长度及电缆的直径有关。一般频率越高衰减越大,线越粗衰减越小,一般每 10m 衰减 2dB。同轴电缆的屏蔽层分四种:单层屏蔽,铜丝编织网;双层屏蔽,单面镀铝塑料薄膜做内层,外层为镀锡铜丝编织网;四层屏蔽,单面镀铝塑料薄膜为内层,双面镀铝塑料薄膜作中间层,外层为双层镀锡铜丝编织网;全屏蔽,外导体用铜管或铝管,屏蔽层与设备外壳及大地连接起屏蔽作用,最外面是聚氯乙烯护套。外护套的颜色有黑色和白色两种。白色为室内用电缆,黑色为室外用电缆。

电缆按绝缘外径分为 5mm、7mm、9mm、12mm 等规格,用 $\phi5$、$\phi7$、$\phi9$、$\phi12$ 表示。一般到用户端用 $\phi5$ 电缆连接,楼与楼间用 $\phi9$ 电缆连接,大系统干线用 $\phi12$ 电缆敷设。

8.4.4 有线电视系统安装的一般要求

有线电视系统在设计时,应使线路短直、安全、可靠,便于维修和检测,要考虑外界可能影响和损坏线路的有关因素,包括同轴电缆的跨度、高度、跨越物,并尽量远离电力线、化学物品仓库、堆积物等,以保证线路安全;在安装设备时,要严格按照设备的安装标准及技术参数安装,以保证用户可以看到图像清晰、音质好的有线电视节目。

(1) 光接收机在连接时,应注意外壳必须良好接地,以防雷击造成光接收机的损坏;光纤连接器与法兰盘均属精密器件,插拔时不能用力过猛。

(2) 要考虑干线放大器实际输出和输入电平。合理使用和调试放大器的输出、输入电平,是保证有线电视传输系统质量的关键。

(3) 干线放大器一般直接与 SYV-75-9 的有线电视同轴电缆或 SYV-75-12 的有线电视同轴电缆相连。在连接干线放大器时,输入输出的电缆均应留有余量,连接处应有防水措施。同轴电缆的防水接头、同轴电缆的内外导体、均衡插片、供电插件若氧化,可用橡皮擦一下,其效果会明显见好。

(4) 有线电视系统中的同轴电缆屏蔽网和架空支撑电缆用的钢

绞线都应有良好的接地，在每隔 10 个支撑杆处设接地保护，可用 1 根（根据土壤电阻率可选择多根）1.5m 长的 50mm×50mm×5mm 的角钢作为接地体打入地下，要将避雷线与支撑钢绞线扎紧成为一体。在系统接地时，一定注意接地电阻的最小化，接地电阻大，防雷效果就差，尽量减小接地电阻，最好控制在 8Ω 以下。

（5）明敷的电缆和电力线之间的距离不得小于 0.3m。

（6）分配放大器、分支分配器可安装在楼内的墙壁和吊顶上。当需要安装在室外时，应采取防雨措施，距地面不应小于 2m。

8.4.5　天线的安装

8.4.5.1　普通天线的安装

天线装置通常由天线竖杆、横杆、拉线和底座四部分组成。竖杆和横杆均可用来固定接收天线。若系统需用一个以上的天线装置时，装置之间的水平距离要在 5m 以上。

天线竖杆的高度通常在 6～12m 之间，一般用直径在 40～80mm 的圆形钢管分段连接的方式组成。分段钢管的直径既可相等也可不等。直径相等的钢管段间的连接采用法兰盘式，不等直径的钢管可采用套插焊接方式。连接时直径小的钢管必须插入直径大的钢管 300mm 以上才能焊接，以保证天线的强度。

天线竖杆一般可分三段或四段。图 8-71 是不等直径的分段式天线竖杆示意图。该天线总共分四段，A 段为避雷针，从 B 段开始就可安装接收天线或天线横杆。各段的长度由 B 到 D 是逐渐增长，D 段和 C 段长度之和应大于接收频道中频率最低的信号的一个波长（通常为 2.5～6m）。为了在竖杆上安装天线横杆或接收天线以及对接收天线方向进行调整、维修方便等，竖杆上应焊上脚蹬条，供攀登用。天线杆的上段应镀锌处理，其他段可刷银粉漆。

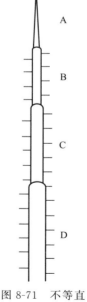

图 8-71　不等直径分段式天线竖杆示意图

天线竖杆可以直接固定在建筑物上，如楼房

最高处的电梯间或水箱间的承重墙上；也可固定在专用的底座上，底座必须位于承重墙或承重梁上，并和建筑物的钢筋焊接在一起，使底座和建筑物成为一体。

为了抗风，特别是在风害较大的地区，还应用防风拉线将天线竖杆固定，拉线可用钢丝绳或镀锌铁线。为保证接收天线的位置不变，拉线视竖杆的高度可设 1～2 层，拉线与竖杆的夹角为 30°～45°，通常一层为三根拉线。拉线之间夹角为 120°。

安装天线应注意以下几点。

（1）天线的安装应选择在无风的天气条件下进行，并应对全体施工人员进行详细的技术交底和安全交底。

（2）杆立直后，可将能升降的高登立在杆旁，按照高频至低频的顺序和测定的方向把天线一组一组地固定在杆上。在没有高登的情况下，可先将杆端部支起来组装，像电杆组装横担那样，然后将天线杆立起。

（3）几何尺寸较大的接收天线一般直接安装在天线竖杆上，最低层的接收天线离地面（或顶楼）的高度应大于最低频道信号的波长。

（4）接收天线上、下层的间距应大于最低频道信号 1/2 个波长，同层左右的间距应大于最低频道信号一个波长。

（5）一般来说，应将天线的最大接收方向对准该频道的发射天线，但考虑到周围环境的影响，应该通过实际收看效果确定最终的指向。

（6）应使天线杆或塔可靠接地，接地电阻应小于 10Ω。焊接点应清除焊渣，涂沥青漆，风干后用银粉漆填补齐全。

8.4.5.2　卫星电视接收天线的安装

安装抛物面天线时，一般按厂家提供的结构图安装。各厂家的天线结构都是大同小异。天线的结构反射板有整体成形和分瓣两种（2m 以上的反射板基本为分瓣），脚架主要有立柱脚架和三脚架两种（立柱脚架较为常见），个别 1.8m 以下脚架为卧式脚架。

天线的基本安装步骤如下。

（1）先将脚架装在已准备好的基座上，校正水平，然后将脚架固定（卧式脚架须调好方位角后，方可固定脚架）。

（2）装上方位托盘和仰角调节螺杆。

（3）按顺序将反射板的加强支架和反射板装在反射板托盘上，在反射板与反射板相连接时稍为固定即可（暂不紧固）。等全部装上后，调整板面平整，再将全部螺钉坚固。这里应当注意的是分瓣反射板的有些厂家是无顺序的，可随意拼装，但有些三瓣是有安装馈源支杆的安装点，这三瓣须三分安装在里面，否则馈源支架装上后不对称，馈源与天线的反射焦点不能重合影响信号增益甚至收不到信号。整体成形的反射板装上托盘架后直接将反射板装在方位托架上即可。

（4）装上馈源支架、馈源固定盘。

（5）馈源、高频头的安装与调整：把馈源、高频头和连接其矩形波导口必须对准、对齐，波导口内则要平整，两波导口之间加密封圈，拧紧螺钉防止渗水，将连接好的馈源、高频头装在馈源固定盘上，对准抛物面天线中心位置集中焦点。

（6）天线焦距的简单计算方法：

根据抛物面天线焦距比公式：$F/D \approx 0.34 \sim 0.4$，现以 3m 天线为例计算其焦距 $F = 3 \times 0.35 + 0.15 = 1.2(m)$，式中 0.15 为修正值。3m 天线焦距为 1.2m。

大型地面接收站的天线一般由生产厂家安装，安装步骤大体是：先吊装支架底座就位，将地脚螺钉紧固好；再装天线和馈源，并调节馈源位置；最后将整个抛物面天线吊装固定在支架上。这些过程均由吊车或立一个三角支架进行。

家庭所用的天线比较小，一般两个人就能抬起，一种可以制成固定式，即用水泥做一个平台，上面铸上三个螺栓，固定后将天线支架紧固上，再将抛物面天线安装在支架上。另一种是直接放在校平的地面上，并用较重的物品将三脚架压好，防止风力过大时摔坏天线。

8.4.6　电缆的敷设

（1）穿管暗敷设　采用穿管暗敷设时，穿线方法同照明电路，所不同的是采用同轴电缆。电缆的敷设要按照图样的要求进行，同时应在每层的用户盒处（或串联一分支器）将电缆留出一定的裕量，以便接线，通常先将电缆在该处做成 Ω 形，如图 8-72 所示。

（2）沿建筑物明敷设　一般旧建筑物加装 CATV 系统时，可采用同轴电缆沿建筑物墙体明敷设，其敷设方法同电话电路的明敷设，通常用线卡固定，如图 8-73 所示。

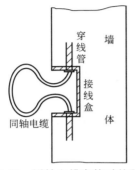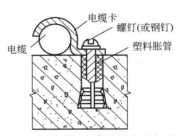

图 8-72　同轴电缆穿管时的预留　　　图 8-73　同轴电缆明敷设的卡子

（3）架空敷设　建筑群中大型的电缆电视系统，传输电缆可架空敷设，架设方法同电力电缆。根据电缆线径大小可采用钢索、钢绞线或镀锌铁线架设。建筑物间距较小时（不足以立杆时）可在建筑物上预埋铁件或挂环，直接用钢索、钢绞线或镀锌铁线架设，方法同电力电缆。但钢索、钢绞线或铁线应可靠接地。电缆的外线架设如图 8-74 所示。

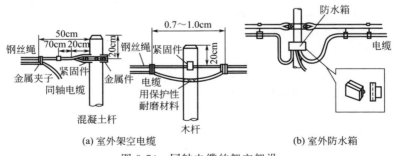

图 8-74　同轴电缆的架空架设

（4）地下埋设　有线电视系统的传输电缆可与电话通信系统一样埋设在地下，可采用钢管、多孔混凝土管、石棉水泥管或直埋的方式，其埋设方法同电话通信系统。一般情况下，每隔 100m 应有一个检查井，并有明显的方向标志。

8.4.7　高频头和馈线的安装

高频头通常安装在抛物面天线的焦点上，用支撑杆支撑固定，并保证其位置的准确。高频头的中心轴线应与天线中心轴线重合。

馈线的连接要可靠牢固，通常用锡焊封住，并经支撑杆引入机房，馈线不得使高频头受力而位移。

此外，卫星天线安装时，要避开遮挡物，天线中心轴线所指的方向上不得有建筑物、大树、架空线路等障碍物。与共用天线同屋顶安装时，应安装在共用天线的前面，共用天线的拉线、频道天线等物不得遮挡。

整个天线结构上凡上下用螺栓连接的部位应焊接地线跨接线，并将接地引线引至机座处，以便使其可靠接地，如其左右或后面有高大建筑物并设有避雷装置时，也可不接地，但必须在防雷保护范围之内。

所用的安装螺栓必须按设计要求选择，以保证整个天线的强度。

8.4.8　前端设备的安装

前端设备包括频道放大器、衰减器、混合器、分配器和电源等，其中频道放大器有时装在天线上。前端设备多集中布置在一个铁箱内，俗称前端箱。前端箱一般分箱式、台式、柜式三种。

前端箱通常安装在直对屋顶天线位置的走廊墙上，与天线的距离越近越好，其通往屋顶及各个单元的管路和箱壳已在配合土建时预埋。

箱式宜挂墙安装，明装于前置间内时，箱底距地 1.2m，暗装时为 1.2～1.5m；明装于走道等处时，箱底距地 1.5m，暗装时为 1.6m，安装方法如图 8-75 所示。

台式前端箱可以安装在前置间内的操作台桌面上，高度不宜小于 0.8m，且应牢固。柜式前端宜落地安装在混凝土基础上面，如同落地式动力配电箱的安装。

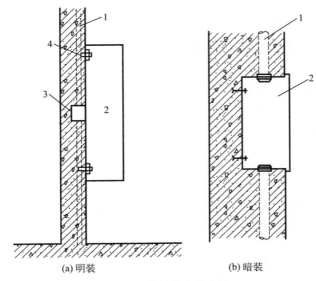

(a) 明装　　　　　　　　(b) 暗装

图 8-75　前端箱安装方法

1—钢管；2—前端箱；3—膨胀螺栓；4—接线盒

前端箱安装应注意以下几点：

（1）前端箱应设置于干燥、防水（雨）、防尘、无振动、无干扰的便于维修测试的场所，应尽可能地靠近天线，一般不应超过 15m。

（2）前端箱应置于动力线路（大电流线路）2～3m 以外的地方。

（3）箱内接线应正确、牢固、整齐、美观，并应留有适当裕度，但不应有接头，箱内各设备间的连接及设备的进出线均应采用插头连接，且连接应紧密牢固。

8.4.9　分配器与分支器的安装

分配器、分支器的安装分明装和暗装两种方法。明装是与线路明敷设相配套的安装方式，多用于已有建筑物的补装，其安装方法是根据部件安装孔的尺寸在墙上钻孔，埋设塑料胀管，再用木螺钉固定。安装位置应注意防止雨淋。电缆与分配器、分支器的连接一般采用插头连接，且连接应紧密牢固。

新建建筑物的 CATV 系统，其线路多采用暗敷设，分配器、分支器亦应暗装，即将分配器、分支器安装在预埋在建筑物墙体内的特制木箱或铁箱内。分配器、分支器安装示意图如图 8-76 所示。

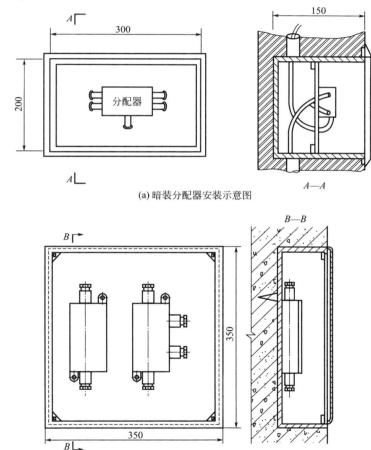

(a) 暗装分配器安装示意图

(b) 分配器或分支器安装

图 8-76　分配器、分支器安装示意图

8.4.10 用户盒的安装

用户盒的安装也分明装和暗装。明装用户盒可直接用塑料胀管和木螺钉固定在墙上。暗装用户盒应在土建施工时就将盒及电缆保护管埋入墙内，盒口应和墙面保持平齐，待粉刷完墙壁后再穿电缆，进行接线和安装盒体面板，面板可略高出墙面。用户盒距地高度：宾馆、饭店和客房一般为 0.2～0.3m；住宅一般为 1.2～1.5m，或与电源插座等高，但彼此应相距 0.10～0.25m，如图 8-77 所示。接收机和用户盒的连接应采用阻抗为 75Ω、屏蔽系数高的同轴电缆，长度不宜超过 3m。用户盒安装示意图如图 8-78 所示。

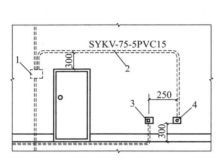

图 8-77 用户盒安装位置

1—分支器箱；2—用户管线；

3—电源插座；4—用户盒

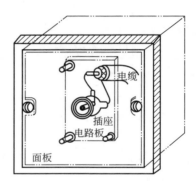

图 8-78 用户盒安装示意图

用户盒上只有一个进线口，一个用户插座。用户插座有时是两个插口，其中一个输出电视信号，接用户电视机；另一个是 FM 接口，用来接调频收音机。用户盒要与分支器和分配器配合使用。

8.4.11 同轴电缆与用户盒的连接

先将盒内电缆留头按 100～150mm 的长度剪去，然后把 25mm 的电缆外绝缘层剥去，再把外导线铜网如卷袖口一样翻卷 10mm，留出 3mm 的绝缘台和 12mm 的芯线，将线芯压在用户盒面板端子

上，用 Ω 卡压牢铜网套处，如图 8-79 所
示。然后把接好导线的面板固定在用户盒
的安装孔上，同时要调整好面板的垂直度。

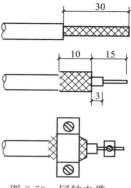

8.4.12 电视接收系统的调试与验收

8.4.12.1 系统的调试

当系统工程安装完毕后，应对各部分
的工作状态进行调试，以使系统达到要求，
各用户端高低频道的电平值应达到设计要
求。当一个区域内（一个分配放大器所供
的用户）多数用户电平值偏离要求时，应
重新对分配放大器进行调整。

图 8-79 同轴电缆
接线压接法

8.4.12.2 系统的验收

系统工程竣工运行两个月内，应由设
计、施工单位向建设单位提出竣工报告，而建设单位则应向系统管
理部门申请验收。有线电视系统工程的验收文件应包括以下内容。

（1）基础资料

① 接收频道、自播频道与信号场强。

② 系统输出口数量、干线传输距离。

③ 信号质量（干扰、反射、阻挡等）。

④ 系统调试记录。

（2）系统竣工图

① 前端及接收天线。

② 传输及分配系统。

③ 用户分配电平图。

（3）布线竣工图

① 前端、传输、分配各部件和标准试点的位置。

② 干线、支线路由图。

③ 天线位置及安装图。

④ 标准层平面图、管线位置。系统输出口位置图。

⑤ 与土建工程同时施工部分的施工记录。

（4）主观评价打分记录。

（5）客观测试记录（包括测试数据、测试主框图、测试仪器、测试人和测试时间）。

（6）施工质量与安全检查记录（包括防雷、接地）。

（7）设备、器材明细表。

（8）其他。

同一系统可以容纳移交图纸、资料等多项内容；一项内容也可由多份图纸资料组成。设计、施工单位向建设单位移交的图纸资料不应少于两份。

第9章 电梯的安装与调试

9.1 电梯概述

9.1.1 电梯常用的种类

电梯是伴随现代高层建筑物发展起来的重要运输工具，它既有完备的机械专用设备，又有较复杂的驱动装置和电气控制系统。

电梯是一种机电合一的大型工业产品，电梯安装工程中大部分是机械设备安装，也有与之配合的电气安装。

常用电梯分为两大类：垂直运行电梯和自动扶梯。

（1）垂直运行电梯　垂直运行电梯在建筑中专门的电梯井道内竖直运行，是高层建筑重要的垂直运输工具。按电梯的用途不同，可分为乘客电梯、载货电梯、客货电梯、病床电梯、住宅电梯、杂物电梯、观光电梯和汽车电梯等。按速度可分为低速、快速和高速电梯。

（2）自动扶梯　自动扶梯与地面成$30°\sim35°$倾斜角，人站在踏步上随梯上下运行。自动扶梯有很高的运输能力，常用于商场、车站、机场等人流量很大的场所。自动扶梯用电动机带动匀速运行，电气线路比较简单。

9.1.2 电梯的组成

曳引式电梯是目前应用最普遍的一种电梯。电梯的基本结构如图 9-1 所示。

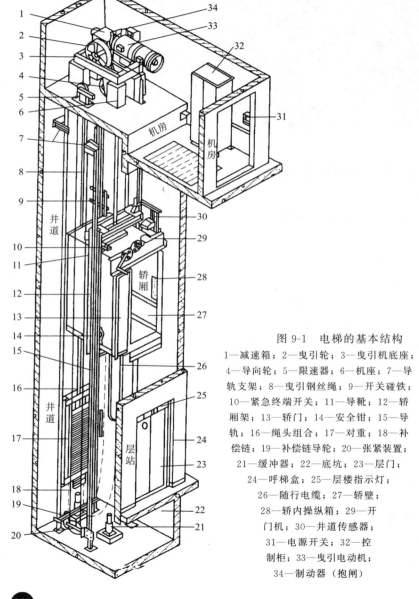

图 9-1　电梯的基本结构

1—减速箱；2—曳引轮；3—曳引机底座；4—导向轮；5—限速器；6—机座；7—导轨支架；8—曳引钢丝绳；9—开关碰铁；10—紧急终端开关；11—导靴；12—轿厢架；13—轿门；14—安全钳；15—导轨；16—绳头组合；17—对重；18—补偿链；19—补偿链导轮；20—张紧装置；21—缓冲器；22—底坑；23—层门；24—呼梯盒；25—层楼指示灯；26—随行电缆；27—轿壁；28—轿内操纵箱；29—开门机；30—井道传感器；31—电源开关；32—控制柜；33—曳引电动机；34—制动器（抱闸）

一部电梯总体的组成有机房、井道、轿厢和层站四个部分，也可看成一部电梯占有了四大空间。图 9-2 为电梯各机构的组成。

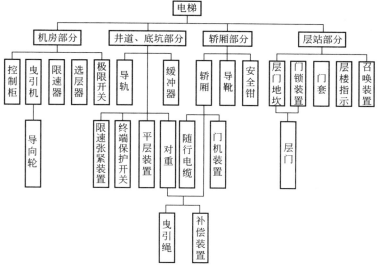

图 9-2　电梯的组成

9.1.3　电梯的主要系统及功能

电梯的基本结构包括八大系统：曳引系统、导向系统、轿厢、门系统、重量平衡系统、电力拖动系统、电气控制系统和安全保护系统。各个系统的功能以及组成的主要构件与装置见表 9-1。

表 9-1　电梯八个系统的功能及其构件与装置

8 个系统	功　　能	组成的主要构件与装置
曳引系统	输出与传递动力，驱动电梯运行	曳引机、曳引钢丝绳、导向轮等
导向系统	限制轿厢和对重的活动自由度，使轿厢和对重只能沿着导轨作上、下运动	轿厢的导轨、对重的导轨及其导轨架
轿厢	用以运送乘客或货物的组件，是电梯的工作部分	轿厢架和轿厢体
门系统	乘客或货物的进出口，运行时层门、轿箱门必须封闭，到站时才能打开	轿厢门、层门、开门机、联动机构、门锁等

续表

8个系统	功　　能	组成的主要构件与装置
重量平衡系统	相对平衡轿厢重量以及补偿高层电梯中曳引绳长度的影响	对重和重量补偿装置等
电力拖动系统	提供动力，对电梯实行速度控制	曳引电动机、供电系统、速度反馈装置、电动机调速装置等
电气控制系统	对电梯的运行实行操纵和控制	操纵装置、位置显示装置、控制屏（柜）、平层装置、选层器等
安全保护系统	保护电梯安全使用，防止一切危及人身安全的事故发生	机械方面有限速器、安全钳、缓冲器、端站保护装置等 电气方面有超速保护装置，供电系统断相、错相保护装置，超越上、下极限工作位置的保护装置，层门锁与轿门电气联锁装置等

9.1.4　电梯的工作原理

曳引式电梯是靠曳引力实现相对运动的，它的曳引传动关系如图 9-3 所示。

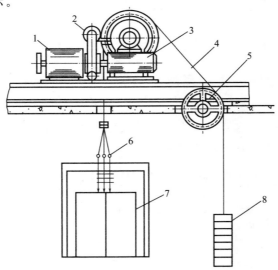

图 9-3　电梯的曳引传动关系

1—电动机；2—制动器；3—减速器；4—曳引绳；5—导向轮；

6—绳头组合；7—轿厢；8—对重

安装在机房内的电动机通过由减速器、制动器等组成的曳引机，使曳引钢丝绳通过曳引轮，一端连接轿厢，另一端连接对重装置，轿厢与对重装置的重力使曳引钢丝绳压紧在曳引轮绳槽内产生摩擦力，这样电动机一转动就带动曳引轮转动，驱动钢丝绳，拖动轿厢和对重作相对运动。即轿厢上升，对重下降；轿厢下降，对重上升。于是，轿厢就在井道中沿导轨作上、下往复运动，电梯就能执行垂直升降的任务。

9.1.5　电梯安装的工艺流程

现代电梯是典型的机电一体化产品，对施工人员的要求也趋向于一专多能。一般电梯安装施工工艺流程如图 9-4 所示，参照电梯的安装施工工艺流程，可以使每一位安装人员对整个安装工作的思路有一个统一的认识，工作起来相互之间会更加协调。

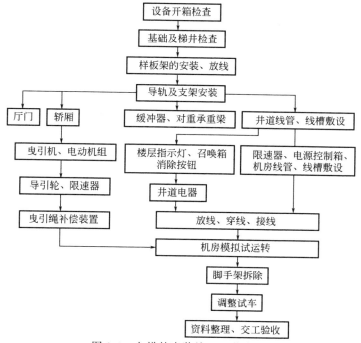

图 9-4　电梯的安装施工工艺流程

在施工的过程中，通常是使机械和电气两部分同时进行。但在同一井道内，严禁垂直交叉作业。

9.2 曳引机的安装与校正

9.2.1 曳引机的组成

曳引机是电梯的主拖动机械，其功能是驱动电梯的轿厢和对重装置作上下运动。曳引机主要由电动机、制动器、减速器（箱）和曳引轮等组成。

曳引机可分为无齿轮曳引机和有齿轮曳引机两种。无齿轮曳引机的曳引轮紧固在曳引电动机轴上，没有机械减速机构，整体结构比较简单，常用在快速电梯上。有齿轮曳引机的曳引轮通过减速器（箱）与曳引电动机连接，其减速器（箱）一般常用蜗轮蜗杆传动，该曳引机广泛用于低速电梯上。图 9-5 为有齿轮曳引机外形。

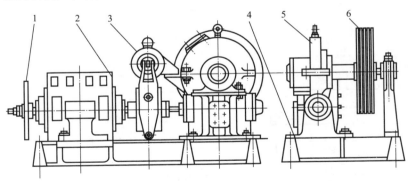

图 9-5　有齿轮曳引机外形
1—惯性轮（手轮）；2—电动机；3—制动器；
4—机座；5—减速器（箱）；6—曳引轮

9.2.2 曳引机的安装

在承重梁安装检查符合要求后，方能安装曳引机。曳引机的安装与承重梁的安装方式有关。

（1）承重梁在机房楼板下的安装：当承重梁在机房楼板下安装时，一般按比曳引机底盘外形大 30mm 左右，做一个厚度为 250～300mm 的钢筋混凝土底座，底座上预埋好固定曳引机的地脚螺钉。钢筋混凝土底座下面、承重梁的上边应放置减振橡胶垫，曳引机则紧固在钢筋混凝土底座上，如图 9-6 所示。为防止电梯在运行过程中发生位移，底座和曳引机两端还需用压板、挡板等将底座和曳引机固定。

（2）承重梁在机房楼板上的安装：当承重梁在机房楼板上面安装时，可将曳引机底盘的钢板与承重梁用螺钉或焊接连为一体。如需减振时，则要制作减振装置。减振装置由上、下两块与曳引机底盘尺寸相等、厚度为 20mm 左右的钢板和减振橡胶垫构成，橡胶垫位于上、下两块钢板

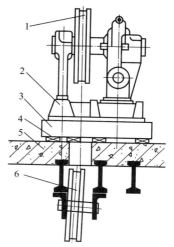

图 9-6　承重梁在楼板下
的曳引机安装
1—曳引轮；2—底座；
3—钢筋混凝土底座；
4—防振橡胶垫；
5—机房地坪；
6—导向轮

之间。上面的钢板与曳引机用螺钉连接，下面的钢板与承重梁焊接。为防止移位，上钢板和曳引机底盘需设置压板和挡板。

9.2.3　曳引机安装位置的校正

校正前需在曳引机上方固定一根水平铅丝，并且在该水平线上悬挂两根铅垂线，一根铅垂线对准井道内上样板架上标注的轿厢架中心点；另一根铅垂线对准对重装置中心点。然后根据曳引绳中心计算的曳引轮节圆直径 D_{cp}，在水平线上再悬挂一根铅垂线，如图 9-7 所示。以这三根铅垂线来校正曳引机的安装位置，调整后应达到以下要求。

（1）曳引轮位置偏差：前后（向着对重）方向不应超过 ±2mm；左右方向不应超过 ±1mm。

（2）曳引轮垂直方向偏摆度最大偏差应不大于 0.5mm，如图 9-8 所示。

（3）曳引轮与导向轮或复绕轮的平行度偏差不得大于 1mm。

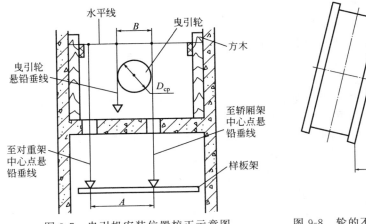

图 9-7　曳引机安装位置校正示意图　　图 9-8　轮的不垂直度

9.2.4　曳引机安装完毕后的空载试验

由于曳引机在机房内安装完毕后将安装其他部分的提升设备，因此必须先进行空载试验。其具体方法如下：

在电动机的最高转速下正反向连续运行各 2h，检查曳引轮运转的平稳性、噪声；检查减速器（箱）内有无啮齿声、金属敲击声、轴承研磨声和温升情况；检查各密封面的密封情况；检查制动器的松闸和制动情况。

空载试验后，要对可疑部件进行解体检查，待各项要求合格后，才能试吊重负载。

9.3　电梯的主要电器部件和装置的安装

9.3.1　安装电源开关应满足的要求

电梯的供电电源应由专用开关单独控制供电。每台电梯应分设动力开关和照明开关。控制轿厢照明电源的开关与控制机房、井道和底坑照明电源的开关应分别设置，各自具有独立保护。同一机房中有几台电梯时，各台电梯主电源开关应易于识别，其容量应能切断电梯正常使用情况下的最大电流，但该开关不应切断下列供电电路：

（1）轿厢照明、通风和报警；

（2）机房、隔层和井道照明；

（3）机房、轿顶和底坑电源插座。

主开关应安装于机房进门处随手可操作的位置，但应避免雨水和长时间日照。

为便于线路维修，单相电源开关一般安装于动力开关旁。要求安装牢固，横平竖直。

9.3.2　安装控制柜应符合的条件

控制柜由制造厂组装调试后送至安装工地，在现场先作整体定位安装，然后按图纸规定的位置施工布线。如无规定，应按机房面积及型式做合理安排，且必须符合维修方便、巡视安全的原则。控制柜的安装位置应符合以下几个条件。

（1）控制柜（屏）正面与门、窗距离不小于 1000mm。

（2）控制柜（屏）的维修侧与墙的距离不小于 600mm。

（3）控制柜（屏）与机房内机械设备的安装距离不宜小于 500mm。

（4）控制柜（屏）安装后的垂直度应不大于 3‰，并应有与机房地面固定的措施。

9.3.3　机房布线的注意事项

（1）电梯动力与控制线路应分离敷设，进入机房后，电源零线与接地线应始终分开，接地线的颜色为黄绿双色绝缘线。除 36V 以下的安全电压外，所有的电气设备金属罩壳均应设有易于识别的接地端，且应有良好的接地。接地线应分别直接接至地线柱上，不得互相串接后再接地。

（2）线管、线槽的敷设应平直、整齐、牢固，线槽内导线总面积不大于槽净面积的 60％；线管内导线总面积不大于管内净面积的 40％；软管固定间距不大于 1m；端头固定间距不大于 0.1m。

（3）电缆线可以通过暗线槽，从各个方面把线引入控制柜；也可以通过明线槽，从控制柜的后面或前面的引线口把线引入控制柜。

9.3.4 井道电气装置的安装

（1）换速开关、限位开关的安装：根据电梯的运行速度可设一只或多只换速开关（又称减速开关）。额定速度为 1m/s 电梯的换速、限位、极限开关的安装示意图如图 9-9 所示。

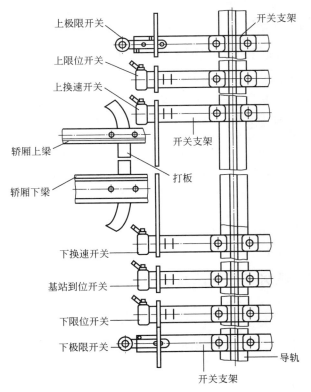

图 9-9 换速、限位和极限开关的安装示意图

（2）极限开关及联动机构的安装：用机械方法直接切断电机回路电源的极限开关，常见的有两种形式，一种为附墙式（与主开关联动）；另一种为着地式，直接安装于机房地坪上，如图9-10所示。

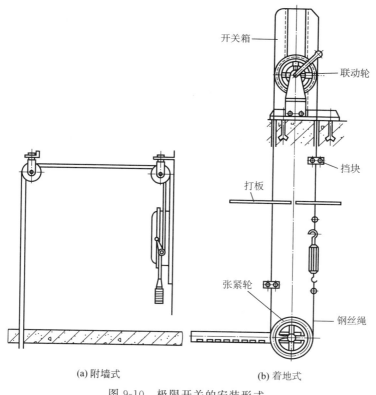

（a）附墙式　　　　（b）着地式

图9-10　极限开关的安装形式

（3）基站轿厢到位开关的安装：装有自动门机的电梯均应设此开关。到位开关的作用是使轿箱未到基站前，基站的层门钥匙开关不起任何作用，只有轿厢到位后钥匙开关才能启闭自动门机，带动轿门和层门。基站轿厢到位开关支架安装于轿厢导轨上，位置比限位开关略高即可（见图9-9）。

（4）底坑急停开关及井道照明设备的安装：

① 为保证检修人员进入底坑的安全，必须在底坑中设电梯急停开关。该开关应设非自动复位装置且有红色标记。安装位置应是检修人员进入底坑后能方便摸到的地方。

② 封闭式井道内应设置永久性照明装置。井道中除距最高处与最低处 0.5m 内各装一只灯外，中间灯具应不超过 7m。

（5）松绳及断绳开关的安装：限速器钢丝绳或补偿绳长期使用后，可能伸长或断绳，在这种情况下断绳开关能自动切断控制回路使电梯停止。该开关是与张紧装置联动的。

9.3.5 安装极限开关应满足的要求

（1）安装附墙式极限开关应满足以下要求。

① 把装有碰轮的支架装于限位开关支架以上或以下 150mm 处的轿厢导轨上。极限开关碰轮有上、下之分，不能装错。

② 在机房内的相应位置上安装好导向轮。导向轮不得超过两个，其对应轮槽应成一直线，且转动灵活。

③ 穿钢丝绳时，先固定下极限位置，将钢丝绳收紧后再固定在上极限架上。注意下极限架处应留适当长度的绳头，便于试车时调节极限开关动作高度。动作高度应以轿厢或对重接触缓冲器之前起作用为准。

④ 将钢丝绳在极限开关联动链轮上绕 2～3 圈，不能叠绕，吊上重锤，锤底离机房地坪约 500mm。

（2）安装着地式极限开关应满足以下要求。

① 在轿厢侧的井道底坑和机房地坪相同位置处，安装好极限开关的张紧轮及联动轮、开关箱。两轮槽的位置偏差均不大于 5mm。

② 在轿厢相应位置上固定两块打板，打板上钢丝绳孔与两轮槽的位置偏差不大于 5mm。

③ 穿钢丝绳，并用开式索具螺旋扣和花篮螺钉收紧，直至顺向拉动钢丝绳能使极限开关动作。

④ 根据极限开关动作方向，在两端站越程 100mm 左右的打板位置处，分别设置挡块，使轿厢超越行程后，轿厢上的打板能撞击

钢丝绳上的挡块，使钢丝绳产生运动而使极限开关动作。

9.3.6 轿厢电气装置的安装

（1）轿厢操纵箱的安装：轿顶操纵箱上的电梯急停开关和电梯检修开关要安装在轿顶防护栏的前方，且应处于打开厅门和在轿厢上梁后部任何一处都能操作的位置。

（2）换速、平层感应装置（井道传感器）的安装：井道传感器装置的结构形式是根据控制方式而定的，它由装于轿厢上的带托架的开关组件和装于井道内的反映井道位置的永久性磁铁组件所组成。感应装置安装应牢固可靠，间隙、间距符合规定要求，感应器的支架应用水平仪校平。永磁感应器安装完后应将封闭磁板取下，否则永磁感应器不起作用。

（3）自动门机的安装：一般电动机、传动机构及控制箱在出厂时已组合成一体，安装时只需将自动门机安装支架按图纸规定位置固定好即可。门机安装后应动作灵活、运行平稳，门扇运行至端点时应无撞击声。

（4）轿内操纵箱的安装：轿内操纵箱是控制电梯选层、关门、开门、启动、停层、急停等动作的控制装置。操纵箱安装工艺较简单，在轿厢壁板就位后，要在轿厢相应位置装入操纵箱箱体，将全部电线接好后盖上面板即可，盖好面板后应检查按钮是否灵活有效。

（5）信号箱、轿内层楼指示器的安装：信号箱是用来显示各层站呼梯情况的，常与操纵箱共用一块面板，安装时可与操纵箱一起完成。轿内层楼指示器有的安装于轿门上方，有的与操纵箱共用面板，应按具体安装位置确定安装方法。

（6）照明设备、风扇的安装：照明有多种形式，具体形式按轿内装饰要求决定，简单的形式是只在轿厢顶上装两盏荧光灯。风扇也有多种形式，传统的都直接装在轿顶中心，电扇风量集中。现代电梯大多采用轴流式风机，由轿顶四边进风，风力均匀柔和。安装时应按选用风扇的具体要求确定安装方法。照明设备、风扇的安装应牢固、可靠。

（7）轿底电气装置的安装：轿底电气装置主要是轿底照明灯，

应使灯的开关设于易摸到的位置。另外，有超载装置的活络轿底内有几只微动开关，一般出厂时已安装好，在安装工地只需根据载重调整其位置即可。轿底使用压力传感器的，应按原设计位置固定好，传感器的输出线应连接牢固。

9.3.7　层站电气装置的安装

层站电气装置主要有召唤按钮箱（呼梯按钮盒）、指层灯箱（层楼指示器）等。

各层站的召唤按钮箱和指层灯箱，安装在各层站的厅门（层门）外。指示灯箱装在厅门正上方，距门框架 250～300mm 处；召唤按钮箱在厅门右侧，距厅门 200～300mm，距地面 1300mm 处。也可以将二者合并为一个部分，安装在厅门右侧。

指层灯箱和召唤按钮箱的面板安装完毕后，其水平偏差应不大于 3‰，墙面与召唤按钮箱的间隙应在 1mm 以内。

9.3.8　悬挂电缆的安装

悬挂电缆分为圆形电缆和扁形电缆，现大多采用扁形电缆。

（1）圆形电缆的安装：

① 以滚动方式展开电缆，切勿从卷盘的侧边或从电缆卷中将电缆拉出。

② 为了防止电缆悬挂后的扭曲，圆形电缆在安装于轿厢侧旁以前，必须要悬挂数小时。悬吊时，与井道底坑地面接触的电缆下端必须形成一个环状而被提高，使其离开底坑地面，如图 9-11 所示。

③ 当轿厢提升高度≤50m 时，电缆的悬挂配置如图 9-12（a）所示。

④ 当轿厢提升高度在 50～150m 时，电缆的悬挂配置如图 9-12（b）所示。

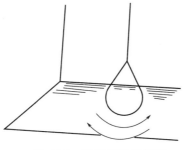

图 9-11　电缆形状的复原

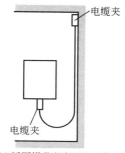

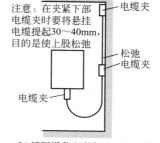

注意：在夹紧下部电缆夹时要将悬挂电缆提起30～40mm，目的是使上股松弛

(a) 轿厢提升高度≤50m时　　(b) 轿厢提升高度在50～150m时

图 9-12　电缆悬挂方式

⑤ 电缆的固定如图 9-13 和图 9-14 所示。绑扎应均匀、牢固、可靠。其绑扎长度为 30～70mm。

⑥ 当有数条电缆时，要保持电缆的活动间距，并沿高度错开 30mm，如图 9-15 所示。

（2）扁形电缆的安装：

① 扁形电缆的固定可采用专用扁电缆夹。这种电缆夹是一种楔形夹，如图 9-16 所示。

② 扁形电缆与井道壁及轿底的固定如图 9-15 所示。

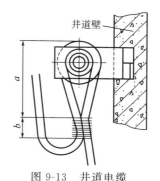

图 9-13　井道电缆的绑扎示意图

a＝钢管直径 2.5 倍，且不大于 200mm；b＝30～70mm

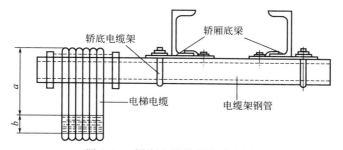

图 9-14　轿底电缆的绑扎示意图

a＝钢管直径 2.5 倍，且不大于 200mm；b＝30～70mm

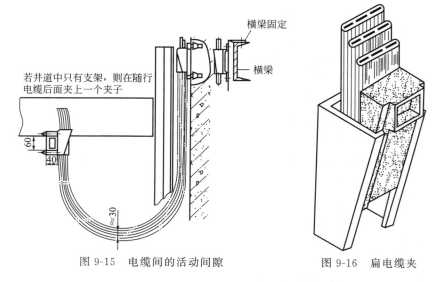

若井道中只有支架，则在随行电缆后面夹上一个夹子

60
40

~30

横梁固定

横梁

图 9-15　电缆间的活动间隙　　　　图 9-16　扁电缆夹

　　扁形电缆的其他安装要求与圆形电缆相同。安装后的电缆不应有打结和波浪扭曲现象。轿厢外侧的悬垂电缆在其整个长度内均平行于井道壁。

9.3.9　电梯电气装置的绝缘和接地应满足的要求

　　（1）电梯电气装置的导体之间和导体对地的绝缘电阻必须大于 $1000\Omega/V$，而对于动力电路和安全装置电路应大于 $0.5M\Omega$，其他电路（如控制、照明、信号等）应大于 $0.25M\Omega$。做此项测量时，全部电子元件应分隔开，以免不必要的损坏。

　　（2）所有电梯电气设备的金属外壳均应良好接地，其接地电阻不得大于 4Ω。接地线应用铜芯线，其截面积不应小于相线的 $1/3$，但最小截面积对裸铜线不应小于 $4mm^2$，对绝缘线不应小于 $1.5mm^2$。

　　（3）电线管之间弯头、束结（外接头）和分线盒之间均应跨接接地线，并应在未穿入电线前用直径 $5mm$ 的钢筋作接地跨接线，用电焊焊牢。

　　（4）轿厢应有良好接地，如采用电缆芯线作接地线时，不得少于两根，且截面积应大于 $1.5mm^2$。

（5）接地线应可靠安全，且显而易见，电线应采用国际惯用的黄、绿双色线。

（6）所有接地系统连通后引至机房，接至电网引入的接地线上，切不可用中性线当接地线。

9.4　电梯的调试

9.4.1　电梯调试前应做的准备工作

（1）机房内曳引钢丝绳与楼板孔洞的处理：机房内曳引钢丝绳与楼板孔洞间隙应为 $20\sim40mm$。通向井道的孔洞四周应筑出 $50mm$ 以上宽度适当的台阶。限速器钢丝绳、选层器钢带、极限开关钢丝绳通过机房楼板时的孔洞与曳引钢丝绳通过楼板时的孔洞处理方法相同。

（2）清除现场的一切障碍物：

① 清除井道中余留的脚手架和安装电梯时留下的杂物。

② 清除轿厢内、轿顶上、轿厢门和层门地坎槽中的杂物和垃圾。

③ 清除一切阻碍电梯运行的物件。

（3）安全检查：必须在电梯轿厢已经装上完好的安全钳、安全钳开关及其拉杆，确保安全钳动作可靠方可拆除轿厢吊具、保险平台以及保险钢丝绳等。

（4）润滑工作：

① 按规定对曳引机轴承、减速器、限速器等传动机构加油润滑。

② 对各导轨自动注油器、门滑轨、滑轮进行注油润滑。

③ 缓冲器（液压型）加液压油。

9.4.2　电梯调试前应对电气装置的检查

（1）测量电源电压。变压器应接入合适的接头，保证其电压值在要求值的 $\pm7\%$ 以内。

（2）检查控制柜及其他电气设备的接线是否有错接、漏接或虚接。

（3）检查各熔断器容量是否合理。

（4）按照 GB 7588—2003 规范附录 A 的要求，检查电气安全装置是否可靠。

① 检查门、安全门及检修活动门关闭后的联锁触点是否可靠。

② 检查层门、轿厢门的电气联锁是否可靠。

③ 检查轿厢门安全触板及断电开关的可靠性。

④ 检查断绳开关的可靠性。

⑤ 检查限速器达到115％额定速度时能否动作，能否使超速开关及安全钳开关动作。

⑥ 检查缓冲器动作开关是否有效。

⑦ 检查端站开关（电气极限）、限位开关是否有效。

⑧ 检查机械极限开关是否有效。

⑨ 检查各急停开关是否有效。

⑩ 检查各平层开关及门区开关是否有效。

9.4.3 电梯调试前应对机械部件的检查

（1）检查控制柜内上下方向接触器的机械互锁装置是否有效。

（2）检查限速器、选层器钢带轮的旋转方向是否符合运动要求。

（3）检查导靴与导轨的间隙及张力是否适当。

（4）检查安全钳机构动的灵活性、安全钳楔块与导轨面的间隙。

（5）检查端站减速开关、限位开关、极限开关的碰轮与轿厢撞弓的相对位置是否正确，动作是否灵活可靠。

9.4.4 制动器的调整

通常应在曳引轮未挂绳之前将制动器调整到符合要求的位置，电梯试车前应再次复校。现以交流电梯（双速）电磁制动器为例，列出制动器调试步骤如下：

（1）调整制动器电源的电压：正常启动时线圈两端电压为110V，串入分压电阻后为（55±5）V。此电压为交流双速电梯，其他类型电梯按规定进行。

（2）电磁力的调整：为使制动器有足够的松闸力，需调整两个电磁铁芯的间隙。调整螺母时，两边倒顺螺母都向里拧，使两个铁芯离铜套口基本齐平，再均匀地每边退出 0.3mm 左右，即保证两铁芯行程为 0.5～1mm，以后不合适可再调。

（3）制动力矩的调整：制动力矩的调节依靠两边弹簧的调节螺母进行。弹簧压缩愈紧，则制动力矩愈大，反之则小。调节是否适当，要看调整结果，既要满足轿厢停止时，有足够大的制动力矩使其迅速停止，又要保证轿厢制动时不能过急过猛，不影响平层准确性，保持平衡。

（4）制动闸瓦与制动轮间隙的调整：制动器制动后，要求制动闸瓦与制动轮接触面可靠，接触面积大于 80%；松闸后制动闸瓦与制动轮完全脱离，无摩擦，且间隙应均匀。最大间隙不超过 0.7mm。

适当调节闸瓦上的螺母，可调节间隙的大小与制动时的声音，也可调节制动闸瓦上下间隙，保证其上下间隙均匀。

按以上步骤反复精调，达到要求后将所有防松螺母拧紧，以防多次振动松开。

9.4.5　不挂曳引绳的通电试验

为确保安全，在电梯负载试验前必须进行本试验工作，其试验步骤如下。

（1）将已挂好的曳引钢丝绳按顺序取下，并作好顺序标记。

（2）暂时断开信号指示和开门机电源的熔断器。取下各熔断器的熔体而用 3A 的熔丝临时代替之。

（3）在控制屏（柜）的接线端子上用临时线短接门锁电触点回路、限位开关回路及安全保护触点回路和底层（基站）的电梯投入运行开关触点。

（4）合上总电源开关，用万用表检查控制屏中大型接线端子上的三相电源端子的电压是否为 380V，各相之间电压是否一致，如电压正常则应观察相位继电器是否工作；若未工作，说明引入控制屏的三相电源线相序不对，应予以调换其中两根电源线的位置。

（5）用万用表的直流电压挡检查整流器的直流输出电压是否正常，与控制屏上的原已设定的极性是否一致，否则应予以更正。

（6）检查和观察安全回路继电器是否已吸合，直至令其吸合。

（7）用临时线短接控制屏接线端子的检修开关触点，而断开由轿厢部分来的有司机或自动运行的接线，这样控制屏上的检修状态继电器应予以吸合，使电梯处于检修状态。

（8）手按上行方向开车继电器，此时电磁制动器松闸张开，曳引电动机慢速向某一方向旋转；如其转向不是电梯向上运行方向，应调换引入曳引电动机的电源线的相序，使其转向为电梯的上行方向。再手按下行方向开车继电器，再次检查曳引电动机转向。

（9）按第 8 步的操作方法，初步调整曳引机上电磁制动器闸瓦与制动轮的间隙，使其均匀，并保持≤0.7mm 范围。然后测量制动器初松开的电压与维持松开的电压，并调整其维持松开的经济电阻值，使其维持电压为电源电压的 60%～70%。

（10）拆除第 7 步中的临时线，连接断开的线路至轿厢内操作箱（或轿顶检修箱）上的检修开关。控制屏上的检修继电器应吸合；如不吸合，应仔细检查直至吸合。

（11）操纵轿内操纵箱上的急停按钮（或轿厢顶检修箱上的急停开关），控制屏中的安全回路继电器应释放；如不起作用应检查控制屏接线端子上的临时短接线是否短接得正确。

（12）在轿内操纵箱（或轿顶检修箱）上，操纵上向和下向开车按钮，曳引机应转动运行，且运行方向应正确；如不能令曳引机转动，则说明控制屏内的方向辅助继电器未吸合，应仔细检查，直至动作正确为止。

上述各项试验结束后，方可进行电梯的试运行。

9.4.6　电梯的通电试运行

（1）挂好曳引钢丝绳，将吊起的轿厢放下，盘车使轿厢下行，撤除对重下的支撑木，拆除剩余脚手架，清理净井道、底坑后，再盘车上下行。由一人在轿顶指挥，并观察所有部位的情况，特别是相对运行位置、间隙，边慢行边调整，直到所有的电气与机械装置完全符合要求。

（2）当一切准备妥当后，可以进行慢速运行试验，用检修速度一层一层地下行，以确认轿厢上各部件与井壁、轿厢与对重的间距。检查导轨的清洁与润滑情况、导轨连接处与接口的情况，逐层矫正层门、轿门地坎间隙；检查轿门上开门机传动、限位装置，使门刀能够灵活带动层门开、合，勾子锁能将厅门锁牢；检查并调整层楼感应器、平层感应器与隔磁板的间隙。使轿厢位于最上层、最下层，观察轿厢上方空程、底坑随行电缆情况，在底坑检查安全钳、导靴与导轨间隙，补偿绳与电缆不得与设备相碰撞；检查轿底与缓冲器顶面间距应符合要求，在轿顶应调整曳引绳张力。

经反复调试后，使曳引绳张力符合要求；使开关门速度符合要求；使抱闸间隙与弹簧压力合适；使限速器与安全钳动作一致、安全有效；使平层位置合适，开锁区不超过地坎 200mm，方可进行快速试运行。

（3）快速试运行前，先慢速将轿厢停于中间层，轿厢内不载人，在机房控制柜用短路法给 PC 一个内指令，使轿厢先单层、后多层，上下往复数次。确实无异常后，试车人员再进入轿厢，进行实际操作。

快速试运行时，应对电梯的信号、控制、驱动系统进行测试、调整，使其全部正常工作。对电梯的启动、加速、换速、制动、平层，以及强迫换速开关、限位开关、极限开关等位置进行精确调整，其动作应安全、准确、可靠。内、外呼梯按钮均应起作用。在机房应对曳引装置、电动机、抱闸等进行进一步检查。观察各层指示情况，反复调整电梯关门、启动、加速、换速平层停靠、开门等过程中的可靠性和舒适感，反复调整各层站的平层准确度，调整自动关门、开门时的速度和噪声水平。直至各项规定测试合格、各项性能指标符合要求。

9.5　自动扶梯和自动人行道的安装与调试

9.5.1　自动扶梯的结构

自动扶梯主要由桁架、驱动装置、张紧装置、导轨系统、梯级、梯级链（或齿条）、扶手装置以及各种安全装置等组成。常见的链条式自动扶梯的结构如图 9-17 所示。

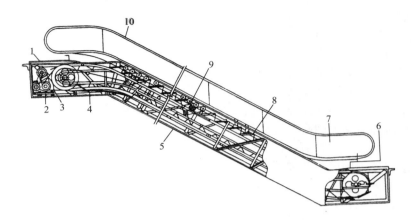

图 9-17　自动扶梯的结构

1—前沿板；2—驱动装置；3—驱动链；4—梯级链；5—桁架；6—扶手入口安全装置；
7—内侧板；8—梯级；9—扶手驱动装置；10—扶手带

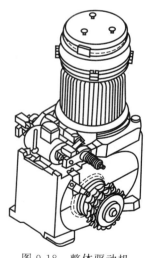

图 9-18　整体驱动机

（1）驱动机　驱动机主要由电动机、蜗轮蜗杆减速机、链轮、制动器（抱闸）等组成。根据电动机的安装位置，可分为立式与卧式驱动机，目前采用立式驱动机的扶梯居多。其优点为：结构紧凑、占地少、重量轻、便于维修、噪声低、振动小，尤其是整体式驱动机（见图 9-18），其电动机转子轴与蜗杆共轴，因而平衡性很好，且可消除振动及降低噪音；承载能力大，小提升高度的扶梯可由一台驱动机驱动，中提升高度的扶梯可由两台驱动机驱动。

（2）驱动装置　驱动装置的主要作用是驱动扶梯运行。驱动装置从驱动机获得动力，经驱动链用以驱动梯级和扶手带，从而实现扶梯的运动。自动扶梯驱动装置的结构如图 9-19 所示。

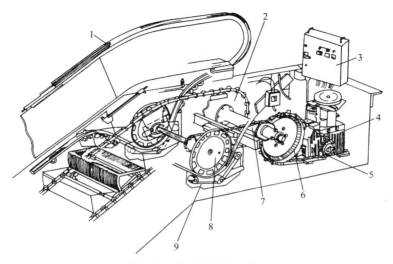

图 9-19　自动扶梯驱动装置

1—扶手胶带；2—牵引链轮；3—控制箱；4—驱动机；5—传动链轮；
6—传动链条；7—驱动主轴；8—扶手驱动轮；9—扶手胶带压紧装置

（3）张紧装置　张紧装置的作用是使自动扶梯的梯级链获得恒定的张力，以补偿在运转过程中梯级链的伸长。张紧装置一般由梯级链轮和张紧弹簧等组成，其结构如图 9-20 所示。

（4）梯级链　梯级链是传递牵引力的主要构件。梯级链由具有永久性润滑的支撑轮支撑，梯级链上的梯级

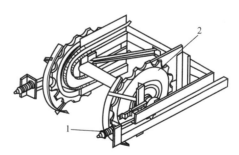

图 9-20　梯级链张紧装置

1—链轮；2—弹簧

轮就可在导轨系统、驱动装置及张紧装置的链轮上平稳运行；还可使负荷分布均匀，防止导轨系统的过早磨损。梯级链按照梯级主轮在链条内或外可分为套筒滚子链和滚轮链两种，其结构分别如图 9-21 和图 9-22 所示。

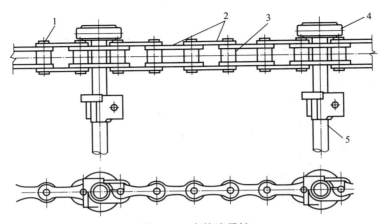

图 9-21 套筒滚子链

1—销；2—链板；3—滚子；4—梯级主轮；5—梯级轴

（5）梯级　梯级是供乘客站立的一种特殊结构型式的四轮小车，它在自动扶梯中是一个很关键的部件。梯级有两只主轮和两只辅轮，主轮轮轴与牵引链条铰接在一起，而辅轮轮轴不与牵引链条连接。这样，梯级才能在一定的运行梯路上运行，保证梯级平面始终在自动扶梯上分支保持水平，而在下分支的梯级可以倒挂翻转。梯级有整体式梯级和分体式梯级（又称装配式梯级）两种，其结构分别如图 9-23 和图 9-24 所示。

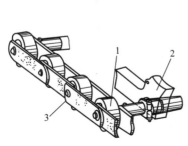

图 9-22　滚轮链

1—梯级主轮；2—梯级；3—链板

图 9-23　整体式梯级

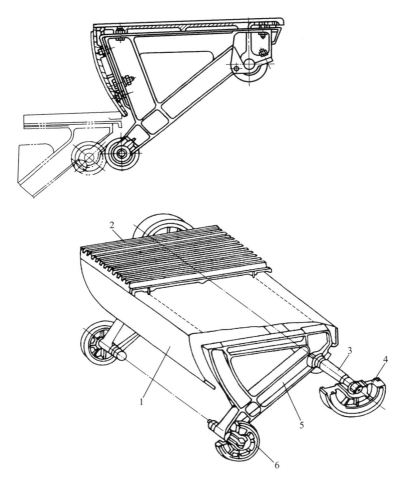

图 9-24　分体式梯级
1—梯级竖板（踢板）；2—梯级踏板；3—主轮轴；
4—梯级主轮；5—梯级支架；6—梯级辅轮

（6）梳齿、梳齿板、前沿板　为了确保乘客上、下扶梯的安全，必须在自动扶梯进、出口设置梳齿前沿板，它包括梳齿、梳齿板、前沿板（又称楼层板或着陆板）三部分，如图 9-25 所示。梳齿上的齿槽应与梯级上的齿槽啮合，即使乘客的鞋或物品在梯级上相对静止，也会平滑地过渡到梳齿板上表面，以防梯级进入梳齿时被异物卡住或伤人。一旦有物品阻碍了梯级的运行，梳齿就会被抬起或位移，可使扶梯停止运行。

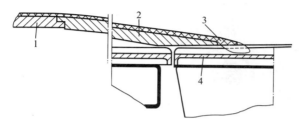

图 9-25　梳齿前沿板的结构
1—前沿板；2—梳齿板；3—梳齿；4—梯级踏板

9.5.2　自动人行道的结构

自动人行道主要由桁架、驱动装置、张紧装置、导轨系统、踏板、曳引链条、扶手装置以及各种安全保护装置等组成。踏板式（也称踏步式）自动人行道的结构如图 9-26 所示。

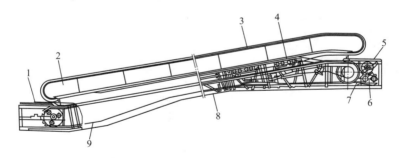

图 9-26　踏板式自动人行道的结构
1—扶手带入口安全装置；2—内侧板；3—扶手带；4—扶手驱动装置；
5—前沿板；6—驱动装置；7—驱动链；8—桁架；9—曳引链条

踏板式自动人行道的踏板之间没有台阶，这样人可以在上面行走，车辆也可以在上面推行，如图 9-27 所示。踏板式自动人行道的驱动装置和扶手装置与自动扶梯基本相同。

目前自动人行道主要使用踏板结构（又称踏步结构），它用铝合金压铸而成。结构为自动扶梯的梯级去掉踢板，即为一平面小车，称为踏步，如图 9-28 所示。在踏步下面装有两根支撑主轴，主轴两端各装一个滚轮，滚轮与曳引链条相连。在曳引链条的牵引下，踏步像小车一样在轨道上移动，各踏步之间无高度差，因而形成一个平坦的路面。踏步的两个轴一个是固定的，一个是游

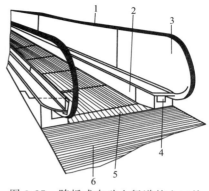

图 9-27　踏板式自动人行道的入口处
1—扶手带；2—围裙板；3—内侧板；
4—扶手带入口处；5—梳齿；
6—前沿板

动的，游动轴又是另一个踏步的固定轴，这样使踏步之间既相互牵制又相互游动，在转向时踏步就不会被卡死，它的导轨系统比自动扶梯简单。

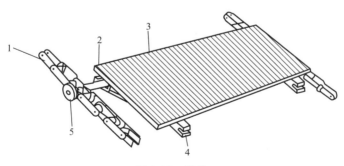

图 9-28　踏步
1—曳引链条；2—装饰嵌条；3—踏板；4—托架；5—驱动滚轮

9.5.3　自动扶梯和自动人行道的安装

（1）金属结构的拼接、起吊及安装　如果自动扶梯是分段运往工地的话，则其金属结构要在工地进行拼接。在进行金属结构拼接

时，可采用端面配合连接法。在每个连接面上，用若干只 M24 高强度螺栓连接。由于在受拉面与受压面上都用高强度螺栓，因此必须使用专用工具，以免拧得太紧或太松。拼接可在地面上进行，也可悬吊于半空进行，主要取决于现场作业条件。拼接时，可先用紧固螺栓确定相邻两金属结构段的位置，然后插入高强度螺栓，用测力扳手拧紧。金属结构拼接完成之后，即按起吊要求，使其就位。

起吊自动扶梯和自动人行道时，应注意保护设备不受损坏。吊挂的受力点，应在自动扶梯或自动人行道两端的支撑角钢上的起吊螺栓或吊装脚上。

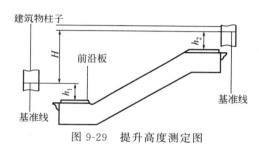

图 9-29　提升高度测定图

自动扶梯金属结构就位以后，定位是一件重要的工作。测量提升高度的方法如图 9-29 所示。在自动扶梯上部与上层建筑物柱体距离 h_2 处划出基准线，然后又在下层建筑物柱体定出基准线，令 $h_1 = h_2$，即可测出提升高度 H。确定自动扶梯所在位置的方法如图 9-30(a) 所示。从建筑物柱体的坐标轴 y 开始，测量和调整 y 轴和梳齿板后沿间的距离，横梁与金属结构端部间的距离应小于 70mm，见图 9-30(b)。同样，也可以从柱体的坐标轴 x 开始，测量和调整 x 轴与梳齿板中心间的距离，见图 9-30(a)。

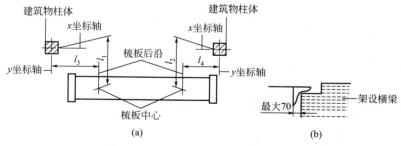

(a)　　　　　　　　　　(b)

图 9-30　自动扶梯安装坐标轴的确定

如果安装后的自动扶梯的提升高度和建筑物两层间应有的提升高度出现微小差异时，可采用修整建筑物楼面或少许改变倾角（约为 0.5°）两种方案来解决。

金属结构的水平度，可用经纬仪测量。使用经纬仪时，以其上刻度垂直于梳齿板后沿的方式，调整金属结构的水平度到小于 1% 的范围。

自动扶梯金属结构安装到位后，可安装电线，接通总开关。

（2）部分梯级的安装　一般自动扶梯出厂时，驱动机组、驱动主轴、张紧链轮和牵引链条已在工厂里安装调试完成，梯级也已基本装好。一般留几级梯级最后安装。在分段运输自动扶梯至使用现场进行安装时，先拼接金属结构，然后吊装定位，拆除用于临时固定牵引链条和梯级的钢丝绳，用钢丝销将牵引链条销轴连接（图 9-31）。

梯级装拆一般在张紧装置处进行。

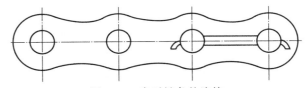

图 9-31　牵引链条的连接

（3）扶手系统的安装　由于运输或空间狭窄等，扶手部分往往未安装好就将自动扶梯直接运往建筑物内，在现场进行扶手的安装；或是在制造厂内将已经安装好的扶手部分卸下，到现场后再安装。

图 9-32 所示是一种全透明无支撑扶手装置构造图。

在自动扶梯试车时，检查扶手胶带的运转和张紧情况，并去除各钢化玻璃之间的填充片。

（4）安装过程的监理巡查　自动扶梯、自动人行道的安装、调试工作专业性很强，监理巡视检查的重点是定位准确度与吊装、安装过程的安全性。

自动扶梯在建筑物内的驶入高度，也就是在吊运距离内的净高度绝对不得低于自动扶梯最小尺寸，更需注意建筑物顶部悬挂下来的管道、电线或灯具等。

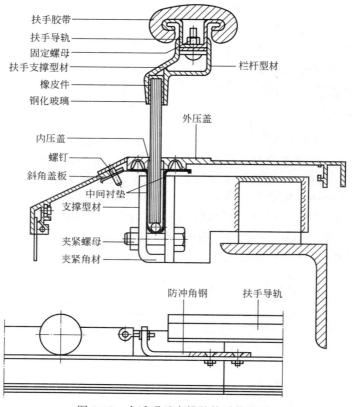

扶手胶带
扶手导轨
固定螺母
扶手支撑型材
橡皮件
钢化玻璃
栏杆型材
外压盖
内压盖
螺钉
斜角盖板
中间衬垫
支撑型材
夹紧螺母
夹紧角材
防冲角钢
扶手导轨

图 9-32　全透明无支撑的扶手装置图

9.5.4　自动扶梯和自动人行道的调试与验收

9.5.4.1　自动扶梯的调试

　　自动扶梯安装好后，要分别对检修开关、传动三角带、传动链条、扶手驱动轮、梳齿板安全开关、裙板触点的工作情况和机械传动部分的润滑情况进行调试、检查，应保证各部分传动正确、动作可靠。

　　自动人行道的安装调试过程，可以参照自动扶梯的情况进行。

9.5.4.2　主控项目的验收

　　（1）在下列情况下，自动扶梯、自动人行道必须自动停止运行，且在下列第 4 款至第 11 款情况下的开关断开的动作必须通过安全触点或安全电路来完成。

① 无控制电压。

② 电路接地的故障。

③ 过载。

④ 控制装置在超速和运行方向非操纵逆转下动作。

⑤ 附加制动器（如果有）动作。

⑥ 直接驱动梯级、踏板或胶带的部件（如链条或齿条）断裂或过分伸长。

⑦ 驱动装置与转向装置之间的距离（无意性）缩短。

⑧ 梯级、踏板或胶带进入梳齿板处有异物夹住，且产生损坏梯级、踏板或胶带支撑结构情况。

⑨ 无中间出口的连续安装的多台自动扶梯、自动人行道中的一台停止运行。

⑩ 扶手带入口保护装置动作。

⑪ 梯级或踏板下陷。

（2）应测量不同回路导线对地的绝缘电阻。测量时，电子元件应断开。导体之间和导体对地的绝缘电阻应大于 $1000\Omega/V$，且其值必须大于下列数值：

① 动力电路和电气安全装置电路 $0.5M\Omega$。

② 其他电路（控制、照明、信号等）$0.25M\Omega$。

（3）电气设备接地必须符合下列规定：

① 所有电气设备及导管线槽的外露可导电部分均必须可靠接地（PE）。

② 接地支线应分别直接接至干线接线柱上，不得互相连接后再接地。

9.5.4.3　一般项目的验收

（1）整机的检查

① 梯级、踏板、胶带的楞齿及梳齿板应完整、光滑。

② 在自动扶梯、自动人行道入口处应设置使用须知的标牌。

③ 内盖板、外盖板、围裙板、扶手支架、扶手导轨、护壁板接缝应平整。接缝处的凸台不应大于 0.5mm。

④ 梳齿板梳齿与踏板面齿槽的啮合深度不应小于6mm。

⑤ 梳齿板梳齿与踏板面齿槽的间隙不应小于4mm。

⑥ 围裙板与梯级、踏板或胶带任何一侧的水平间隙不应大于4mm，两边的间隙之和不应大于7mm。当自动人行道的围裙板设置在踏板或胶带之上时，踏板表面与围裙板下端的垂直间隙不应大于4mm。当踏板或胶带有横向摆动时，踏板或胶带的侧边与围裙板垂直投影不得产生间隙。

⑦ 梯级或踏板的间隙在工作区段内的任何位置，从踏面测得的两个相邻梯级或两个相邻踏板的间隙不应大于6mm。在自动人行道过渡曲线区域，踏板的前缘和相邻踏板的后缘啮合，其间隙不应大于8mm。

⑧ 护壁板之间的空隙不应大于4mm。

⑨ 上行和下行自动扶梯、自动人行道，梯级、踏板或胶带与围裙板之间应无刮碰现象（梯级、踏板或胶带上的导向部分与围裙板接触除外），扶手带外表面应无刮痕。

⑩ 梯级（踏板或胶带）、梳齿板、扶手带、护壁板、围裙板、内外盖板、前沿板及活动盖板等部位的外表面应进行清理。

（2）性能试验的规定

① 在额定频率和额定电压下，梯级、踏板或胶带沿运行方向空载时的速度与额定速度之间的允许偏差为±5％。

② 扶手带的运行速度相对梯级、踏板或胶带的速度允许偏差为0～2％。

（3）自动扶梯、自动人行道制动试验的规定

① 自动扶梯、自动人行道应进行空载制动试验，制停距离应符合表9-2的规定。

表9-2　制停距离

额定速度/(m/s)	制停距离范围/m	
	自动扶梯	自动人行道
0.5	0.20～1.00	0.20～1.00
0.65	0.30～1.30	0.30～1.30
0.75	0.35～1.50	0.35～1.50
0.90	—	0.40～1.70

② 自动扶梯应进行载有制动载荷的制停距离试验（除非制停距离可以通过其他方法检验），制动载荷应符合表 9-3 规定，制停距离应符合表 9-2 的规定；对自动人行道，制造商应提供按表 9-2 规定的制动载荷数值计算的制停距离，且制停距离应符合表 9-2 的规定。

表 9-3　制动载荷

梯级、踏板或胶带的 名义宽度 z/m	自动扶梯每个梯级上 的载荷/kgf	自动人行道每 0.4m 长度上的载荷/kgf
$z \leqslant 0.6$	60	50
$0.6 < z \leqslant 0.8$	90	75
$0.8 < z \leqslant 1.1$	120	100

注：1. 自动扶梯受载的梯级数量由梯级高度除以最大可见梯级踢板高度求得，在试验时允许将总制动载荷分布在所求得的 2/3 的梯级上。

2. 当自动人行道倾斜角度不大于 6°、踏板或胶带的名义宽度大于 1.1m 时，宽度每增加 0.3m，制动载荷应在每 0.4m 长度上增加 25kgf。

3. 当自动人行道在长度范围内有多个不同倾斜角度（高度不同）时，制动载荷应仅考虑那些能组合成最不利载荷的水平区段和倾斜区段。

（4）电气装置的检查

① 主电源开关不应切断电源插座、检修和维护所必需的照明电源。

② 机房和井道内应按产品要求配线。软线和无护套电缆应在导管、线槽或确能起到等效防护作用的装置中使用。护套电缆和橡套软电缆可明敷于井道或机房内使用，但不得明敷于地面。

③ 导管、线槽的敷设应整齐牢固。线槽内导线总面积不应大于线槽净面积 60%；导管内导线总面积不应大于导管净面积 40%；软管固定间距不应大于 1m，端头固定间距不应大于 0.1m。

④ 接地支线应采用黄绿相间的绝缘导线。

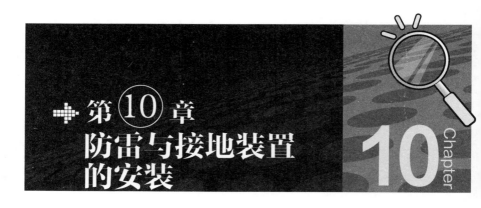

第⑩章 防雷与接地装置 的安装

10.1 防雷装置

10.1.1 雷电的特点与危害

雷电是大气中一种自然气体放电现象。常见的有放电痕迹呈线形或树枝状的线形（或枝状）雷，有时也会出现带形雷、片形雷和球形雷。

10.1.1.1 雷电的特点

（1）电压高、电流大、释放能量时间短、破坏性大。

（2）雷云放电速度快，雷电流的幅值大，但放电持续时间极短，所以雷电流的陡度很高。

（3）雷电流的分布是不均匀的，通常是山区多平原少，南方多北方少。

10.1.1.2 雷电的危害

（1）直击雷的危害　天空中高电压的雷云，击穿空气层，向大地及建筑物、架空电力线路等高耸物放电的现象，称为直击雷。发生直击雷时，特大的雷电流通过被击物，使被击物燃烧，使架空导线熔化。

（2）感应雷的危害　雷云对地放电时，在雷击点全放电的过程中，位于雷击点附近的导线上将产生感应过电压，它能使电力设备绝缘发生闪烁或击穿，造成电力系统停电事故、电力设备的绝缘损坏，使高压电串入低压系统，威胁低压用电设备和人员的安全，还可能发生火灾和爆炸事故。

（3）雷电侵入波的危害　架空电力线路或金属管道等，遭受直击雷后，雷电波就沿着这些击中物传播，这种迅速传播的雷电波称为雷电侵入波。它可使设备或人遭受雷击。

10.1.2　防雷的主要措施

防雷的重点是各高层建筑、大型公共设施、重要机构的建筑物及变电所等。应根据各部位的防雷要求、建筑物的特征及雷电危害的形式等因素，采取相应的防雷措施。

（1）防直击雷的措施　安装各种形式的接闪器是防直击雷的基本措施。如在通信枢纽、变电所等重要场所及大型建筑物上可安装避雷针，在高层建筑物上可装设避雷带、避雷网等。

（2）防雷电波侵入的措施　雷电波侵入的危害的主要部位是变电所，重点是电力变压器。基本的保护措施是在高压电源进线端装设阀式避雷器。避雷器应尽量靠近变压器安装，其接地线应与变压器低压侧中性点及变压器外壳共同连接在一起后，再与接地装置连接。

（3）防感应雷的措施　防感应雷的基本措施是将建筑物上残留的感应电荷迅速引入大地，常采用的方法是将混凝土屋面的钢筋用引下线与接地装置连接。对防雷要求较高的建筑物，一般采用避雷网防雷。

接闪器是专门用来接受直接雷击的金属导体。接闪器实质上是起引雷作用，将雷电引向自身，为雷云放电提供通路，并将雷电流泄入大地，从而使被保护物体免遭雷击、免受雷害的一种人工装置。根据使用环境和作用不同，接闪器有避雷针、避雷带和避雷网三种装设形式。

10.1.3　避雷针的安装

避雷针其顶端呈针尖状，下端经接地引线与接地装置焊接在一起。避雷针通常安装于被保护物体顶端的突出位置。

单支避雷针的保护范围为一近似的锥体空间，如图 10-1 所示。由图可见，应根据被保护物体的高度和有效保护半径确定避雷针的高度和安装位置，以使被保护物体全部处于保护范围之内。

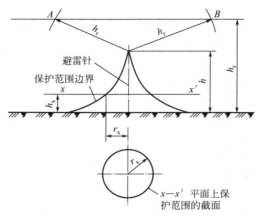

图 10-1　单支避雷针的保护范围

h—避雷针的高度；h_r—滚球半径；h_x—被保护物高度；

r_x—在 x—x' 水平面上的保护半径

　　避雷针通常装设在被保护的建筑物顶部的凸出部位，由于高度总是高于建筑物，因此很容易把雷电流引入其尖端，再经过引下线的接地装置，将雷电流泄入大地，从而使建筑物、构筑物免遭雷击。

　　避雷针一般用圆钢或焊接钢管制成，顶端剥尖。针长 1m 以下时，圆钢直径不得小于 12mm，钢管直径不得小于 20mm；针长为 1～2m 时，圆钢直径不得小于 16mm，钢管直径不得小于 25mm；针长 2m 以上时，采用粗细不同的几节钢管焊接起来。

　　避雷针通常用木杆或水泥杆支撑，较高的避雷针则采用钢结构架杆支撑，有时也采用钢筋混凝土或钢架构成独立避雷针。避雷针装设在烟囱上方时，由于烟气有腐蚀作用，宜采用直径 20mm 以上的圆钢或直径不小于 40mm 的钢管。

　　采用避雷针时，应按规定的不同建筑物的防雷级别的滚球半径 h_r，用滚球法来确定避雷针的保护范围，建筑物全部处于保护范围之内时就会安全无恙。安装避雷针时应注意以下几点：

　　（1）构架上的避雷针应与接地网连接，并应在其附近装设集中接地装置。

（2）屋顶上装设的防雷金属网和建筑物顶部的避雷针及金属物体应焊接成一个整体。

（3）照明线路、天线或电话线等严禁架设在独立避雷针的针杆上，以防雷击时，雷电流沿线路侵入室内，危及人身和设备安全。

（4）避雷针接地引下线连接要焊接可靠，接地装置安装要牢固，接地电阻应符合要求（一般不能超过 10Ω）。

图 10-2 为避雷针安装方法，表 10-1 为不同针高时的各节尺寸。

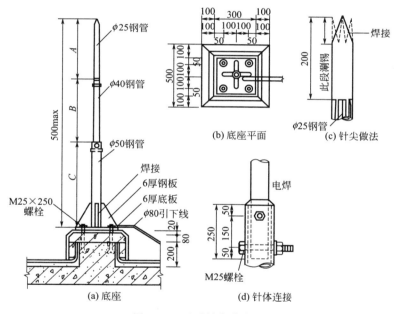

图 10-2　避雷针安装方法

表 10-1　针体各节尺寸

针全高/mm		1.0	2.0	3.0	4.0	5.0
各节尺寸/mm	A	1000	2000	1500	1000	1500
	B	—	—	1500	1500	1500
	C	—	—	—	1500	2000

10.1.4 避雷带和避雷网的设置

避雷带是一种沿建筑物顶部突出部位的边沿敷设的接闪器，对建筑物易受雷击的部位进行保护。一般高层建筑物都装设这种形式的接闪器。

避雷网是用金属导体做成网状的接闪器。它可以看作纵横分布、彼此相连的避雷带。显然避雷网具有更好的防雷性能，多用于重要高层建筑物的防雷保护。

避雷带和避雷网一般采用圆钢制作，也可采用扁钢。

避雷带的尺寸应不小于以下数值：圆钢直径为 8mm；扁钢厚度不小于 4mm，截面不小于 48mm。

（1）避雷带的设置　避雷带是水平敷设在建筑物的屋脊、屋檐、女儿墙、水箱间顶、梯间屋顶等位置的带状金属线，对建筑物易受雷击部位进行保护。避雷带的做法如图 10-3 所示。

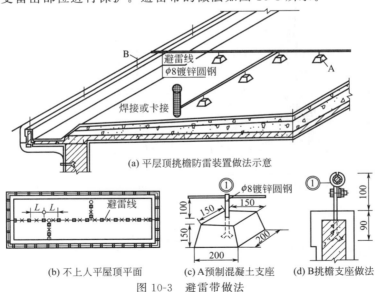

(a) 平层顶挑檐防雷装置做法示意

(b) 不上人平屋顶平面　　(c) A预制混凝土支座　　(d) B挑檐支座做法

图 10-3　避雷带做法

避雷带一般采用镀锌圆钢或扁钢制成，圆钢直径应不小于 8mm；扁钢截面积应不小于 50mm²，厚度应不小于 4mm。在要求较高的场所也可以采用直径 20mm 的镀锌钢管。

避雷带进行安装时，若装于屋顶四周，则应每隔 1m 用支架固定在墙上，转弯处的支架间隔为 0.5m，并应高出屋顶 100～150mm。若装设于平面屋顶，则需现浇混凝土支座，并预埋支持卡子，混凝土支座间隔 1.5～2m。

（2）避雷网的设置　避雷网适用于较重要的建筑物，是用金属导体做成的网格式的接闪器，将建筑物屋面的避雷带（网）、引下线、接地体联结成一个整体的钢铁大网笼。避雷网有全明装、部分明装、全暗装、部分暗装等几种。

工程上常用的是暗装与明装相结合起来的笼式避雷网，将整个建筑物的梁、板、柱、墙内的结构钢筋全部连接起来，再接到接地装置上，就成为一个安全、可靠的笼式避雷系统，如图 10-4 所示。它既经济又节约材料，也不影响建筑物的美观。

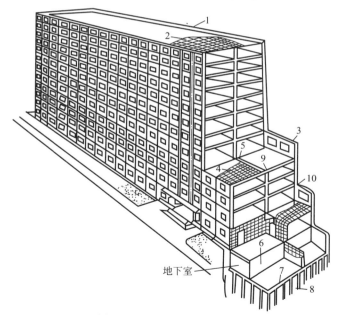

图 10-4　笼式避雷网示意图

1—周圈式避雷带；2—屋面板钢筋；3—外墙板；4—各层楼板；5—内纵墙板；6—内横墙板；7—承台梁；8—基桩；9—内墙板连接点；10—内外墙板钢筋连接点

避雷网应采用截面积不小于 50mm² 的圆钢和扁钢,交叉点必须焊接,距屋面的高度一般应不大于 20mm。在框架结构的高层建筑中较多采用避雷网。

10.1.5 平屋顶建筑物的防雷

目前的建筑物,大多数都采用平屋顶。平屋顶的防雷装置设有避雷网或避雷带,沿屋顶以一定的间距铺设避雷网。屋顶上所有凸起的金属物、构筑物或管道均应与避雷网连接(用 φ8 圆钢),避雷网的方格不大于 10m(即屋面上任何一点距避雷带不应大于 10m),施工时应按设计尺寸安装,不得任意增大。引下线应不少于两根,各引下线的距离为:

一类建筑不应大于 24m;二类建筑不应大于 30m;三类建筑一般不大于 30m,最大不得超过 40m。

平屋顶上若有灯柱和旗杆,也应将其与整个避雷网(带)连接。

10.1.6 避雷器概述

避雷器主要用于保护发电厂、变电所的电气设备以及架空线路、配电装置等,是用来防护雷电产生的过电压,以免危及被保护设备的绝缘。使用时,避雷器接在被保护设备的电源侧,与被保护线路或设备并联,避雷器的接线如图 10-5 所示。当线路上出现危及设备安全的过电压时,避雷器的火花间隙就被击穿,或由高阻变为低阻,使过电压对地放电,从而保护

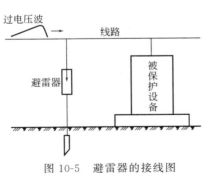

图 10-5 避雷器的接线图

设备免遭破坏。避雷器的型式主要有阀式避雷器和管式避雷器等。

10.1.7 阀式避雷器的安装

阀式避雷器主要由密封在瓷套内的多个火花间隙和一叠具有非

线性电阻特性的阀片（又称阀性电阻盘）串联组成，阀式避雷器的结构如图 10-6 所示。

安装阀式避雷器时应注意以下几点：

（1）安装前应对避雷器进行工频交流耐压试验、直流泄漏试验及绝缘电阻的测定，达不到标准时，不准投入运行。

（2）阀式避雷器的安装，应便于巡视和检查，并应垂直安装不得倾斜，引线要连接牢固，上接线端子不得受力。

（3）阀式避雷器的瓷套应无裂纹，密封应良好。

（4）阀式避雷器安装位置应尽量靠近被保护设备。避雷器与 3～10kV 变压器的最大电气距离；雷雨季经常运行的单路进线不大于 15m；双路进线不大于 23m；三路进线不大于 27m。若大于上述距离时，应在母线上设阀式避雷器。

（5）安装在变压器台上的阀式避雷器，其上端引线（即

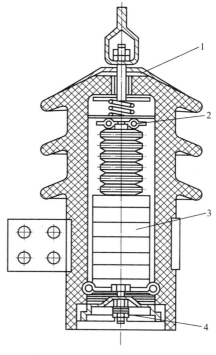

图 10-6　阀式避雷器的结构图
1—瓷套；2—火花间隙；3—阀片
电阻；4—接地螺栓

电源线）最好接在跌落式熔断器的下端，以便与变压器同时投入运行或同时退出运行。

（6）阀式避雷器上、下引线的截面都不得小于规定值，铜线不小于 $16mm^2$，铝线不小于 $25mm^2$，引线不许有接头，引下线应附杆而下，上、下引线不宜过松或过紧。

（7）阀式避雷器接地引下线与被保护设备的金属外壳应可靠地与接地网连接。线路上单组阀式避雷器，其接地装置的接地电阻不应大于 5Ω。

10.1.8 管式避雷器的安装

管式避雷器由产气管、内部间隙和外部间隙三部分组成，如图 10-7所示。

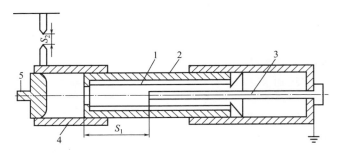

图 10-7 管式避雷器的结构图

1—产气管；2—胶木管；3—棒形电极；4—环形电极；5—动作指示器；
S_1—内部间隙；S_2—外部间隙

（1）额定断续能力与所保护设备的短路电流相适应。

（2）安装时，应避免各管式避雷器排出的电离气体相交而造成短路，但在开口端固定的避雷器，则允许它排出的电离气体相交。

（3）装设在木杆上的管式避雷器，一般采用共用的接地装置，并可与避雷线共用一根接地引下线。

（4）管式避雷器及外部间隙应安装牢固可靠，以保证管式避雷器运行中的稳定性。

（5）管式避雷器的安装位置应便于巡视和检查，安装地点的海拔高度一般不超过 1000m。

10.2 接地装置

10.2.1 接地与接零概述

接地与接零是保证电气设备和人身安全的重要保护措施。

所谓接地，就是把电气设备的某部分通过接地装置与大地连接起来。

接零是指在中性点直接接地的三相四线制供电系统中，将电气设备的金属外壳、金属构架等与零线连接起来。

（1）工作接地　为了保证电气设备的安全运行，将电路中的某一点（例如变压器的中性点）通过接地装置与大地可靠地连接起来，称为工作接地。工作接地（又称系统接地）如图 10-8 所示。

（2）保护接地　为了保障人身安全，防止间接触电事故，将电气设备外露可导电部分如金属外壳、金属构架等，通过接地装置与大地可靠连接起来，称为保护接地，如图 10-9 所示。

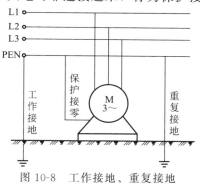

图 10-8　工作接地、重复接地
和保护接零示意图

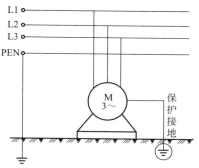

图 10-9　保护接地示意图

对电气设备采取保护接地措施后，如果这些设备因受潮或绝缘损坏而使金属外壳带电，那么电流会通过接地装置流入大地。只要控制好接地电阻的大小，金属外壳的对地电压就会限制在安全数值以内。

（3）重复接地　将中性线上的一点或多点，通过接地装置与大地再次可靠地连接称为重复接地，如图 10-8 所示。当系统中发生碰壳或接地短路时，能降低中性线的对地电压，并减轻故障程度。重复接地可以从零线上重复接地，也可以从接零设备的金属外壳上重复接地。

（4）保护接零　在中性点直接接地的低压电力网中，将电气设备的金属外壳与零线连接，称为保护接零（简称接零）。

10.2.2　低压配电系统的接地形式

（1）TN 接地形式　低压配电系统有一点直接接地，受电设备的外露可导电部分通过保护线与接地点连接，按照中性线与保护线组合情况，分为 TN-S、TN-C、TN-C-S 三种接地形式，如图 10-10 所示，图中 PEN 称为保护中性零线，是指中性线 N 和保护零线 PE（又称保护地线或保护线）合用一根导线与变压器中性点相连。

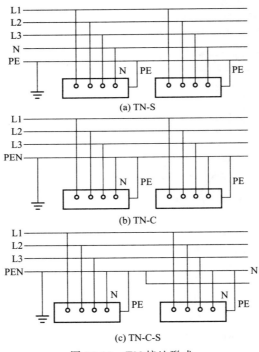

图 10-10　TN 接地形式

TN 接地形式的特点和应用见表 10-2。

表 10-2　TN 接地形式的特点及应用

序号	接地形式	特　点	应　用
1	TN-S（五线制）	用电设备金属外壳接到 PE 线上，金属外壳对地不呈现高电位，事故时易切断电源，比较安全。费用高	环境条件差的场所，电子设备供电系统

续表

序号	接地形式	特　点	应　用
2	TN-C（四线制）	N 与 PE 合并成 PEN 线。三相不平衡时，PEN 上有较大的电流，其截面积应足够大。比较安全，费用较低	一般场所，应用较广
3	TN-C-S（四线半制）	在系统末端，将 PEN 线分为 PE 和 N 线，兼有 TN-S 和 TN-C 的某些特点	线路末端环境条件较差的场所

（2）TT 接地形式（直接接地）　TT 接地形式见图 10-11。

特点：用电设备的外露可导电部分采用各自的 PE 接地线；故障电流较小，往往不足以使保护装置自动跳闸，安全性较差。

应用场所：小负荷供电系统。

（3）IT 接地形式（经高阻接地方式）　IT 接地形式见图 10-12。

特点：带电金属部分与大地间无直接连接（或有一点经足够大的阻抗 Z 接地）。因此，当发生单相接地故障后，系统还可短时继续运行。

应用场所：煤矿及厂用电等希望尽量少停电的系统。

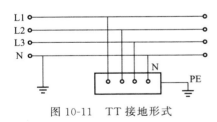

图 10-11　TT 接地形式

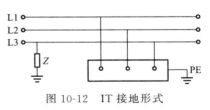

图 10-12　IT 接地形式

10.2.3　接地装置概述

电气设备的接地体及接地线的总和称为接地装置。

接地体即为埋入地中并直接与大地接触的金属导体。接地体分为自然接地体和人工接地体。人工接地体又可分为垂直接地体和水平接地体两种。

接地线即为电气设备金属外壳与接地体相连接的导体。接地线又可分为接地干线和接地支线。接地装置的组成如图 10-13 所示。

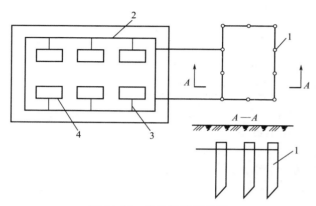

图 10-13 接地装置示意图

1—接地体；2—接地干线；3—接地支线；4—电气设备

10.2.4 人工接地体与基础接地体

（1）人工接地体 人工接地体指利用人工方法将专门的金属物体埋设于土壤中，以满足接地要求的接地体。人工接地体绝大部分采用钢管、角钢、扁钢、圆钢制作。人工接地体的最小规格见表 10-3。

表 10-3 人工接地体的最小规格

材料	建筑物内	室外	地下
圆钢/mm	$\phi 6$	$\phi 8$	$\phi 8$
扁钢/mm²	24	48	48
钢管壁厚/mm	2.5	3.5	3.5
角钢/mm	40×40×4	40×40×4	40×40×4

（2）基础接地体 基础接地体指埋设在地面以下的混凝土基础的接地体。它又可分为自然基础接地体和人工基础接地体两种。当

利用钢筋混凝土基础中的其他金属结构物作为接地体时，称为自然基础接地体；当把人工接地体敷设于不加钢筋的混凝土基础时，称为人工基础接地体。

由于混凝土和土壤相似，因此可以将其视为具有均匀电阻率的"大地"。同时，混凝土存在固有的碱性组合物及吸水特性。近几年来，国内外利用钢筋混凝土基础中的钢筋作为自然基础接地体已经取得较多的经验，故应用较为广泛。

10.2.5 垂直接地体的安装

垂直接地体可采用直径为 $40 \sim 50\mathrm{mm}$ 的钢管或用 $40\mathrm{mm} \times 40\mathrm{mm} \times 4\mathrm{mm}$ 的角钢，下端加工成尖状以利于砸入地下。垂直接地体的长度为 $2 \sim 3\mathrm{m}$。垂直接地体一般由两根以上的钢管或角钢组成，或以成排布置，或以环形布置，相邻钢管或角钢之间的距离以不超过 $3 \sim 5\mathrm{m}$ 为宜。垂直接地体的几种典型布置如图 10-14 所示。

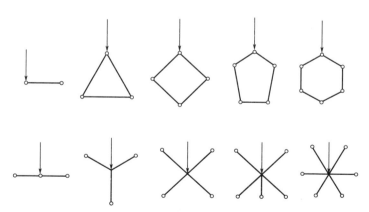

图 10-14　垂直接地体的布置

垂直接地体的安装应在沟挖好后，尽快敷设接地体，以防止塌方。敷设接地体通常采用打桩法将接地体打入地下。接地体应与地面垂直，不得歪斜，有效深度不小于 $2\mathrm{m}$；多级接地或接地网的各接地体之间，应保持 $2.5\mathrm{m}$ 以上的直线距离。

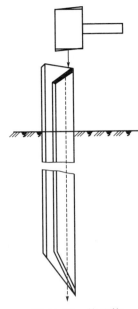

图 10-15　接地体
打入土壤情形

用手锤敲打角钢时，应敲打角钢端面角脊处，锤击力会顺着脊线直传到其下部尖端，容易打入、打直，如图 10-15 所示。若接地体与接地线在地面下连接，则应先将接地体与接地线用电焊焊接再埋土夯实。

10.2.6　水平接地体的安装

水平接地体多采用 40mm×4mm 的扁钢或直径为 16mm 的圆钢制作，多采用放射形布置，也可以成排布置成带形或环形。水平接地体的几种典型布置如图 10-16 所示。

水平接地体的安装多用于环绕建筑四周的联合接地，常用 40mm×4mm 镀锌扁钢，最小截面不应小于 100mm²，厚度不应小于 4mm。当接地体沟挖好后，应垂直敷设在地沟内（不应平放）。垂直放置时，散流电阻较小，顶部埋设距地面深度不应小于 0.6m，水平接地体

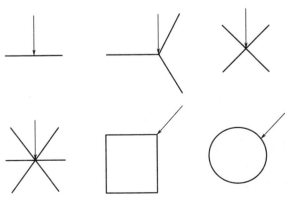

图 10-16　水平接地体的布置

安装如图 10-17 所示。水平接地体多根平行敷设时，水平间距不应小于 5m。

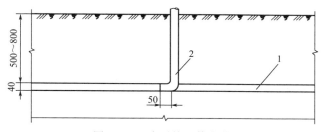

图 10-17　水平接地体安装
1—接地体；2—接地线

　　沿建筑外面四周敷设成闭合环状的水平接地体，可埋设在建筑物散水及灰土基础以外的基础槽边。

　　将水平接地体直接敷设在基础底坑与土壤接触是不合适的，这是由于接地体受土的腐蚀极易损坏，被建筑物基础压在下边，给维修带来不便。

10.2.7　选择接地装置的注意事项

　　（1）每个电气装置的接地，必须用单独的接地线与接地干线相连接或用单独接地线与接地体相连，禁止将几个电气装置接地线串联后与接地干线相连接。

　　（2）接地线与电气设备、接地总母线或总接地端子应保证可靠的电气连接；当采用螺栓连接时，应采用镀锌件，并设防松螺母或防松垫圈。

　　（3）接地干线应在不同的两点及以上与接地网相连接，自然接地体应在不同的两点及以上与接地干线或接地网相连接。

　　（4）当利用电梯轨（吊车轨道等）作接地干线时，应将其连成封闭回路。

　　（5）当接地体由自然接地体与人工接地体共同组成时，应分开设置连接卡子。自然接地体与人工接地体连接点应不少于两处。

　　（6）当采用自然接地体时，应在自然接地体的伸缩处或接头处加接跨接线,以保证良好的电气通路。

(7)接地装置的焊接应采用搭接法,最小搭接长度:扁钢为宽度的2倍,并三面焊接;圆钢为直径的6倍,并两个侧面焊接;圆钢与扁钢连接时,焊接长度为圆钢直径的6倍,两个侧面焊接。焊接必须牢固,焊缝应平直无间断、无气泡、无夹渣;焊缝处应清除干净,并涂刷沥青防腐。接地导体之间的焊接如图10-18所示。

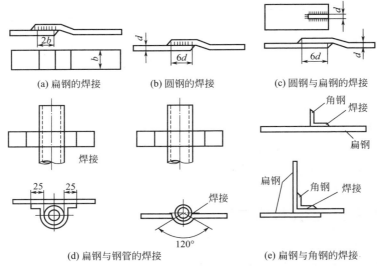

(a) 扁钢的焊接　　　　(b) 圆钢的焊接　　　(c) 圆钢与扁钢的焊接

(d) 扁钢与钢管的焊接　　　　　(e) 扁钢与角钢的焊接

图10-18　接地导体之间的焊接

10.2.8　接地干线的安装

安装接地干线时要注意以下问题。

(1)安装位置应便于检修,并且不妨碍电气设备的拆卸与检修。

(2)接地干线应水平或垂直敷设,在直线段不应有弯曲现象。

(3)接地干线与建筑物或墙壁应有15～20mm间隙。

(4)接地线支持卡子之间的距离,在水平部分为1～1.5m;在垂直部分为1.5～2m;在转角部分为0.3～0.5m。

(5)在接地干线上应按设计图纸做好接线端子,以便连接接地支线。

（6）接地线由建筑物内引出时，可由室内地坪下引出，也可由室内地坪上引出，其做法如图 10-19 所示。

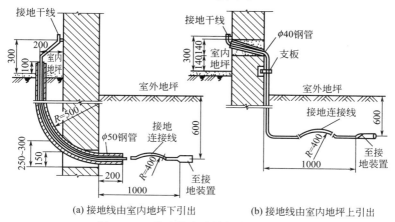

(a) 接地线由室内地坪下引出　　　　(b) 接地线由室内地坪上引出

图 10-19　接地线由建筑物内引出安装

（7）接地线穿过墙壁或楼板，必须预先在需要穿越处装设钢管。接地线在钢管内穿过，钢管伸出墙壁至少 10mm；在楼板上面至少要伸出 30mm；在楼板下至少要伸出 10mm。接地线穿过后，钢管两端要做好密封（见图 10-20）。

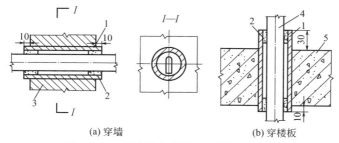

(a) 穿墙　　　　　　　　(b) 穿楼板

图 10-20　接地线穿越墙壁、楼板的安装

1—沥青棉纱；2—φ40 钢管；3—砖管；4—接地线；5—楼板

（8）采用多股电线作接地线时，连接应采用接线端子，如图 10-21所示，不可把线头直接弯曲压接在螺钉上，在有振动的地方，要加弹簧垫圈。

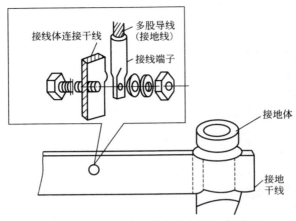

图 10-21　接地干线与接地体之间的连接方法

（9）接地干线与电缆或其他电线交叉时，其间距应不小于25mm；与管道交叉时，应加保护钢管；跨越建筑物伸缩缝时，应有弯曲，以便有伸缩余地，防止断裂。

10.2.9　接地支线的安装

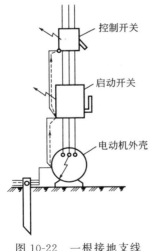

图 10-22　一根接地支线串接多台设备的危害

（1）每个设备的接地点必须用一根接地线与接地干线单独进行连接，切不可用一根接地支线把几个设备的接地点串接起来后与接地干线连接，因为采用这种接法，万一某个连接点出现松散，而又有一台设备外壳带电，就要使被连在一起的其他设备外壳同时带电，如图 10-22 所示，会增加发生触点事故的可能性。

（2）在户内，容易被人触及的地方，接地支线宜采用多股绝缘绞线；在户外或户内，不易被人触及的地方，一般宜采用多股裸绞线。用于移动用具的电源线，常用的是具有较柔软的三芯或四芯橡胶护套或塑料护套电缆；其中黑色或黄绿色的一根绝缘导线规定作为接地支线。

（3）接地支线允许和电源线同时架空敷设，或同时穿管敷设，但必须与相线和中性线有明显的区别，尤其不能与中性线随意并用；明敷设的接地支线，在穿越墙壁或楼板时，应套入套管内加以保护。

（4）接地支线经过建筑物的伸缩缝时，如采用焊锡固定，应将接地线通过伸缩缝的一段做成弧形。

（5）接地支线与接地干线或与设备接地点的连接，一般都用螺钉压接；但接地支线的线头应用接线端子，有振动的地方，应加弹簧垫圈防止松散。

（6）用于固定敷设的接地支线需要接长时，连接方法必须正确，铜芯线连接处须搪锡加固；用于移动电器的接地支线，不允许中间有接头。

（7）接地支线同样可以利用周围环境中已有的金属体，在保护接地中，可利用电动机与控制开关之间的导线保护钢管，作为控制开关外壳的接地线，安装时用两个铜夹头分别与两端管口连接，方法如图 10-23 所示。

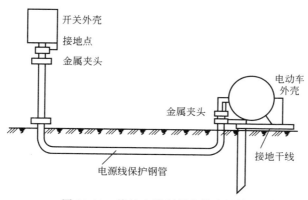

图 10-23　接地支线利用自然金属体

（8）凡采用绝缘电线作为接地支线的接地线，连接处应恢复绝缘层。

（9）接地支线的每个连接处都应置于明显位置，便于检查。

10.2.10 施工现场应做保护接零的电气设备

在中性点直接接地的低压电力网中，如果电气设备的金属外壳没有保护接零，当电气设备的某相绕组绝缘损坏与金属外壳相碰，将使机壳带上近似 220V 的电压。当人体触及机壳时将承受 220V 的电压，这是极度危险的。

如果电气设备采用了保护接零，当电气设备的绕组绝缘损坏时，将形成壳体对零线的单相短路电流。这个短路电流足以引起线路的漏电保护器动作或熔断器的熔丝熔断，而将电源断开，使该电气设备脱离电源，可以避免触电的危险。

施工现场应做保护接零的电气设备有：

（1）电机、变压器、电器、照明用具、手持电动工具的金属外壳；

（2）电气设备传动装置的金属部件；

（3）配电屏与控制屏的金属框架；

（4）室内、外配电装置的金属框架及靠近带电部分的金属围栏和金属门；

（5）电力线路的金属保护管、敷线的钢索、起重机轨道滑升模板金属操作平台；

（6）安装在电力杆线上的开关、电容器等电气装置的金属外壳及支架。

10.2.11 接地电阻的测量

10.2.11.1 接地电阻的测量方法

测量接地电阻的方法很多，目前用得最广的是用接地电阻测量仪、接地摇表测量。

图 10-24 所示是 ZC-8 型接地摇表外形，其内部主要元件是手摇发电机、电流互感器、可变电阻及零指示器等，另外附接地探测针（电位探测针，电流探测针）两支、导线 3 根（其中 5m 长的 1 根用于接地极，20m 长的 1 根用于电位探测针，40m 长的 1 根用于电流探测针接线）。

用此接地摇表测量接地电阻的方法如下。

（1）按图 10-25 所示接线图接线。沿被测接地极 E′，将电位探测针 P′ 和电流探测针 C′ 依直线彼此相距 20m，插入地中。电位探测针 P′ 要插在接地极 E′ 和电流探测针 C′ 之间。

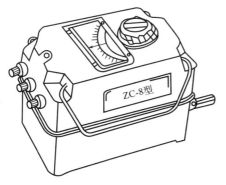

图 10-24　ZC-8 型接地摇表

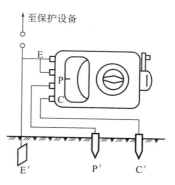

图 10-25　接地电阻测量接线
E′—被测接地体；P′—电位
探测针；C′—电流探测针

（2）用仪表所附的导线分别将 E′、P′、C′ 连接到仪表相应的端子 E、P、C 上。

（3）将仪表放置水平位置，调整零指示器，使零指示器指针指到中心线上。

（4）将"倍率标度"置于最大倍数，慢慢转动发电机的手柄，同时旋动"测量标度盘"，使零指示器的指针指于中心线。在零指示器指针接近中心线时，加快发电机手柄转速，并调整"测量标度盘"，使指针指于中心线。

（5）如果"测量标度盘"的读数小于 1，应将"倍率标度"置于较小倍数，然后重新测量。

（6）当指针完全平衡指在中心线上后，将此时"测量标度盘"的读数乘以倍率标度，即为所测的接地电阻值。

10.2.11.2　接地电阻测量注意事项

（1）假如"零指示器"的灵敏度过高，可调整电位探测针插入土壤中的深浅；若其灵敏度不够，可沿电位探测针和电流探测针注水使其湿润。

（2）在测量时，必须将接地线路与被保护的设备断开，以保证测量准确。

（3）当用 $0\sim1/10/100\Omega$ 规格的接地摇表测量小于 1Ω 的接地电阻时，应将 E 的连接片打开，然后分别用导线连接到被测接地体上，以消除测量时连接导线的电阻造成的附加测量误差。

10.2.11.3　电力装置对接地电阻的要求

低压电力网的电力装置对接地电阻的要求如下：

（1）低压电力网中，电力装置的接地电阻不宜超过 4Ω。

（2）由单台容量在 $100kV\cdot A$ 的变压器供电的低压电力网中，电力装置的接地电阻不宜超过 10Ω。

（3）使用同一接地装置并联运行的变压器，总容量不超过 $100kV\cdot A$ 的低压电力网中，电力装置的接地电阻不宜超过 10Ω。

（4）在土壤电阻率高的地区，要达到以上接地电阻值有困难时，低压电力设备的接地电阻允许提高到 30Ω。

10.3　防雷与接地装置的巡视检查和验收

10.3.1　现场巡视检查

（1）接地装置的巡视检查

① 当利用建筑物基础作接地体时，应巡视检查底板梁主钢筋与桩基主钢筋、柱子主钢筋等跨接是否符合设计与规范要求，其中跨接位置、数量应以设计为准，焊接长度、边数等应符合验收规范要求。

② 当采用型钢作人工接地装置时，应根据设计要求检查开挖沟槽的路径、长度、深度，并根据现场具体情况与承包商研究具体操作方案，如土质过硬；接地极打不到足够深度时，应增加开挖深度等。接地极与接地线的焊接、接地线之间的焊接，均应采用搭接焊，搭接长度、边数应符合规范要求。

③ 当采用接地模块作接地极时，应检查埋深、间距、基坑大小是否符合规范要求；接地模块应集中引线，并用干线将其焊接成

一个闭合环路，引出线不少于 2 处。

④ 为了保证接地装置长久耐用，巡视时应认真检查接地极、接地线的防腐措施是否符合要求；除埋入混凝土内的焊接接头外，其他一律要有防腐措施。

（2）避雷引下线、变配电室接地干线的巡视检查

① 当用金属构件、金属管道作接地线时，应巡视检查构件或管道与接地干线间是否焊接了金属跨接线，且焊接质量是否符合要求。

② 当采用建筑物柱内主钢筋作防雷引下线时，应巡视检查每层引下线是否做了标志，有标志的钢筋接头是否做了跨接连接，跨接线焊接是否符合规范要求。

③ 巡视变压器、高低压开关室内的接地干线敷设时，应认真检查接地干线是否符合不少于 2 处与接地装置引出干线连接的规定。

④ 巡视检查幕墙金属框架和建筑物的金属门窗的接地时，应注意是否与接地干线做了可靠连接，幕墙金属框架接头处电气连接是否可靠；若存在问题，则要求承包单位采取跨接等措施，保证电气连接可靠；当施工完毕后，可用仪表检查接地电阻是否符合要求。

（3）接闪器安装的巡视要求

① 巡视时，重点注意屋顶的避雷针、避雷带与引下线连接是否牢固、可靠，是否与顶部外露的其他金属物体连成一个整体。

② 根据设计图纸检查避雷针、避雷带的位置、数量是否符合要求。对焊接固定的，应检查焊缝是否饱满，焊接边数是否符合要求；对螺栓固定的，应重点检查防松零件是否齐全，焊接部分的防腐措施是否符合要求。

③ 巡视时注意避雷带的支持件间距是否符合要求，避雷带本体是否平整、顺直。

（4）旁站

① 接地装置安装完毕后，监理应督促承包单位进行接地电阻测试。测试时监理应到现场检查测试仪表、测试方法及测试数据是否符合要求。当测试达不到要求时，应根据设计要求采取补救措

施，常用的方法是增加人工接地装置等。

② 屋顶避雷针、避雷带等接闪器安装完毕并进行相关连接后，监理应督促承包单位进行系统测试，监理应到现场参加并做好记录。

10.3.2　试验与验收

（1）试验　建筑物防雷接地测试一般要求做两次。利用建筑物基础做接地装置试验时，一次是建筑物底板钢筋绑扎完毕，接地装置焊接完毕，做一次接地电阻测试。采用仪表为校验过的接地电阻测试仪，测试方法参照仪表使用说明。另一次为屋顶避雷针、避雷带施工完毕，整个避雷系统连接完成后进行，测试方法同第一次测试。对于采用人工接地装置的情况，也要求做两次测试，一次是在接地装置安装完毕后（回填前）进行；另一次是在整个防雷接地系统完成后进行。

（2）验收

① 接地极、接地线、避雷针（带）引下线规格正确，防腐层完好，标志齐全明显。整个防雷接地系统连接可靠。

② 避雷针（带）的安装位置及高度符合设计要求。

③ 接地电阻测试符合设计要求（雨后不应立即测量接地电阻）。

参 考 文 献

[1] 赵乃卓，张明健．智能楼宇自动化技术．北京：中国电力出版社，2009．
[2] 张玉萍．实用建筑电气安装技术手册．北京：中国建材工业出版社，2008．
[3] 黄民德等．建筑电气安装工程．天津：天津大学出版社，2008．
[4] 张振文．建筑弱电工技术．北京：国防工业出版社，2009．
[5] 吴光路．建筑电气安装实用技能手册．北京：化学工业出版社，2012．
[6] 孙雅欣．建筑电气工长一本通．北京：中国建材工业出版社，2010．
[7] 陈红．楼宇机电设备管理．北京：清华大学出版社，2007．
[8] 陈家斌，陈蕾．电气照明实用技术．郑州：河南科学技术出版社，2008．
[9] 赵连玺等．建筑应用电工．第4版．北京：中国建筑工业出版社，2006．
[10] 郑发泰．建筑供配电与照明系统施工．北京：中国建筑工业出版社，2005．
[11] 安顺合．建筑电气工程技术问答．北京：中国电力出版社，2004．
[12] 徐红升等．图解电工操作技能．北京：化学工业出版社，2008．
[13] 白玉岷等．弱电系统的安装调试及运行．北京：机械工业出版社，2014．
[14] 阴振勇．建筑电气工程施工与安装．北京：中国电力出版社，2003．
[15] 逄凌滨等．电气工程施工细节详解．北京：机械工业出版社，2009．
[16] 史湛华．建筑电气施工百问．北京：中国建筑工业出版社，2004．
[17] 刘晓胜．智能小区与通信技术．北京：电子工业出版社，2004．
[18] 孙克军．建筑电工入门问答．北京：机械工业出版社，2012．
[19] 梅钰．建筑电气与电梯工程监理．第2版．北京：中国建筑工业出版社，2013．
[20] 张志宏．建筑电气工程施工．北京：清华大学出版社，2015．
[21] 邱利军等．电工操作入门．北京：化学工业出版社，2008．
[22] 郎禄平．建筑电气设备安装调试技术．北京：中国建材工业出版社，2003．